高等学校计算机类课程应用型人才培养规划教材

计算机软件基础

徐洁磐　主　编

封　玲　李书珍　副主编

陈　宏　郭凤英　参　编

中国铁道出版社有限公司

CHINA RAILWAY PUBLISHING HOUSE CO., LTD.

内 容 简 介

本书按学科体系全面、完整地介绍计算机软件，从理论、系统及应用开发三方面介绍并重点突出，特别关注于计算机软件、数据等基础概念以及网络软件、软件工程等内容的介绍。本书理论与应用兼顾，原理与操作并重，不仅能使学生掌握软件理论、基本知识，也能将其应用于实际工作中。

本书共分为 12 章，包括计算机及软件的基本概念、算法理论与数据理论、系统软件（操作系统、语言及其处理系统、数据库系统）、支撑软件以及应用软件，还重点介绍网络软件以及软件工程、软件应用系统的开发等。

本书配有 5 个实训，包括数据结构、算法、数据库、网络软件及软件应用开发等。本书可作为普通高等学校计算机专业本科及计算机相关专业本科的"计算机软件技术基础"课程教材，也可作为计算机软件技术的相关人员的参考材料。

图书在版编目（CIP）数据

计算机软件基础/徐洁磐主编. — 北京：中国铁
道出版社，2013.7（2020.9 重印）
高等学校计算机类课程应用型人才培养规划教材
ISBN 978-7-113-16972-5

Ⅰ.①计… Ⅱ.①徐… Ⅲ.①软件—高等学校—教材
Ⅳ.①TP31

中国版本图书馆 CIP 数据核字（2013）第 155831 号

书　　名：**计算机软件基础**
作　　者：徐洁磐

策　　划：周海燕　　　　　　　　　　编辑部电话：(010) 51873090
责任编辑：孟　欣
编辑助理：赵　迎
封面设计：付　巍
封面制作：白　雪
责任印制：樊启鹏

出版发行：中国铁道出版社有限公司（100054，北京市西城区右安门西街 8 号）
网　　址：http://www.tdpress.com/51eds/
印　　刷：北京虎彩文化传播有限公司
版　　次：2013 年 7 月第 1 版　　　　2020 年 9 月第 2 次印刷
开　　本：787 mm×1 092 mm　1/16　**印张**：17.25　**字数**：404 千
书　　号：ISBN 978-7-113-16972-5
定　　价：33.00 元

丛书序

　　当前，世界格局深刻变化，科技进步日新月异，人才竞争日趋激烈。我国经济建设、政治建设、文化建设、社会建设及生态文明建设全面推进，工业化、信息化、城镇化和国际化深入发展，人口、资源、环境压力日益加大，调整经济结构、转变发展方式的要求更加迫切。国际金融危机进一步凸显了提高国民素质、培养创新人才的重要性和紧迫性。我国未来发展关键靠人才，根本在教育。

　　高等教育承担着培养高级专门人才、发展科学技术与文化、促进现代化建设的重大任务。近年来，我国高等教育获得前所未有的发展，大学数量从 1950 年的 220 余所已上升到 2008 年的 2 200 余所。但目前诸如学生适应社会以及就业和创业能力不强，创新型、实用型、复合型人才紧缺等高等教育与社会经济发展不相适应的问题越来越凸显。2010 年 7 月发布的《国家中长期教育改革和发展规划纲要（2010—2020 年）》提出了高等教育要"建立动态调整机制，不断优化高等教育结构，重点扩大应用型、复合型、技能型人才培养规模"的要求。因此，新一轮高等教育类型结构调整成为必然，许多高校特别是地方本科院校面临转型和准确定位的问题。这些高校立足于自身发展和社会需要，选择了应用型发展道路。应用型本科教育虽早已存在，但近几年才开始大力发展，并根据社会对人才的需求，扩充了新的教育理念，现已成为我国高等教育的一支重要力量。发展应用型本科教育，也已成为中国高等教育改革与发展的重要方向。

　　应用型本科教育既不同于传统的研究型本科教育，又区别于高职高专教育。研究型本科培养的人才将承担国家基础型、原创型和前瞻型的科学研究，它应培养理论型、学术型和创新型的研究人才。高职高专教育培养的是面向具体行业岗位的高素质、技能型人才，通俗地说，就是高级技术"蓝领"；而应用型本科培养的是面向生产第一线的本科层次应用型人才。由于长期受"精英"教育理念支配，脱离实际、盲目攀比，高等教育普遍存在重视理论型和学术型人才培养的偏向，忽视或轻视应用型、实践型人才的培养。在教学内容和教学方法上过多地强调理论教育、学术教育而忽视实践能力培养，造成我国"学术型"人才相对过剩，而应用型人才严重不足的被动局面。

　　应用型本科教育不是低层次的高等教育，而是高等教育大众化阶段的一种新型教育层次。计算机应用型本科的培养目标是：面向现代社会，培养掌握计算机学科领域的软硬件专业知识和专业技术，在生产、建设、管理、生活服务等第一线岗位，直接从事计算机应用系统的分析、设计、开发和维护等实际工作，维持生产、生活正常运转的应用型本科人才。计算机应用型本科人才有较强的技术思维能力和技术应用能力，是现代计算机软、硬件技术的应用者、实施者、实现者和组织者。应用型本科教育强调理论知识和实践知识并重，相应地，其教材更强调"用、新、精、适"。所谓"用"，是指教材的"可用性"、"实用性"和"易用性"，即教材内容要反映本学科基本原理、思想、技术和方法在相关现实领域的典型应用，介绍应用的具体环境、条件、方法和效果，培养学生根据现实问题选择合适的科学思想、理论、技术和方法去分析、解决实际问题的能力。所谓"新"，是指教材内容应及时反映本学科的最新发展和最新技术成就，以及这些新知识和新成就在行业、生产、管理、服务等方面的最新应用，从而有效地保证学生"学以致用"。所谓"精"，不是一般意义的"少而精"。事实常常告诉人们"少"与"精"是有矛盾的，数量的减少并不能直接促使提高质量，而且"精"又是对"宽与厚"的直接"背叛"。因此，教材要做到"精"，教材的编写者要在"用"和"新"的基础上对教材的内容进行去伪存真的精练工作，精选学生终身受益的基础知识和基本技能，力求把含金量最高的知识传承给学生。"精"是最难掌握的原则，是对编写者能力和智慧的考验。所谓"适"，是指各部分内容的知识深度、难度和知识量要适合应用型本科的教育层次，适合培养目标的既定方向，适合应用型本科学生的理解程度和接受能力。教材文字叙述应贯彻启发式、深入浅出、理论联系实际、适合教学实践，使学生能够形成对专业知识的整体认识。以上四方面不是孤立的，而是相互依存的，并具有某种优先顺序。"用"是教材建设的唯一目的和出发点，"用"是"新"、"精"、"适"的最后归宿。"精"是"用"和"新"的进一步升华。"适"是教材与计算机应用型本科培养目标符合度的检验，是教材与计算机应用型本科人才培养规格适应度的检验。

中国铁道出版社同高等学校计算机类课程应用型人才培养规划教材编审委员会经过近两年的前期调研，专门为应用型本科计算机专业学生策划出版了理论深入、内容充实、材料新颖、范围较广、叙述简洁、条理清晰的系列教材。本系列教材在以往教材的基础上大胆创新，在内容编排上努力将理论与实践相结合，尽可能反映计算机专业的最新发展；在内容表达上力求由浅入深、通俗易懂；编写的内容主要包括计算机专业基础课和计算机专业课；在内容和形式体例上力求科学、合理、严密和完整，具有较强的系统性和实用性。

本系列教材针对应用型本科层次的计算机专业编写，是作者在教学层次上采纳了众多教学理论和实践的经验及总结，不但适合计算机等专业本科生使用，也可供从事 IT 行业或有关科学研究工作的人员参考，适合对该新领域感兴趣的读者阅读。

本系列教材出版过程中得到了计算机界很多院士和专家的支持和指导，中国铁道出版社多位编辑为本系列教材的出版做出了很大贡献，本系列教材的完成不但依靠了全体作者的共同努力，同时也参考了许多中外有关研究者的文献和著作，在此一并致谢。

应用型本科是一个日新月异的领域，许多问题尚在发展和探讨之中，观点的不同、体系的差异在所难免，本系列教材如有不当之处，恳请专家及读者批评指正。

"高等学校计算机类课程应用型人才培养规划教材"编审委员会

2011 年 1 月

前 言

"计算机软件基础"是一门新的课程，经过近年来的发展，已成为我国计算机相关专业的一门重要课程。但是，由于缺乏经验的积累，对课程的一些重要认识与具体措施尚需探讨，只有这样，这门课的教材才能有编写的基础和方向。因此，在策划编写此教材前我们首先需探讨该门课程的几个关键性问题，在此基础上，再讨论有关教材的问题。

在此处分两大问题讨论：一个是有关课程问题；另一个是有关教材问题。

一、有关课程的几个原则性问题探讨

下面分 3 个问题针对课程的原则性做讨论，它们是：课程目标对象、课程目标定位，以及课程内容定位。只有兼顾这 3 个问题，教材的编写才有坚实的基础。

1. 课程目标对象

"计算机软件基础"课程的目标对象经历了两个阶段变化，它们是：

第一阶段：在课程开设初期，此课程主要为与计算机有一定关联的专业（如电子、电力金融、机械、自控等专业）所开设的，其目的是为了使这些专业的学生能对计算机方面的知识有更多的了解。一般传统的计算机课程（如计算机基础及程序设计语言等）已不能满足要求，但又受课时限制，因此，就将多门计算机相关课程打包于一体组成一门新的课程——计算机软件基础。之所以课程仅限介绍软件，主要是由于这些专业的需求均以计算机应用为主，而应用又直接以软件为基础，因此，计算机软件基础课就成为这些专业的又一门公共基础课程。

因此，在第一阶段中，计算机软件基础课的目标对象是与计算机有一定联系的专业所开设的本科公共基础课程，其预修课程是计算机基础与程序设计语言。

第二阶段：随着计算机应用的兴起，计算机应用类专业（如计算机网络、嵌入式应用、电子商务等）蓬勃发展，特别是近期，应用类专业备受国家重视，并在教育部的支持下进行着深化教学改革，其重点内容之一是突出计算机理论与实际应用的结合。因此，新的实用性课程纷纷出现，而传统的计算机核心课程受到了冲击，为精简课程，强化实用，须对部分核心课程进行归并重组。"计算机软件基础"课程就是在此形势之下出现的，适于计算机应用类专业，特别是偏硬件类专业作为专业基础课或专业课之用。

因此，在第二阶段中，"计算机软件基础"的目标对象是计算机应用类专业所开设的本科专业基础课或专业课，其预修课程是计算机导论及程序设计语言。

目前，此门课程同时适合于两类不同专业的教学需求。

2. 课程目标定位

我们认为该课程是建立在其目标对象基础上的。基于这种认识，它的目标定位应该是：提供全面、完整的计算机软件知识，能做基本的软件应用开发，为相关专业提供后续课程支撑，为学生通过相关计算机专业考试（如水平考试、等级考试等）提供基础。下面对其做必要的解释：

（1）"计算机软件基础"课程的首要目标是使学生全面、完整地掌握软件的知识，为学生今后的学习与应用计算机打下坚实的基础。

（2）除了掌握知识外，另一个重要目标是具有初步从事计算机软件开发的能力。

（3）由于计算机应用类专业及计算机相关专业的很多后续课程都需要有较深厚的软件基础知识与一定的开发能力，如自控专业的嵌入式系统课程、电力专业的电力调度课程、遥控遥测专业的图像分析与处理课程以及机械专业的 CAD/CAM 课程等，因此都需要有一定软件知识与能力的支持。

（4）计算机应用类专业及计算机相关专业的学生在校期间一般都必须通过并获得相关的资质证书，如计算机水平考试、等级考试等，此门课程可为学生的资质证书获取提供软件方面的知识基础。

3. 课程内容定位

在确定了课程的目标对象与目标定位后，接着就可以讨论课程内容定位了，可以包括如下一些认识：

（1）按学科体系介绍计算机软件。本门课程主要介绍计算机软件，而软件是一门学科，因此本课程按学科体系介绍软件。一般情况下，在介绍计算机软件时可有多种不同体系的介绍方法。目前常用的是按不同课程体系介绍，这种方法是将整个软件划分成若干门不同课程内容介绍。它的最大弊病是概念分裂、内容隔离，将一个具有完整体系的软件学科肢解成一门门的课程内容介绍。因此，在本课程中采用按学科体系介绍，此种方法是将软件还原成统一的概念与完整的体系，在学科分支间具有紧密的关联，按此种方法，学生所接受到的软件知识是概念上统一的、内容上关联的、知识体系上完整的。

（2）新旧兼蓄、吐故纳新。计算机软件学科发展很快，但目前的教材内容相对滞后，因此在教材中新旧兼蓄、吐故纳新特别重要，这表示在教材中扩充新的内容的同时淘汰及修正旧的内容，使教材能保持与学科的同步发展，其典型的例子是传统的软件与数据的概念需要修正，网络软件、Web 应用内容需要增添，而如操作系统中的作业管理、数据库中的嵌入式 SQL 等内容则需要淘汰。

（3）全面介绍、重点突出。本课程是软件的"基础性"课程，因此必须对软件学科做全面介绍，但由于软件学科的内容众多，不可能在一门课中对它的各分支都做详细介绍，只能择要做重点介绍。因此，全面介绍、重点突出是本门课程内容组织的核心思想。

（4）理论与应用兼顾，原理与操作并重。计算机软件学科是一门既有理论又有应用，既有原理又有操作的学科，而软件之所以受众多专业重视和青睐，其根本原因在于它的应用性，而应用又需要操作、理论与原理的支持。故而在计算机软件基础课程中不仅要传授理论知识，也要传授如何应用知识；不仅要介绍原理，也要学习操作。只有这样，学生所掌握的软件知识才是全面的；只有这样，学生才能既掌握原理与理论性知识，又能将它们应用于实际。

二、有关教材的几个具体问题探讨

在对课程的原则性问题进行探讨后，就可以对课程的教材做具体策划了，包括下面几个方面。

1. 读者对象

本教材的读者对象为计算机应用类专业或计算机相关专业的本科学生。

2. 学时数

本教材适于 38 ~ 54 学时的课程，提供了 5 个实验可供教师选择使用。

3. 教材内容

本教材内容以课程内容定位所确定的 4 个原则为指导，进行组织与安排：

（1）按软件学科体系分为 4 篇，分别是：计算机软件总论、计算机软件基础理论、计算机软件系统及计算机软件开发。

（2）将软件的重要基础性概念做统一介绍，包括：计算机系统概念、软件概念、算法概念及数据概念等。

（3）对软件内容做全面介绍，按学科体系分别对软件学科的所有分支内容做介绍，包括：

① 计算机软件总论——软件基本概念、计算机系统概念。

② 计算机软件基础理论——算法理论、数据理论（包括数据结构）。

③ 计算机软件系统——语言及其处理系统、操作系统、数据库管理系统、支撑软件系统、应用软件系统、网络软件系统等。

④ 计算机软件开发——软件工程、软件应用系统开发。

此外，还对各分支内容间的关联做介绍，对各分支相关操作及应用做介绍。

（4）在全面介绍基础上先对部分内容做重点介绍，它们是：软件基本概念、数据结构、操作系统、数据库管理系统、网络软件系统及软件工程。

（5）本书注重实际操作能力的培养，并设置了5个实验，包括：算法实验、数据结构实验、数据库实验、Web 开发实验及应用系统开发实验。

（6）本书注重学科交叉，关注空白的填补与重复内容的删除。

计算机软件学科各分支间内容交叉，关系复杂，因此，在书中须减少重复，注意填补空档，突出学科交叉，使其构成一个完整、全面的学科体系。

在具体教材内容安排中主要包括：

① 突出学科交叉——软件与网络的交叉是网络软件；模块设计与数据库设计的交叉是软件系统设计；数据结构、数据文件系统、数据库管理系统及 Web 数据的交叉是数据理论，这些学科交叉知识需突出介绍。

② 填补空档——支撑软件与应用软件往往是软件教材内容中的空档，应予填补，而跨越硬件与软件的应用系统、有关软件概念与数据概念也属空档，需要填补。

③ 关注重复——软件教材中大量内容重复、概念混乱，如有关软件设计、数据等内容普遍存在着重复与混乱。在本书中，采用概念与内容上的统一，避免了不必要的重复。

（7）能满足两类不同专业的要求。本书既适应计算机相关专业学生，也适应计算机应用类专业学生的教学需求。这主要是由于这些不同教学对象均有相同的目标定位，但是由于专业需求不同，计算机应用类专业学生对软件知识与操作要求高于计算机相关专业的学生，因此在本书中按较高的应用类专业要求编写，而在教学时可按不同专业选用不同内容讲授，在书中凡带有"*"的章节属较高层次要求，教师可根据需要灵活选用。

4. 教材内容组织

根据上面教材内容的 7 点要求，我们在内容组织上采用少而精的原则，具体表现为：对每章内容精心组织、精选素材，选用那些最具典型性和代表性的内容，淘汰过时的、非本质的、不具代表性的内容。

通过统一概念，减少重复的方法大量精简内容。最终，将本教材的内容组织成 4 篇 12 章 5 个实验，其具体安排如下：

（1）第一篇 计算机软件总论，主要介绍计算机系统与计算机软件的概念以及计算机软件与计算机间的关系。共有两章：

第 1 章 现代计算机系统介绍；

第 2 章 计算机软件概述。

（2）第二篇 计算机软件基础理论，主要介绍软件学科的两大基础理论——算法理论与数据理论。共有 3 章：

第 3 章 算法理论；

第 4 章 数据基础；

第 5 章 数据结构及其应用。

本篇还有两个实验：

实验一 算法；

实验二 数据结构。

（3）第三篇 计算机软件系统，主要介绍软件学科的主要内容，包括软件中的系统软件——操作系统、语言及其处理系统，数据库管理系统以及支撑软件系统、软件应用系统等。此外，还包括网络软件系统介绍等。共有 5 章：

第 6 章 操作系统——系统软件之一；

第 7 章 程序设计语言及语言处理系统——系统软件之二；

第 8 章 数据库系统——系统软件之三；

第 9 章 支撑软件与应用软件系统；

第 10 章 计算机网络软件与互联网软件。

本篇有两个实验：

实验三 数据库；

实验四 Web 开发。

（4）第四篇 计算机软件开发，开发是软件应用的主要目标，主要包括开发的方法——软件工程以及应用软件开发。共有两章：

第 11 章 软件工程；

第 12 章 应用系统开发。

本篇有一个实验：

实验五 应用软件开发。

本书为配合教学需要，每章都提供内容小结供学生复习之用，并配有习题，全书还附有电子教案供教师使用。

本书由南京大学徐洁磐任主编，深圳大学封玲及北京中医药大学李书珍任副主编，湖南女子学院陈宏及北京中医药大学郭凤英参编，并由南京大学史九林教授审稿，对全书提出了诸多宝贵意见，特此表示衷心感谢。本书在编写过程中，还得到南京大学计算机软件新技术国家重点实验室的支持，同时得到南京大学徐永森教授、金志权教授、南京航天航空大学林钧海教授及宁波大学邰晓英教授的帮助和指导，在此一并表示感谢。

"计算机软件基础"是一门新的课程，在教材编写中有很多问题有待研究与探讨，由于水平有限，希望读者提出宝贵意见，以使其进一步修改完善。

编 者

于南京大学

2013 年 3 月

目 录

第一篇　计算机软件总论

第二篇　计算机软件基础理论

第三篇　计算机软件系统

第四篇　计算机软件开发

第一篇

计算机软件总论

本篇是全书的开篇，主要介绍计算机软件的基本概念以及它与计算机系统的关系。

由于计算机软件是计算机系统的一个有机组成部分，为充分了解计算机软件，必须首先介绍计算机系统，在此基础上介绍计算机软件，最后介绍计算机软件与计算机的关系以及它们之间的基础接口。本篇共分两章，分别是：

第 1 章：现代计算机系统介绍。该章从当代观点介绍计算机系统的基本概念及基本内容，为进一步介绍计算机软件提供基础。

第 2 章：计算机软件概述。该章主要介绍计算机软件的基本概念、基本内容以及简要历史，同时介绍它与计算机系统之间的关系及基础接口。这章是本篇的重点，同时也是全书的总纲，"纲"举才能"目"张，因此，它对本书的后面诸章起到了框架性的指导作用。

第1章 现代计算机系统介绍

本章从系统角度和当今时代角度介绍计算机，称为现代计算机系统，也可简称为计算机系统或计算机。计算机软件是计算机系统的一个有机组成部分，在介绍软件之前必须先对计算机有一个完整的了解，为后续软件介绍提供基础平台。

本章主要介绍计算机系统的基本概念及内容。

1.1 计算机的概念

计算机是什么？可以从两个方面来对它做介绍。

1. 名副其实

从计算机的名字讲起，计算机的全称是数字电子计算机（digital electronic computer），计算机（computer）是它的简称。下面对它逐字进行介绍：

（1）"机"：表示是一种机器。所谓机器，是指协助人类工作的一种工具。

（2）"计算"机：表示用于"计算"的一种机器。计算的含义，最初是指数值计算，接着是文字处理，随之而来的是图形、图像、声音以及视频、音频等多媒体处理，更进一步的是人类逻辑思维的推理、归纳等演算，所有这些称为非数值计算。因此，"计算"包含数值计算与非数值计算两部分内容。

（3）"电子"计算机：表示计算机的制作材料主要以电子元器件为主。

（4）"数字"电子计算机：表示计算机的处理对象是离散的而不是连续的，而这种离散对象可用数字形式表示（如二进制数字）。

真实的计算机就是与上面对其名字所介绍的一样，因此它是"名副其实"的。

2. 眼见为实

从所见到的计算机实体讲起，由于计算机的普及，我们随处都可以见到它，包括计算机机房中的大中型计算机、办公室及家庭中的台式计算机或笔记本式计算机以及目前流行的平板电脑，可以看到，计算机实际上是具有坚硬外壳的一种机器，使用它可处理多种问题。同时，每台机器都有一条"辫子"与网络相连（当然，也可通过无线方式连接），连接后这种机器的功能更为强大。这就是现在通常能看到的计算机。可以将它分成 3 个层次：

1）计算机硬件

从计算机外形看，它有一层坚硬的外壳以及各种插件，看得见、摸得着，因此称为硬件。它是计算机的基本物理装置。在计算机刚问世时它就称为计算机，但是现在，它只是整个计算机的一个部分，称为计算机硬件（computer hardware）。

　　2）计算机软件

　　从计算机所能处理的功能看，计算机软件主要是依靠设置于计算机硬件内的指令序列与数据集合所构成的。它们虽然有强大的功能，但是人们既看不见又摸不着，因此相对于硬件而言具有软性的特点，从而称为计算机软件（computer software）。计算机软件也是计算机的一个部分。

　　计算机硬件与计算机软件组成了一个完整的计算机。从系统观点看，它构成了一个功能完备的系统，因此也称计算机系统（computer system）。

　　自从计算机软件出现后，一般所理解的计算机即是这种将计算机硬件与软件相结合的计算机系统。

　　3）计算机网络

　　单个计算机的功能虽然强大，但毕竟资源受限且信息交互困难，因此进一步发展受到了制约。而计算机网络的出现与发展则改变了此种状态。单个计算机在接入计算机网络后，就有了坚强的"靠山"，依托网络的支撑，计算机应用突破了地域的界线，计算机资源得到充分共享，计算机的功能因而得到极大扩张。

　　目前，人们所见到并使用的计算机就是这种融入网络中的计算机，也称现代计算机系统（modern computer system），简称计算机系统或计算机。

　　现代计算机系统是由计算机硬件、软件以及得到计算机网络支撑的计算机系统。它可用图 1-1 所示的结构表示。

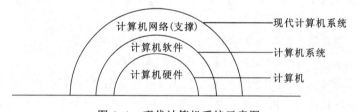

图 1-1　现代计算机系统示意图

下面分别对计算硬件、计算机软件及计算机网络做简要介绍。

1.2　计算机硬件

　　计算机硬件是完成计算机中"计算"的核心装置，因此早期也称计算机，由于它由电子元件组成且能代替部分人类脑力劳动，因此也称电脑。

1. 指令与程序

　　计算机中有很多指令（instruction），这些指令组成了指令系统（instruction system），计算机的计算功能由指令系统确定。在计算机中可以将指令组成序列用于计算，称为程序（program），而计算机则是执行程序的装置。程序由程序员编制，称为编程或程序设计（programming）。将程序输入计算机并启动，计算机即能按要求执行程序，从而完成计算任务。

　　指令是计算机的基本操作单元，指令系统是计算机所有指令的集合。通常情况下，不同计算机类型有不同的指令系统，但是它们大致有几个相同部分：

　　（1）算术运算指令：包括加、减、乘、除等指令。

　　（2）逻辑运算指令：包括布尔加、布尔乘等指令。

(3) 字符串运算指令：包括字符串比较、替换及查找等指令。

(4) 控制指令：控制程序执行次序的指令。

(5) 数据传输指令：数据在计算机内部各部件间传递的指令。

(6) 输入/输出指令：将数据从机外输入至机内的指令以及将数据从机内输出至机外的指令。

2. 数据与计算

在计算机中，除了指令与程序外还有数据（data）。数据是指令的加工对象，计算机执行"计算"的过程实际上就是对数据加工的过程，具体步骤如下：

(1) 在计算机中有一组程序与数据。

(2) 计算机执行程序，其执行的过程是不断地加工数据。

(3) 程序执行结束所得到的数据即是计算的结果数据。

计算机中有两种基本工作单元：指令与数据，计算机则是通过由指令所组成的程序不断加工数据而进行"运算"的一种装置。

3. 计算机硬件组成

为完成程序的执行，计算机必须有相应的物理装置，即计算机硬件。计算机硬件由如下 4 个部分组成：

(1) 运算器：主要用于执行算术运算、逻辑运算及字符串运算等操作。

(2) 控制器：主要用于控制与协调程序的执行及控制指令的执行。

运算器与控制器承担了执行程序的主要工作，是计算机硬件主要核心部件，称为中央处理器 CPU（Central Processing Unit）。

(3) 存储器：主要用于指令与数据的存储，并执行数据传输指令。

CPU 与存储器组成了计算机硬件的主要部分称为主机。

(4) 输入/输出设备：主要用于输入/输出数据与指令，是执行输入/输出指令的机构。

此外，还有总线及端口等用于硬件内部各部件间的数据、指令及控制信号的流通。

上面 4 个部分组成了计算机硬件结构，图 1-2 所示为计算机硬件结构示意图。

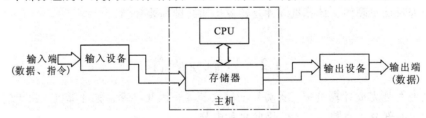

图 1-2 计算机硬件结构示意图

在这种结构中，用户从输入端输入数据与指令经输入设备进入主机，在主机内"计算"，在计算完成后通过输出设备将结果数据输出至输出端。

图 1-2 所示的结构图是一种典型的计算机硬件结构，如今，由于技术水平的发展，部分结构往往会发生变化，如 CPU 可由一个变成为两个或多个，称为多核计算机，而在计算机网络中，每台计算机都与网线相连，其具体方式是通过网卡（一种接口）与总线挂接。

4. 计算机硬件中指令与数据的表示

1）二进制数

在计算机硬件中，基本的数据单位是二进制位 bit。由 bit 可以组成字（word）。依据不同的硬件，字的位数一般有 32 或 64 位不等，它们统称为二进制，并统一存放于计算机存储器中。一个字对应存储器中的一个存储单元，每个存储单元都有地址，地址也按二进编码形式表示。计算机硬件中的指令与数据都用二进制表示。

2）指令的二进制表示

指令可用二进制表示，一个指令一般由操作码及操作数地址码两部分组成。

（1）操作码：表示指令的操作类型，如加、减、乘、取数、存数等，可用二进编码形式表示。如可用 00000001 表示加法，用 00000010 表示减法等。

（2）操作数地址：指令操作的数据称为操作数，操作数地址则给出了操作数在存储器中的位置。指令中的操作数地址可以有一个、两个或三个，分别称为一地址指令、两地址指令或三地址指令。如一个三地址指令对加法运算而言，表示将操作数地址所指明的加数与被加数经加法运算后其和存入第三个地址内。

图 1-3 所示为一个 32 位的字所表示的加法指令，该指令表示将地址为 11110001 的加数与地址为 11110010 的被加数相加所得的和放入地址 11110011 中。

| 00000001 | 11110001 | 11110010 | 11110011 |

图 1-3　加法指令示意图

由于指令可用二进制表示，因此程序可以用二进制序列表示。而二进制数可存储于计算机硬件中，因此整个程序也可存储于硬件中，这种方法称为程序存储方式，它是计算机的重要模式，这种计算机称为冯·诺依曼（von Neuman）计算机。目前，所有计算机都具有这种形式。

3）数据的二进制表示

计算机硬件中的数据可用二进制表示。

（1）最基本的数据是二进制位 bit。

（2）由 8 个 bit 可组成字节（byte），在文字处理中，它一般可表示一个字符（character），这种表示法称为 ASCII 编码法。

字符是文字处理中的基本符号单位，如字母、数字等，而由字符所组成的串则是文本。

（3）由 32 bit 所组成的字可表示一个数值，它包括整数或实数。

① 整数用二进制定点表示法——在一个二进制数中（如 32 位字）左边第一位为符号位，其中 0 表加而 1 表减，其余 31 位为二进制数。小数点固定于最低位右端。图 1-4 是数值为 $-01110010001101111100110101000111$ 的定点表示。

② 实数用二进制浮点表示法——将一个二进制数分解成为两个部分，第一部分称为阶码，第二部分称为尾数。其中，尾数表示数值，阶码表示小数点位置。在浮点表示法中，尾数是一个带符号的小数，小数点定位于尾数的左端，阶码是一个二进制整数，这个整数表示了小数点的具体位置，如它为 1000 时，表示小数点位于二进制数的第八位后。例如，一个 32 位的二进制数字 $+10110010.100111010100100$，可以表示为 $+0.10110010100111010100100 \times 2^8$。这样，它的浮点表示为尾数 10110010100111010100100，而阶码为 00001000，如图 1-5 所示。

| 1 | 01110010001101111100110101000111 | | 0 | 00001000 | 10110010100111010100100 |
| 1位符号 | 31位数值 | 小数点 | 1位符号 | 8位阶码 | 23位尾数 |

图 1-4　定点表示示例图　　　　　　　　　图 1-5　浮点表示示例图

1.3 计算机软件

1.3.1 计算机软件的基本概念

计算机软件是建立在计算机硬件之上的。人们知道，硬件之所以能正常运行，要依靠程序与数据，而程序是需要编制的（即程序设计），数据是需要组织的（即数据结构），它们就组成了基本的软件。

随着计算机应用范围的扩大，程序规模与复杂度越来越高，数据的规模与复杂度也就越来越高，计算机软件在计算机中的重要性也随之增大，并形成完整体系。它包括：系统软件、应用软件及支撑软件3个部分。

1. 系统软件

系统软件是为计算机运行提供基础性支持的软件，一般包括操作系统、语言处理系统及数据库管理系统三种。

2. 应用软件

应用软件是直接面向应用、为应用服务的软件，如字处理软件、文稿演示软件及财务软件等都是应用软件。

3. 支撑软件

支撑软件是介于系统软件与应用软件之间的一种软件，起着接口与工具的作用。由于它对应用软件具有支撑性作用，因此称为支撑软件。如文件传输软件、数据与程序间的接口软件以及中间件等均属支撑软件。

目前，计算机软件的大部分均常驻计算机硬件中并与硬件组成一个整体，以完成正常的运行。在这种情况下，计算机的概念就发生了变化，单纯的硬件已不能独立完成正常运行，它必须与软件配合共同协作才能完成"计算"任务。

1.3.2 计算机概念的第一次变化

计算机硬件出现以后就有了计算机软件，但是当时的软件尚处于萌芽状态，人们所见的主要是硬件。随着软件的成长与发展以及应用的拓展，计算机硬件与软件已逐渐融为一体，它们共同完成"计算"任务。因此，自 20 世纪 60 年代以来，人们对计算机的理解和认识就有了进一步深化，计算机就由计算机硬件过渡成为计算机硬件与软件的联合体，一般称之为计算机系统（computer system），有时也称计算机。

在计算机系统中，硬件是其物理基础，软件则是建立在硬件之上的逻辑设施，仅有硬件的计算机称为"裸机"，而软件则是穿在裸机身上的"服装"。如同人一样，一个正常的人应该是一个衣冠端正的人，同样，一台计算机应该是硬件与软件相结合的系统。图 1-6 为计算机新概念的示意图，同时也给出了计算机硬件、软件及计算机系统这三者之间的关系。

图 1-6 计算机新概念示意图

1.3.3　用户所见到的计算机系统

1. 用户所见到的计算机硬件

用户使用计算机硬件时，硬件所提供的是指令（系统）与二进制数。

指令系统是计算机的原始语言，称为机器语言（machine language），而人类所使用的是自然语言，这两者间存在较大差异，用户熟悉自然语言而不熟悉机器语言，因此，用户使用机器语言极为困难。

二进制数是计算机硬件"计算"的对象，而人类"计算"的对象是十进制数、文字、符号以及图像、图形、声音等多媒体数据，这两者间也存在较大差异。因此，从用户观点看，使用计算机硬件是比较困难的、不方便的。

2. 计算机软件的功能

为方便用户使用计算机，人们就想到用软件来改造硬件，使计算机易于掌握使用。

首先，软件专家设计并实现了计算机语言，这是接近人类自然语言的一种语言，它可以通过一种特定的软件将计算机语言翻译成硬件中的指令，这种软件称为语言处理系统（language processing system）。有了它，用户就不必用指令编程而可直接用计算机语言编程，这样就大大方便了计算机的使用。

其次，计算机专家设计并实现了多种数据结构（data structure），它将二进制数转换成十进制数（整数与实数）及西文、中文。此外，还可以组成图形、图像、声音等多媒体数据以及知识表示中的数据，这些都可用一定的数据结构表示。有了它，用户就可以直接使用自己所熟悉的计算对象了。进一步，可以将数据结构组织成数据模式，使多个用户能共享使用数据，这种扩充的数据结构称为数据库（database），而使用、管理数据库的软件称为数据库管理系统（database management system）。

最后，计算机软件在硬件之上运行，在运行过程中须统一协调软硬件间关系，这可用一种软件实现，称为操作系统（operating system）。

有了操作系统、语言处理系统及数据库管理系统 3 种软件后，可以对硬件进行本质的改变，极大地改善了用户使用计算机的环境，从而促进了计算机的应用与发展，通常称这三种软件为系统软件（system software）。

计算机硬件与系统软件的捆绑组成了一种具有全新功能的计算机，这是计算机硬件功能的第一次扩充。

此后，在系统软件的基础上又出现了工具软件、接口软件以及中间件等多种软件，它们为用户使用计算机提供了更为有效的支撑作用，因此，此类软件称为支撑软件（support software）。

计算机硬件 + 系统软件 + 支撑软件组成了计算机功能的又一次扩充，即第二次扩充。

在第二次扩充的基础上再加上直接为用户应用服务的软件（即应用软件）组成了计算机功能的第三次扩充。这三次扩充包括系统软件、支撑软件与应用软件 3 个部分，它构成了计算机硬件之上的软件整体，有了硬件与软件后，用户使用计算机就有了全新改变，用户可以方便地开发计算机并且直接应用计算机。因此，计算机硬件与计算机软件组成了一个新的系统，称为计算机系统，这个系统为用户提供了新的功能与使用环境。

计算机硬件与软件间的关系以及计算机系统及用户间关系的示意图如图 1-7 所示。

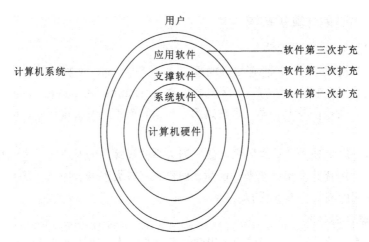

图 1-7　计算机硬件、软件、系统及用户间关系图

1.4　计算机网络

1.4.1　计算机网络的基本概念

计算机的进一步发展是计算机网络，它出现在 20 世纪 70 年代。计算机网络是计算机与数据通信按一定协议要求所组成的实体。网络的出现使计算机打破了地域的限制，从而使计算机应用领域更为广阔。而计算机网络不断发展，形成互联网，它使得计算机在全球范围内联成一体，如今已形成一个互联网的时代。有时也将计算机网络与互联网统称为计算机网络。

从本质上看，计算机网络是一种软硬件的结合体。它不但包括计算机硬件与软件、数据通信硬件以及两者接口硬件，还包括实现协议所规范的那些软件。

同时，为方便开发与应用，在计算机网络上需要有一个软件层，称为网络软件。网络软件也包括网络系统软件、网络应用软件与网络支撑软件等。

计算机网络与网络软件组成了一个系统，称为计算机网络系统，也可简称计算机网络。

1.4.2　计算机概念的又一次改变

计算机网络的出现使计算机概念又一次发生变化。现代的计算机已不是孤单的计算机，也不是脱离群体的计算机，而是与网络相连并得到网络支撑的现代计算机。就像人一样，现代人是一个社会人，他生活在人类社会中，而不是离群索居、闭关自守的人，也不是"鸡犬之声相闻、老死不相往来"的人。经过这种改造后的计算机在计算机网络的支撑下可以完成传统计算机系统无法完成的计算任务，这种新的计算机系统可称为现代计算机系统，也可简称计算机系统或计算机。它由计算机硬件、软件以及由计算机网络的支撑三部分组成。前面的图 1-1 给出了计算机概念的第二次改变后的示意图。

1.4.3　用户所见到的现代计算机系统

1. 传统计算机系统的不足

传统的计算机系统具有功能强大、方便使用等优点，但是随着计算机应用的发展，暴露了其很多不足。首先，单个计算机的能力不管有多大，但毕竟资源受限，因此无法完成大型计算任务；其次，单个计算机之间无法实现信息交互、数据共享；最后，单个计算机受地域影响无法完成跨地域的计算任务。为解决此类不足，必须实现单个计算机间的互连互通，因此计算机网络的出现就成为必然的了。

2．计算机网络的功能

计算机网络的问世使分散于世界各地的"孤独"计算机连接在一起，从而极大地提升了计算机的能力，它主要表现为以下几方面：

（1）资源共享：这种计算机可有更多的资源供其使用，这种资源来自于网络中所有计算机的资源，它们组成了一个巨大的资源集合体，网络中任何一台计算机均能共享这些资源，它包括硬件资源、软件资源及数据资源等，如 Web 数据资源共享。

（2）互连互通，跨地域计算能力：这种计算机能与网络内其他计算机进行数据交换的能力，如可以 E—mail 通信、QQ 交流，以及远程医疗、远程教育等跨地区应用。

（3）多机协作能力：这种计算机还能通过网络实现多机协作以完成单机无法完成的大型计算任务。

3．当前用户所见到的计算机

传统计算机系统得到了计算机网络支撑后，其能力及功能得到了极大提升，这正是目前人们所使用的计算机，当前有一句名言是"网络就是计算机"，它指的即是现代的计算机必是在网络支撑下的计算机，这种计算机称为现代计算机系统。

1.5　计算机概念发展变化的历史

至此，我们可以对计算机概念发展变化的历程做一个简单的总结。

计算机自 1946 年问世至今已有近 60 年的发展历史，它的概念经历了三阶段变化：

第一阶段：1946 年至 20 世纪 50 年代末——计算机即是计算机硬件。

第二阶段：20 世纪 60 年代至 20 世纪 70 年代——计算机即是计算机硬件与软件的结合体，又称计算机系统。

第三阶段：20 世纪 80 年代至今——计算机即是计算机硬件、软件以及计算机网络的支撑所组成的结合体，又称现代计算机系统。

目前，计算机概念的新变化正在孕育中，嵌入式系统的发展、物联网的应用以及云计算的出现正使计算机的能力有了新的提升，预计不久，计算机概念发展变化的第四个阶段即将出现。

小　　结

本章主要介绍计算机的基本概念及其基本内容，为介绍计算机软件提供基础与背景。

1．计算机的宏观介绍

（1）名副其实——数字电子计算机。

（2）眼见为实——计算机硬件、软件及计算机网络。

2．计算机硬件要素

（1）指令与程序。

（2）数据与运行。

(3) 四种装置——运算器、控制器、存储器及输入/输出设备。

(4) 冯·诺依曼方式——程序存储。

3．计算机软件要素

(1) 计算机软件是建立在硬件上的程序与数据。

(2) 程序与程序设计。

(3) 数据与数据结构。

(4) 三种软件——系统软件、应用软件与支撑软件。

4．计算机网络要素

(1) 计算机网络是由计算机与数据通信，通过相关协议所组成的集合体。

(2) 计算机网络是一种软/硬件结合体。

5．计算机概念的三阶段变化

第一阶段：计算机硬件。

第二阶段：计算机硬件+软件。

第三阶段：计算机硬件+软件+网络支撑。

6．本章重点

计算机概念的三阶段变化。

习 题 一

选择题

1.1　现代计算机系统是由（　　）组成。

  A．计算机硬件   B．计算机硬件+软件

  C．计算机网络   D．计算机硬件+软件+计算机网络支撑

1.2　计算机网络是由（　　）组成。

  A．计算机   B．计算机+数据通信

  C．计算机+协议   D．计算机+数据通信+协议

问答题

1.3　请解释数字电子计算机的含义。

1.4　什么是计算机硬件？请解释。

1.5　什么是计算机软件？请解释。

1.6　什么是计算机网络？请解释。

1.7　试介绍计算机概念的 3 个阶段变化。

1.8　试介绍计算机硬件中指令及数据的表示法。

1.9　试介绍什么是系统软件，什么是应用软件，什么是支撑软件。

思考题

1.10　试解释现代计算机系统与计算机软件间的关系。

第2章 计算机软件概述

从第1章的介绍中我们知道，现代计算机系统实际上是由计算机硬件与网络硬件等硬件部分及计算机软件与网络软件等软件部分组成。其中软件部分也可简称计算机软件。

本章从学科角度介绍计算机软件的基本概念、发展历史、学科分类及基本内容，为后面详细介绍软件内容提供框架性的指导。

2.1 计算机软件的基本概念

2.1.1 什么是计算机软件

我们知道，计算机是一门学科，称为计算机学科，而计算机软件是计算机学科中的一个分支，称为计算机软件学科。在计算机软件学科中，计算机软件（或称软件）是它的基本概念。

1. 软件的基本认识

软件一词来源于 Software，它由 Soft 与 Ware 组合而成，一般可翻译成为"软体"、"软制品"或"软件"，目前在我国统称为软件。在软件中，"件"表示实体，而"软件"则是相对于"硬件"而言的，它是一种相对抽象的实体。一般认为，**软件是建立在硬件之上的程序运行实体以及有关它们的描述。** 基于这种认识，下面对此做一些解释。

1）软件组成的三要素

软件一般由程序、数据及相关文档所组成。它们称为软件的三要素。

（1）程序：是软件中的主要组成部分。程序是能指示计算机完成指定计算任务的命令序列，而这些命令称为语句或指令，它能被计算机理解并执行。

（2）数据：是程序操作加工（或执行）的对象，同时也是操作加工（或执行）的结果。

（3）文档：是软件开发、维护、使用的相关图文资料，是对软件的某种描述。程序与数据是软件中的两个主要实体，它们具有相对抽象的特性，且不易被人们理解与认识，因此需要用文档加以描述。因而软件还需要有第三种组成部分，即文档。

2）软件三要素间的关系

软件三要素相互依赖、缺一不可，它们组成一个有机整体。但是这三者在软件中的地位与作用是不同的，具体来说：

（1）在软件中程序与数据是主体，有了这个主体后，软件即能在硬件支撑下运行。

（2）文档是对主体的必要说明，它在软件中起着辅助的但必不可少的作用，因此文档是软件中的辅体。

图 2-1 给出了软件中这三者间的关系图。

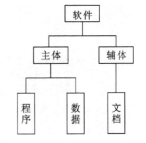

图 2-1　软件三要素的组成关系

目前在软件的主体中，程序与数据间的关系有两种模式：

（1）程序为中心的模式。在此模式中，软件以程序为中心组织运行，而数据则依附于程序，根据不同程序需要而组织不同数据。科学计算类软件中大多使用此类模式。如天气预报软件、石油勘探中物理探矿软件等均为此类模式。图 2-2 给出了此类模式示意图。

（2）数据为中心模式。在此模式中，软件以数据为中心组织运行，而程序则依附数据，根据不同数据需要而组织不同程序以加工数据。数据处理类软件均使用此种模式。如金融软件、办公自动化软件等均为此类模式。图 2-3 给出了此类模式示意图。

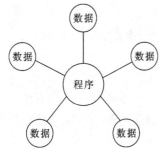

图 2-2　程序为中心的模式示意图

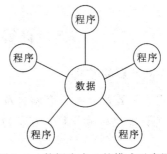

图 2-3　数据为中心的模式示意图

3）程序运行在软件中的重要性

程序、数据与文档在软件中虽然重要，但是它们都是静态物件，不管放置在何处均不具有任何价值。它既不像艺术品具有观赏价值，又不像黄金、白银具有财富价值。它们像汽车，在行驶中才能产生价值；像电视机，在收看时才具有效益。它的真正价值在于动态的运行。在计算机中，运行的物理基础是硬件，而运行的主体是程序，程序运行的主要工作是加工数据，而运行的最终目标是由原始数据经不断加工而得的结果数据。在运行过程中还需要用户参与，用户根据文档的提示组织管理运行。图 2-4 给出了程序、数据及文档在程序运行中的动态关联关系。在程序运行中还涉及硬件与用户，这五者以程序运行为纽带组织成为一体。

图 2-4　程序运行中软件三要素的关系

2. 对软件的深层次认识——软件学

前面介绍的软件是一般意义上所认识的软件，但是从学科角度看，软件具有更广泛、深厚的内容，它不但包括一般意义上的软件，以及软件的开发、应用，还包括软件的研究及指导研究的理论，此外，它还可以包括软件的体系、方法以及操作、使用、维护等多方面内容，它们构成一个学科体系，可以称之为软件学。

　　本书所探讨的软件不仅是一般意义上的软件，而且是具有软件学意义的软件，它具有众多的内容与深刻内涵。

2.1.2　计算机软件的地位与作用

　　现代计算机系统包括硬件与软件两个部分，而它所面对的是用户。在硬件、软件及用户三者中，硬件是计算机的物理基础，用户是计算机的直接使用者，而最后，软件则是用户与硬件间的接口，这是一种宏观意义上的接口，它表示用户在使用中不直接操作、应用硬件，而是通过软件而实现的，在这里软件起到了中间的接口作用，其具体表现为：

　　（1）软件可为用户使用计算机提供方便。

　　（2）可用软件开发应用替代用户的脑力劳动，为用户减轻脑力负担。

　　图 2-5 是软件作用与地位的示意图。

图 2-5　软件作用与地位示意图

2.1.3　软件的特性

　　在计算机学科中，软件是一种很特殊的产物，它的个性非常独特，只有充分地了解，才能正确地把握与使用。下面对软件的特性进行介绍。

　　1．软件的抽象性

　　软件的抽象性可表现在两方面。首先，软件是一种信息产品，它是一种无形实体，即没有具体物理形态；其次，它是一种逻辑产品，是知识的结晶体。

　　软件的抽象性是软件的第一特性，其他特性均可由此特性衍生。

　　2．软件的知识性

　　软件生产是一种大脑知识活动过程，它不需要大量地皮、厂房及设备，也不需要大量体力劳动，它所需要的主要是软件的专业知识与能力以及大量的脑力劳动。因此，软件是一种知识性产品。

　　3．软件的复杂性

　　软件的复杂性主要表现在两方面。首先，从结构上看，软件是一种结构复杂的逻辑产品；其次，从制作上看，软件制作是从客观需求到抽象产品的过程，其间需经过多层次的提炼与改造才能转变成为可用软件。这就是制作的复杂性。

　　软件的结构复杂性与制作复杂性反映了软件整体的复杂性。

　　4．软件的复用性

　　软件的生产过程是复杂的，但当它一旦生成后即可反复不断、多次复制与使用，这就是软件的复用性，或称重用性。

　　软件的复用性是软件有别于其他产品的又一重大特性。人们知道，汽车制造厂生产汽车只能一辆一辆的制造；房地产企业建造楼盘须一幢一幢的盖建，无捷径可言，不可设想在一天之内复制出成千上万幢楼房，这简直是"天方夜谭"，但软件可以做到，人们只要开发出一个软件（尽管这个软件的开发极其艰苦、复杂）即可大量复制，为成千上万个用户服务。这就是软件神奇之处。

5. 软件开发的手工方法

与大规模自动化、流水线作业生产不同，软件开发是以手工作业方式为主，即主要以人工脑力劳动为主。虽然在软件开发中可以有软件工具支撑，但它们毕竟仅起辅助性作用，因此一般认为，软件开发以手工作业、脑力劳动方式为主，且工作量大、复杂度高、周期长、成本高昂。

2.2 软件发展的 4 个阶段

软件出现至今已有 60 余年历史，在发展过程中，它逐渐成长且不断地改变自己。一般来说，它的发展历程包括如下 4 个阶段。

1. 软件初创期

软件初创期是软件发展的第一个阶段，从 20 世纪 50 年代至 20 世纪 60 年代初。

自 1950 年冯·诺依曼机问世起就有程序与数据概念，那时即出现软件萌芽，最初软件是为了改变用户使用硬件的环境，使二进形式的计算机语言（即机器语言）改造成人类所能熟悉的语言——程序设计语言；同样，使二进制数改造成为人类所熟悉的十进制整数、实数等数据。

在此阶段中软件的发展主要表现为：

（1）程序设计语言的出现，其代表性的语言是汇编语言以及高级程序设计语言，如 FORTRAN、ALGOL 及 COBOL 等。

（2）数据结构的出现，包括在二进制数之上的十进制数整数、实数类型、字符类型等数据类型以及建立在数据类型上的数据结构，如线性结构、树结构等。

2. 软件发展期

软件发展期是软件的发展阶段，从 20 世纪 60 年代至 20 世纪 70 年代。在此阶段中，软件得到了全方位的发展，主要表现为：

（1）目前所使用的软件系统在软件发展期大部分均已出现，如操作系统、语言处理系统、数据库管理系统等系统软件以及工具软件、应用软件等。

（2）与软件发展的有关理论（如算法理论、数据理论等）均在此阶段出现并发展，为软件学科发展提供了理论指导。

（3）有关软件开发的方法及其相关研究——软件工程的出现与发展，为大型应用系统的开发提供了有效的方法。

在此阶段中，软件学科正式形成。

3. 软件成熟期

软件成熟期是指软件的成熟阶段，从 20 世纪 70 年代末至今是软件的收获季节。经过几十年的努力与奋斗，软件已取得重大成果，软件从思想、理论与方法，从研究到开发都告诉人们，一个完整的软件学科体系已经建立，具体表现为如下几方面：

（1）系统软件基本定型：系统软件中的操作系统、数据库管理系统及语言处理系统经过不断竞争与发展已基本定型，Windows、UNIX 及 Linux 等操作系统脱颖而出，成为其代表性产品；而数据库产品则以 Oracle 及 SQL Server 等为代表；在程序设计语言中，C、C++与 Java 已成为最常用的开发工具。

（2）支撑软件出现并趋向成熟，工具软件及接口软件的出现并日渐趋于成熟，中间件的出现，使支撑软件成为独立于系统软件与应用软件间的新的软件类型。

（3）应用软件普及：计算机应用由初期的科学计算领域到数据处理领域，进一步扩充到多媒体领域、控制领域以及智能领域五大领域，相关应用软件也在这 5 个领域内普及使用。

（4）软件形成理论体系：在对软件研究的基础上已形成一套完整的理论体系，包括算法理论与数据理论。

（5）软件开发方法成熟：在大型应用软件系统的开发技术与方法的研究上取得了重大的成果，软件开发的技术与方法已趋成熟。

4．网络软件发展期

前 3 个阶段是单机集中式软件的 3 个发展阶段，至 20 世纪 80 年代已走向稳定成熟。但是与此同时，计算机网络应用已日渐普及，相应地也刺激了建立在网络上的软件的发展，建立在网络上的软件称为网络软件。相对网络软件而言，过去的软件可称之为传统软件。网络软件是传统软件的一种网络化扩充，目前的计算机应用几乎都是网络软件的应用。

自 20 世纪 80 年代至今，网络软件开始发展，目前仍处在高速发展之中，与此同时，传统软件也正在与之并行发展。

图 2-6 是软件发展 4 个阶段的示意图。

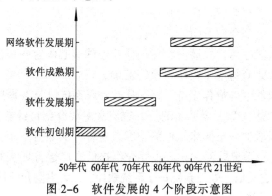

图 2-6　软件发展的 4 个阶段示意图

2.3　软件的学科内容组成

从学科观点看，软件可以分为三部分。

1．软件系统

软件系统包括系统软件、支撑软件及应用软件三部分，它是软件学科中的实体部分，也是其主要部分。

2．软件开发

所有软件系统都是通过开发而实现的，软件开发是需要方法的，目前常用的是软件开发的工程化方法，对软件开发方法的研究是软件学科内容的第二个部分。

3. 软件理论

理论是学科发展的基础，软件学科也是如此，整个软件学科是建立在软件理论基础之上的，软件理论主要由算法理论与数据理论两部分组成。

以上三部分之间存在着紧密的联系，其中，软件系统是学科的主体，软件理论是学科的基础，而软件开发则是学科的应用。理论支撑着系统与开发，而系统与理论一起最终均服务于开发应用，这三者组成了图 2-7 所示的软件学科构成的层次结构示意图。

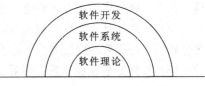

图 2-7　软件学科构成示意图

根据上述的学科内容组成，我们对本教材的编写内容进行规划，其编写大纲可安排如下：

（1）全书可分为四篇，本篇为对软件的概念性介绍，另外三篇分别介绍软件基础理论、软件系统、软件开发，这四篇分别是：

第一篇：计算机软件总论。

第二篇：计算机软件基础理论。

第三篇：计算机软件系统。

第四篇：计算机软件开发。

下面对第二、第三及第四篇的大纲做介绍。

（2）第二篇由三章组成，分别是：

第 3 章：算法理论，主要介绍程序的基础理论——算法。

第 4 章：数据基础，主要介绍数据的基础性理论。

第 5 章：数据结构及其应用，主要介绍数据理论中的核心内容——数据结构的基本知识。

第 4 章与第 5 章两章共同组成了数据理论的基础。

（3）第三篇由系统软件中的操作系统、语言及其处理系统以及数据库管理系统组成，此外，还包括支撑软件及应用软件一章。要说明的是，这四章主要介绍传统软件。它们并不包含网络软件的内容，因此在最后增加一章网络软件的内容，这样一共是五章，分别是：

第 6 章：操作系统——系统软件之一，主要介绍提供程序运行环境的软件称操作系统。

第 7 章：程序设计语言及语言处理系统——系统软件之二，主要介绍计算机语言以及为它提供翻译的软件——语言处理系统。

第 8 章：数据库系统——系统软件之三，主要介绍共享数据的基本概念以及管理共享数据的软件——数据库系统。

第 9 章：支撑软件系统与应用软件系统，主要介绍以中间件为核心的支撑软件系统，以及直接为应用服务的应用软件系统。

第 10 章：计算机网络软件与互联网软件，主要介绍在传统软件上为适应网络环境而建立的软件，它是传统软件在网络上的扩充。

（4）第四篇由两章组成，分别是：

第 11 章：软件工程，主要介绍软件开发方法。

第 12 章：应用软件开发，主要介绍以应用软件系统为代表的开发方法与过程。

在本书的 12 章中，其重点是第 2 章（计算机软件概述）、第 6 章（操作系统）、第 8 章（数据库系统）、第 10 章（计算机网络软件与互联网软件）和第 11 章（软件工程）。

小　结

本章是在计算机系统之上介绍计算机软件的一般性内容，包括：

1．计算机软件基本概念

（1）计算机软件。

（2）计算机软件学。

（3）计算机软件特性。

2．计算机软件发展历史

（1）计算机软件初创期。

（2）计算机软件发展期。

（3）计算机软件成熟期。

（4）网络软件发展期。

3．计算机软件的基本内容组成

（1）软件系统——软件的实体。

（2）软件开发——软件的应用。

（3）软件理论——软件的基础。

4．本章内容重点

软件基本概念。

习　题　二

选择题

2.1　数据结构是属于软件中的（　　　）。

　　A．软件理论　　　　　B．软件开发　　　　　C．软件系统　　　　　D．软件文档

2.2　微博是一种（　　　）。

　　A．系统软件　　　　　B．网络应用软件　　　C．支撑软件　　　　　D．中间件

问答题

2.3　什么是软件？请解释其含义。

2.4　什么是软件学？请解释其含义。

2.5　试给出数据、程序及文档三者间的关系。

2.6　软件的几大特征是什么？请说明。

2.7　试给出软件发展的几个阶段内容。

2.8　试给出软件的 3 个内容组成。

思考题

2.9　程序与软件区别是什么？请说明。

2.10　没有数据的程序是否可以在计算机上运行？请回答并说明理由。

2.11　没有文档的程序与数据是否可以在计算机上运行？请回答并说明理由。

2.12　试说明计算机系统与计算机软件间的关系。

第二篇

计算机软件基础理论

计算机软件是需要有理论支撑的,这些理论对计算机软件起到指导性的作用,是计算机软件发展的基础。

计算机软件的主体是程序与数据,而它们的理论支撑分别是算法理论与数据理论。其中,数据理论又可分为数据基础与数据结构两部分。这样,本篇可由算法理论、数据基础与数据结构三部分组成,它们的关系可用下图表示。

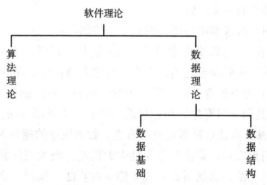

本篇共分三章,分别是第 3 章算法理论、第 4 章数据基础和第 5 章数据结构及其应用。

第3章 算法理论

算法是研究计算过程的一门学科，它对计算机软件与程序起到了基础性、指导性的作用。本章主要介绍算法的一些基本知识，包括：

- 算法的基本概念；
- 算法的描述；
- 算法的设计；
- 算法的分析。

3.1 算法的基本概念

算法是一类问题的一种求解方法，该方法可用一组有序的计算步骤或过程表示。

对于算法，我们可以进行如下几点解释：

（1）在客观世界中有很多问题需要人们解决，将那些具有相同本质但不同表现形式的问题捆绑在一起进行处理，称为一类问题。一般来说，在算法中所处理的对象是问题，所处理的基本单位是以类为基础的一类问题。

（2）在一类问题的求解中需要考虑如下一些问题：

① 解的存在性：首先需要考虑的是一类问题是否有解。在大千世界中，很多问题是没有解的，这些问题不属于人们考虑之列，人们只考虑有解存在的那些问题。

② 解的描述：对有解存在的问题给出它们的解。解的描述方法是有多种的。

③ 算法解：是用一组有序计算过程或步骤表示的求解方法。

④ 计算机算法：算法这种概念自古有之，如数论中的辗转相除法，孙子定理中的求解方法等。但自计算机问世以后，算法的重要性大大提高，因为在计算机中问题的求解方法均要使用算法，一类问题只有给出算法后计算机才能（按算法）执行，这种指导计算机执行的算法称为计算机算法。在本书的后面凡出现算法一词均可理解为计算机算法。

瑞士计算机科学家尼·沃尔思（N.Wirth）曾提出一个著名的公式"程序=算法+数据结构"，同时他还讲一步说："计算机科学就是研究算法的学问"。因此，在当前，算法已成为计算机学科与软件的核心理论。

下面用一个例子来说明算法。

【例3-1】设有3个一元硬币，其中有一个为假币，而假币的重量必与真币不同。现有一架无法码天平，请用该天平找出假币。

这是一个算法问题，其一类问题是：有数 a、b、c，其中有两个相等，请找出其不等的那个数。

该算法的输入是：3 个数 a、b、c。

该算法的输出是：3 个数中不等的那个数。

该类问题的算法过程是：

① 比较 a 与 b，若 a=b，则不相等的数为 c，算法结束；若 a≠b，则继续。

② 比较 a 与 c，若 a=c，则不相等的数为 b，算法结束；否则不相等的数为 a，算法结束。

从这个例子可以看出算法中一些有趣的现象：

① 算法是一种偷懒的方法，只要按照算法规定的步骤，一步一步地进行，最终必得结果。因此，一类问题的算法解没有必要由人操作执行，可交给计算机执行，而人的职能是设计算法以及将算法用计算机所熟悉的语言告知计算机，计算机即可按算法要求求解并获得结果。

② 算法不是程序，算法高于程序。算法仅给出计算的宏观步骤与过程，它并不给出程序中的一些微观、细节部分的描述。这样既利于对算法做必要的讨论，也有利于对具体编程的指导。

当要编写程序时，首先需要设计一个算法，它给出了程序的框架，接着对算法进行必要的理论上的讨论，包括算法的正确性及效率分析，然后再根据算法进行程序设计并最终在计算机上执行，获得结果。因此，算法是程序的框架与灵魂，而程序则是算法的实现。

（3）算法的正确性。一个算法对每个输入都能输出符合要求的结果后最终停止，则称它是正确的，而如果所给出的输出结果不符合预期要求或算法不会停止，则称算法是不正确的。

（4）算法的设计与分析。一类问题的算法解可以有多个，它们之间有"好/坏"之分。一般来说，一个好的算法所执行的时间快，所占存储容量小。因此，对每个算法进行时间的效率分析又称时间复杂度分析。同时还需要进行空间效率分析，也称空间复杂度分析，它们统称为算法分析。

为获得一个好的算法，需对它做设计，目前有一些常用的成熟设计方案可供参考，同时还有一些成熟的设计思想可供使用。但真正的设计方案还需要使用者根据具体情况确定。

3.2 算法的基本特征

著名的计算机科学家克努特（D.E.Knuth）在他的名著《计算机程序设计技巧》的第一卷"基本算法"中对算法的特征做了总结，具体如下。

1. 能行性（effectiveness）

算法的能行性表示算法中的所有计算都是可以实现的。

2. 确定性（definiteness）

算法的确定性表示算法的每个步骤都必须是明确的定义与严格的规定，不允许出现有二义性、多义性等模棱两可的解释。

3. 有穷性（finiteness）

算法的有穷性表示算法必须在有限个步骤内执行完毕。

4. 输入（input）

每个算法可以有 $0 \sim n$ 个数据作为其输入。

5. 输出（output）

每个算法必须有 $1 \sim n$ 个数据作为其输出，没有输出的算法相当于"什么都没有做"。

这 5 个特性确定了算法作为一类问题求解的一种方式。

3.3 算法的基本要素

算法是研究计算过程的学科，构成算法的基本要素有两个，分别是"计算"与"过程"。

在算法中有若干个计算单位，称为操作、指令或运算，它们构成了算法的第一个基本要素；而算法必须有一些控制单元以控制计算的"过程"，即计算的流程控制，它们构成了算法的第二个基本要素。

在算法中，以操作为单位进行计算，而计算的过程则由控制单元控制，这两个基本要素不断作用构成了算法的一个完整执行过程。

1. 算法的操作或运算

在算法中的基本"计算"单位是操作或运算，常用的有：

（1）算术运算：主要包括加、减、乘、除四则运算以及指数、对数、乘方、开方、乘幂、方幂等其他运算。

（2）逻辑运算：主要包括逻辑的"与""或""非"等运算以及逻辑"等价""蕴含"等运算。

（3）比较操作：主要包括"大于""小于""等于""不等于"以及"大于等于""小于等于"等操作。

（4）传输操作：主要包括"输入""输出"以及"赋值"等操作。

2. 算法的控制

算法的控制主要用于操作或运算间执行次序的控制，它一般包括如下几种控制：

（1）顺序控制：一般情况下，操作按算法书写次序顺序执行，称为顺序控制。

（2）转移控制：强制转移至某固定操作。

（3）选择控制：根据判断条件进行两者选一或多者选一的控制。

（4）循环控制：主要用于操作（与运算）的多次反复执行的控制。

有了这两个基本要素后，算法就有了基础的构件，它为以后算法描述提供了基础。

3.4 算 法 描 述

目前有多种描述算法的方法，一般来说，可分为形式化描述、半形式化描述及非形式化描述三种。

3.4.1 形式化描述

算法的形式化描述是指类语言描述，又称"伪程序"或"伪代码"。类语言是指用某种程序设计语言（如 C、C++及 Java 等）为主体，选取其基本操作与基础控制为主要构架，屏蔽其具体实现细节与语法规则。目前，常用的类语言有类 C、类 C++及类 Java 等。

用类语言进行算法形式化描述的最大优点是它离真正可执行的程序很近，只要对伪程序做一定的细化与加工即可成为能执行的"真程序"。

下面给出例 3-1 中的用类语言 C 所写的算法描述。

```
g(a,b,c)
{
   if(a=b)  x←c;
   else
      if(a=c)  x←b;
      else  x←a;
      return x;
}
```

为规范起见，这里对类 C 语言做一个简单的约定。

1．运算和操作

（1）算术运算，用+、-、×及/等表示。

（2）逻辑运算：用 and、or 或 not 等表示。

（3）关系运算：用>、<、=、≠、≥、≤等表示。

（4）传输操作：用"←"表示的数据传输操作。

（5）输入/输出：算法的输入表示为 scanf，算法的输出表示为 printf 等。

（6）必要时，还可以用无二义性的自然语言语句表示数据与操作的信息。

2．流程控制

（1）条件语句：

● if；

● if...else。

（2）开关语句：switch。

（3）循环语句：

● for；

● while；

● do...while。

（4）转移语句：

● goto；

● return；

● break。

3．算法结构

算法一般描述为一个函数，可以带参数也可以不带参数，可以带一个或几个参数。参数是算法的输入，如上面的 g(a,b,c)。

4．其他

有关括号与注释的表示与 C 语言所表示的相同。

3.4.2　半形式化描述

算法半形式化描述的主要表示方法是算法流程图。

算法流程图是一种用图示形式表示算法的方法。在该方法中有四种基本图示符号，将这些图示符号用带箭头的线段相连即可构成一个算法流程，称为算法流程图。

算法流程图中的 4 个基本符号是：

（1）矩形符号：可用于表示数据处理，如数据运算、数据输入/输出等。其处理内容可用文字或符号形式写入矩阵框内。其表示形式如图 3-1（a）所示。

（2）菱形符号：可用于表示判断，其判断条件可用文字或符号形式写入菱形框内。其表示形式如图 3-1（b）所示。

（3）扁圆形符号：可用于表示算法的起点与终点。其有关起点与终点的说明可用文字或符号形式写入扁圆形框内。其表示形式如图 3-1（c）所示。

（4）带箭头的线段：可用带箭头的线段表示算法控制流向。其相关说明可用文字或符号写在线的附近。其表示形式如图 3-1（d）所示。

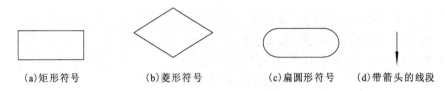

（a）矩形符号　　　　（b）菱形符号　　　　（c）扁圆形符号　　　（d）带箭头的线段

图 3-1　算法流程图的基本符号

图 3-2 为例 3-1 中所示算法的流程图表示。

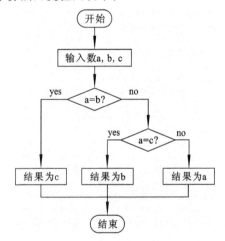

图 3-2　例 3-1 中的算法流程图表示

算法的半形式化表示还可以有多种，如在类语言表示中屏蔽内容过多，又带有大量文字表示，此时距"真程序"表示形式过远，那么这种表示也是半形式化描述。

总体来说，半形式化描述是一种以文字与形式化相混合的表示方式，其表示方便、随意性大，离最终可执行的程序距离较远。

3.4.3　非形式化描述

非形式化描述是算法的最原始的表示。它一般用自然语言（如中文、英文、数学语言等）以及部分程序设计语言中的语句混合表示，而以自然语言为主。这种表示方法最为方便、灵活。但有时会出现二义性等不确定成分，同时，离真正的程序实现距离会更大。

在例 3-1 中的算法表示即用此种方法。

*3.5　算法设计

算法设计是算法的中心问题，在给出一类问题后为求解该问题就需要设计一个相应的算法，到目前为止，尚未出现一套固定的设计模式，但是已有一些相对成熟的设计方案可供参考，而具体的设计还需设计人员根据积累与智慧再参考成熟的设计方案而自主设计。

下面介绍几种常用的成熟设计方案，供具体设计时参考。

1. 枚举法

枚举法（numeric method）是一种常用的、简单的方法。它的基本思想是：对于求解问题，如能知道解的范围及解所满足的条件，此时列举所有可能的解并对每种可能用条件检验，最终即可得到问题的解。当然，在列举所出现的所有可能时，其数量也许很多，这在人工计算时往往是不现实的，但在计算机中则是完全有可能的，它也体现了用计算机计算的优越性。

枚举法常用于不定方程组求解中，下面给出一个枚举法的例子。

【例 3-2】中秋节将至，周某准备用 100 元钱买 50 个月饼分送友人，现已知广式月饼每个 4 元，苏式月饼每个 2 元，本地月饼每个 1 元，请给出所有可能的购买方案供周某参考。

这个方案的最简单的设计方法是选取三种月饼的所有可能组合并选取那些满足条件（100 元钱及 50 个月饼）的购买方案作为结果。

该算法的设计方案是：

假设 i 表示广式月饼购买数，j 表示苏式月饼购买数，而 k 表示本地月饼购买数，而 i, j, k 应满足的条件是：

i+j+k=50 ①

4i+2j+k=100 ②

这是一个有 2 个方程及 3 个未知数的不定方程组，它可用枚举法求解。

此算法可用 3 个循环用于给出所有可能组合，然后对每种可能，选取满足条件①及②的作为输出，其算法描述如下：

```
Cake()
{ for(i←0,i≤50,i←i+1)
    for(j←0,j≤50,j←j+1)
        for(k←0,k≤50,k←i+1)
        { m←i+j+k;
          n←4×i+2×j+k;
          if(m=50 且 n=100)
                printf(i,j,k);  }
    return  }
```

2. 递推法

设有一类问题，它由若干个顺序排列的数据项组成，而相邻两项间存在一定的规则，同时，其初始项的值是已知的。这样，可由初始项开始计算，利用每项间的固定规则，一步一步求得结果，这种方法称为递推法。在其中初始项称为递推初始条件，而固定规则则称为递推公式。递推法是由初始条件不断利用递推公式所得结果的一种算法。

递推法可用数学公式表示。设顺序排列的数据项为 $F_1, F_2, \cdots, F_n$，而相邻两项间的固定规则为 $F_{i+1}=g(F_i)$（$i=1, 2, \cdots, n-1$），初始项的值已知为 a，即 $F_1=a$，此时可以将递推法表示为：

$$\begin{cases} F_1 = a \\ F_{i+1} = g(F_i) \end{cases}$$

下面用两个例子说明。

【例 3-3】设有等差级数，其公差为 3，首项是 1，它可用递推法表示如下：

$$\begin{cases} F_1 = 1 \\ F_{i+1} = F_i + 3 \end{cases}$$

【例 3-4】某银行存款年利为 3 分，某客户一次性存入 10 000 元，请给出其获得本息的方法。

此问题可用递推法表示如下：

$$\begin{cases} F_1 = 10\ 000 \\ F_{i+1} = F_i \times 3/100 + F_i \end{cases}$$

递推法的计算过程是从初始项 F_1 开始，不断应用 $F_{i+1}=g(F_i)$，逐步计算，最终即可获得结果。

【例 3-5】在例 3-4 中的客户 3 年的本息为多少？

此例的计算过程为：

存入 0 年时为：F_1=10 000；

存入 1 年后为：10 000×3/100+10 000=10 300；

存入 2 年后为：10 300×3/100+10 300=10 609；

存入 3 年后为：10 609×3/100+10 609=10927.27。

最后可得到：某客户存入 10 000 元钱后 3 年的本息合计为 10 927.27 元。

该计算过程可用下面的形式化算法表示。

```
T(n)
{   F₁=a;
    i←1;
    while(i<n)
    {   F_{i+1}←g(Fᵢ);
        i←i+1; }
    return(Fₙ);
}
```

3. 递归法

递归法（recursion mothod）是一种自己调用自己的方法。

递归法采用的方法是将规模为 n 的问题可以化解为规模小于 n（如 $n-1$）的与原问题相同的问题，如此继续不断，直至化解成为 $n=0$ 的问题。

在递归算法的实现中有 3 个关键的难点：

（1）须找到递归变量——即问题规模 n（n 为自然数）。

（2）须有递归主体（称递归体）——即问题的自身表示，可表示为：$f(k+1)=B(f(k),k)$。

（3）须有递归终止值——即 $n=0$ 时问题的固定值，可表示为 $f(0)=A$。

这样，一个递归算法可表示为：

$$f(n) = \begin{cases} f(0) = A \\ f(n+1) = B(f(n), n) \end{cases}$$

在设计递归算法时必须包含终止条件（也称终止值），而且每递归一次都要向终止条件靠近一步（称为收敛），最终达到终止条件，不然递归将会无休止的迭代（称为发散）并无法得结果。

递归算法结构简单，易于理解，可通过少量语句表示以实现复杂的算法思想，这是它的优点，但要实现递归算法的关键是要通过分析取得递归变量与递归主体，这是有一定难度的，这是它的难点。

下面通过一个例子来说明递归法。

【例 3-6】求自然数 n 的阶乘的递归算法。

对此问题进行分解，具体如下：

- 递归变量：n；
- 递归体：$(n+1)! = (n+1) \times n!$；
- 递归终止值：$0! = 1$。

其算法可以表示如下：

```
f(n)
{ if(n=0)
    f(n)←1
  else
    f(n)←f(n-1)×n
}
```

递归算法虽然结构简单，但它的处理流程较为复杂，一般分为递推和回归两个阶段。在递推阶段，首先将规模为 n 的问题求解降低成为 $n-1$ 的问题求解，如此逐步递推直至 $n=0$ 为止。接着就是回归阶段，在此阶段中对递推所形成的公式作计算，从递归终止值开始（即 $n=0$）反推计算，最终获得结果值。

递归算法比较难于掌握，我们再用两个例子说明。

【例 3-7】二分查找的递归算法。

有 n 个从小到大顺序排列的整数所组成的数组 $a[i]$，在 $a[i]$ 中查找一个元素 x（变量）。

此问题可用递法归法求解。设有数组 $a[n]$ 及待查元素 x，并设 left 及 right 分别表示数组中待查段左、右下标。算法开始时，left=1，right=n。若查找成功，返回 x 所在下标；否则返回无效下标-1。

该算法的思想是采用二分查找（又称折半查找）法，即先从数组 $a[i]$ 的中间位置处$(n+1)/2$查起，若找到则查找成功，返回下标；若不成功，则此时中间位置处将 $a[i]$ 分成为左、右两个部分。若 $x < a[(n+1)/2]$则查找左半部分，若 $x > a[(n+1)/2]$则查找右半部分，这样不断重复此过程，可逐步缩小范围，直到查找成功或失败为止。

算法的非形式化描述如下：

（1）如 left＞right，表示待查段为空，返回-1；否则，执行（2）。

（2）计算中值地址：mid=(left+right)/2，执行（3）。

（3）若 $x = a[mid]$，查找成功，返回 mid；否则，执行（4）。

（4）若 $x < a[mid]$，将待查段下标定为 left←left，right←mid−1 并递归查找。

（5）若 $x > a[mid]$，将待查段下标定为 left←mid+1，right←right 并递归查找。

该非形式化描述的算法可用伪码表示为：

```
Binary-Search(a[],x,left,right)
{
  ① if(left>right)
  ② return-1
  ③ else
  ④ {  mid=(left+right)/2;
  ⑤    if(x=a[mid])  return mid;
  ⑥    if(x<a[mid])  Binary-Search(a[],x,left,mid-1); }
  ⑦ Binary-Search(a[],x,mid+1,right);
}
```

在该算法中，递归变量为 right−left，它的终止值为：right−left 为负数时 return−1。

该递归为收敛的，每递归一次，right−left 就会越小。

该算法中的递归主体为步骤⑤、⑥与⑦，这是算法设计中的难点。

这是一个非规范的递归算法例子，下面再举一例子。

【例 3-8】梵塔游戏的递归算法。

梵塔游戏是古印度所罗门教徒所玩的一种游戏，也称汉诺塔（Hanoi Tower）游戏。该游戏的玩法是：将 64 片大小不等有中孔的圆形金片穿在一根金刚石柱上，小片在上，大片在下，形成图 3-3（a）所示的宝塔状。在游戏开始时，64 片金片均由小到大顺序从上到下安放于柱 A 中，如图 3-3（a）所示。此外，还有两个柱 B 与 C 均为空（可见图 3-3（b）、图 3-3（c）），游戏结果是所有 64 片金片全部搬移至柱 B 中，同样构成从小到大、从上到下的塔状，如图 3-4 所示。而游戏规则是：

（1）每次只允许搬动一个金片。

（2）柱 C 可作为中间过渡使用。

（3）任何移动的结果只能是小片放在大片上。

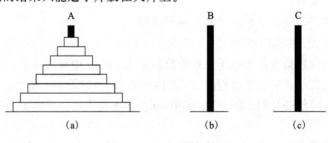

图 3-3　Hanoi 塔起始图

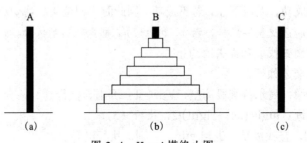

图 3-4　Hanoi 塔终止图

而当按规则完成整个游戏时，即放下最后一片金片时，将会出现天崩地裂，宇宙毁灭。

这个游戏在古代当然须用手工完成，而且不难想象虽然其每个动作简单，但其动作次数与金片片数成指数倍增长，即动作次数达 2^{64} 次左右（即 18 446 744 073 709 551 614 次），如果搬动一次花费 1 秒，则整个搬动完成约需 5 800 亿年，因此游戏中所说的"天崩地裂，宇宙毁灭"并非"言过其实"，而是"所言不虚"。

该游戏可用递归法求解，在算法中可设金片数为 n，每片编号从小到大分别为 1，2，…，n。它们构成了一个高度为 n 的塔。该问题的递归方法是：

高度为 n（$n>1$）的塔相当于高度为 $n-1$ 的塔下面压一个金片 n。

根据这个递归定义，可以写出递归的搬动算法：

（1）先（递归地）将柱 A 上的 $n-1$ 片移至柱 C（使用 B）。

（2）把柱 A 中的剩余金片 n 移至 B。

（3）再把柱 C 中的 $n-1$ 片（递归地）移到柱 B。

我们可以用 $n=3$ 为例给出其递归过程：

```
move  1  from  A  to  B
move  2  from  A  to  C
move  1  from  B  to  C
move  3  from  A  to  B
move  1  from  C  to  A
move  2  from  C  to  B
move  1  from  A  to  B
```

该游戏的递归算法伪 C 码如下：

```
Hanoi(n,a,b,c)
①{if(n=1)
②   move(a,b);                //只有一片就直接搬过去
    else                      //多于一片执行递归
③   { Hanoi(n-1,a,c,b);       //递归的将 n-1 片从 a 利用 b 移至 c
④     move(a,b);              //将 a 中 n 片移至 b
⑤     Hanoi(n-1,c,b,a);       //递归的将 n-1 片从 c 利用 a 移至 b
    }
 }
```

在该递归算法中有终止条件为：

① if(n=1)

② move(a,b)

该递归算法为收敛的，其递归变量为 n，每递归一次它就减 1。

该递归算法的主体为步骤③、④与⑤。

Hanoi(i,a,b,c)表示将 i 片金片从 a 利用 c 移至 b 的算法。这是一种递归算法，它体现递归法的精炼性与简单性。它将一个复杂的问题变成为极其简便的表示形式。该表示形式的精炼性是其他算法所无法做到的。这就是递归法的威力所在。

应用这个递归算法可以用计算机作梵塔游戏，并实现在有生之年提前体会到"天崩地裂、宇宙毁灭"的壮观现象（当然这仅是在计算机世界中体会到）。

在一个问题的求解方法中有时既可以用递推也可以用递归，但这两者的实现方法与流程是不一样的。通常，递归算法结构精简、清晰易懂，但它的设计难度较大。究竟采用何种算法可根据具体情况而定，并无一定标准。

此外，递归算法还经常与其他方法结合，所形成的算法效果尤为显著，如下面所介绍的分治法中即与递归法相结合。

4．分治法

分治法（divide and conquer）即是"分而治之"之意，它把一个规模较大的问题分解成若干个规模较小的子问题，然后再求解子问题并最终将其合成为原问题的解。

分治法往往是递归的，因此它是一种常用的特殊递归法。

在分治法中每一层递归上都有 3 个步骤：

（1）分解（divide）：将原问题分解成 n 个子问题。

（2）解决（conquer）：递归地解决各子问题，若子问题足够小，则直接求解。

（3）合并（combine）：将子问题结果合并成为原问题的解。

下面给出分治法的一个例子。

【例 3-9】求集合 S 中的最大元素和最小元素。

设有 n 个元素的集合 S，一般的求解方法是先用 $n-1$ 次比较求出 S 的最大元素，再从所剩的 $n-1$ 个元素中，用 $n-2$ 次比较求出 S 的最小元素。

改用分治法，将 S 分成大小大致相等的两个子集 S_1 与 S_2，分别递归地求出 S_1 及 S_2 中的最大与最小元素，然后从两个最大元素中选中较大者；从两个最小元素中选出最小者，它们分别就是 S 的最大和最小元素。

为方便起见，可令 n 为偶数。

这个问题的分治法可表示如下：

```
maxmin(S,max,min)  //S是集合名，max是最大元素，min是最小元素
{   if(S只有两个元素a,b)
       if(a>b) max←a;min←b;
       else  max←b;min←a;
    else
    { 把S分成两个大小相等的子集S₁,S₂;
      maxmin(S₁,max1,min1);
      maxmin(S₂,max2,min2);
      if(max1>max2) max←max1;else max←max2;
      if(min1<min2) min←min1;else min←min2;
    }
}
```

此外，二分查找法实际上也是一种分治法，同样也是分治与递归相结合的方法。

5．回溯法

回溯法（backtracking）是一种试探性的求解问题的方法，在求解时它逐步前进，每走一步就是一种试探，当试探成功后则继续前进，若失败，则要后退并放弃先前的部分成功的路径，重新试探，如此不断探索前进直至到达目标。

回溯法是一种最优化求解方法，一般来讲，对最优化的求解方法需设置一个目标函数与一个约束条件，其中目标函数给出了所谓最优的"标准"，这个标准有一个范围，它由极大值与极小值控制，而约束条件则给出了试探标准，一旦此标准受到破坏则表示试探失败，此时需重新进行试探。在该算法中是在约束条件的指引下，不断探索前进直至到达目标。

回溯法是一种典型的"摸石子过河"办法，在社会上及生活中经常会发生。

下面用一个例子以说明此算法。

【例 3-10】八皇后问题

八皇后问题是德国数学家高斯（G.F.Guss）在 1850 年所提出的一个问题，该问题是国际象棋中的一个问题。在国际象棋 8×8 个方格的棋盘中，放置 8 个皇后（棋子）：q_1，q_2，…，q_8，使得没有任何一个皇后能攻击（吃得）其他皇后，这种放置方式称为安全布局。而八皇后问题即是求解安全布局的一个解。

根据国际象棋规则，皇后可以吃掉同一行、同一列以及同一对角线上的任何敌方棋子，根据此规则可采用回溯法，其目标函数是安全布局，而约束条件则是每个皇后间不处于同一行、同一列或同一对角线中（即是安全的）。在该算法中每试放一个棋子后观察它是否安全，若不安全则重新试放，如尚不安全则需调整前面的布局。

八皇后的算法思想是：

（1）各皇后间不能放在同一行，因此可将 q_i 试放于第 i 行的某列上（注意，$i=1$，2，…，8）。

（2）为方便起见，在试放 q_i 时总是先从第 i 行第 1 列起试放。

（3）如果将 q_i 试放在第 j 列时不安全，就将其试放在第 $j+1$ 列；如果安全，则"暂时"定位于此，接着试放 q_{i+1}；如果 q_i 的 8 个可试位置（1～8 列）都试完，仍不能找到 q_i 的安全位置，此时就说明了前一个皇后（即 q_{i-1}）位置没有放对，应重新试放 q_{i-1}（称为回溯），也就是说要退回到 $i-1$，递推地，若 q_{i-1} 的位置试完，仍不安全，则要退回到 q_{i-2}，如此继续直到退回至 q_1。

该算法的非形式可表示如下：

（1）$i \leftarrow 1$。

（2）将 q_i 试放于"下一个"可选位置上。

（3）若 q_i 位置试完（即列超过 8），则转移到（8）；否则继续下一步。

（4）检查 q_i 试放位置是否安全（即与其他已放过的各 q 是否冲突）。

（5）q_i 不安全则转移至（2），否则继续下一步。

（6）若 $i=8$，则得到一个安全布局，输出此布局，结束；否则，继续下一步。

（7）$i+1$，转移至（2）即试放下一个 q_i。

（8）取回 q_i。

（9）若 $i=1$（即 q_i 的所有位置均已试完后仍有冲突），则说明本问题无解，结束；否则，继续下一步。

（10）$i-1$，即重新试放 q_{i-1}。

（11）转移至（2）。

在算法的（4）中检查 q_i 是否安全的方法是：

（1）设有 q_i 与 q_k，其中 q_i 放置于 j 列；q_k 放置于 h 列，进行比较。

（2）若 $j=h$，则说明 q_i 与 q_k 处于同一列，不安全。

（3）若 $|i-k|=|j-h|$，则说明 q_i 与 q_k 处于同一对角线，不安全。

（4）其余情况均为安全。

八皇后问题一共有 92 个解，图 3-5 给出了其中的一个解。

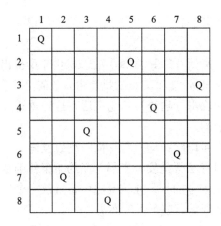

图 3-5 八皇后问题的一种安全布局

在八皇后问题算法中，还可以将 8 改成 n，即在 $n \times n$ 的棋盘上寻找安全布局的问题，此时即成为"n 皇后问题"算法。对这个算法可用下面的伪码表示。

```
eight-queen(n)
{   i←1;                                        //逐行放置 qi，从 i=1 到 i=n
    while(i<=n)
      {   qi←1;                                 //按列放置 qi，从 qi=1 到 qi=n
          While(qi≤n)
          {   k←1;                              //对 qi 作安全检查
              While((k<i)且((qk-qi)*(|qi-qk|-|i-k|))≠0))
                  k←k+1;
              if(k<i)
                  if(qi≥n且i≤1)                //安全检查失败
                    return "无解";
                  else
                    { if(qi≥n)
                      i←i-1;                    //重新试放 qi-1
                      else
                      qi←qi+1;  }               //qi 重新换列
              else
                  break;  }                     //安全检查结束强行退出本循环
          i←i+1;  }
    printf(i,qi;(i=1,2,…,n));
    return  "成功得一解";
}
```

3.6 算 法 评 价

算法评价又称算法分析，它是对所设计出来的算法做综合性的分析与评估。

我们知道，对一类问题往往可以设计出多种不同算法，如何在其中挑选出"好"算法，这就是本节所要探讨的问题。

首先，算法应该是正确的，其次是算法的时间效率与算法的空间效率较高，当然，还有如操作界面、可读性、可维护性及健壮性等方面，但这些往往是对程序的评价标准，与算法无关。

1. 算法的正确性

算法的正确性是算法评价中的最基本条件，所谓算法正确性，是指对所有合法的输入数据经算法执行后均能得到正确的结果并同时停止执行。

目前，常用检验算法正确法的方法是用数学的方法证明。对每个设计的算法都要用数学的方法证明其正确性，这是算法评价中的基本要求。在本章中，所有算法证明都属于初等数学范畴，较为简单，因此就不给出其正确性证明，但是对一些复杂算法就需要做严格证明，有关此部分介绍已超出本课程要求范围，因此就不做介绍了。

2. 算法的时间效率

算法的时间效率又称算法的时间复杂性，也称时间复杂度（time complexity），它是指算法运行所耗费的时间。

对一类问题的算法解，往往是有多个的，而不同的解又有不同的时间复杂度。例如，例 3-7 中所示的二分查找算法是一个复杂度较好的算法，而一般的查找算法是一种既简单又"笨"的方法，此方法即是将 x 与 $a[i]$ 从小到大逐个比较，最多经 n 次必得结果，这个算法可以描述如下：

```
search(a[],x)
{
  i←1;
  while(i≤n)
  { if(a[i]=x)  return i;
    else if(i=n)  return -1;
        else i←i+1;  }
}
```

数据查找的这两种算法中其时间复杂度以二分查找法明显优于后面的一般查找法。我们以 $n=7$ 为例，二分查找法最多仅需 3 次必能找到，而一般查找法则最多需 7 次。由此例中可以看出，同一类问题的不同算法的执行时间不一样。因此，对这些算法需计算其执行时间并选取其优者。但算法的执行时间与问题的规模 n 有关，也就是说，算法的执行时间是 n 的函数，这个函数可记为 $f(n)$。而根据 $f(n)$ 可以计算出算法的时间复杂度 $T(n)$。

通常人们并不需要得到 $T(n)$ 的准确数字（实际也很难做到），而将其大致分为若干个时间档次，称为阶，它可用 O 表示，即 $T(n)=O(f(n))$，目前，这个 O 有 6 个阶，分别是：

（1）常数阶 $O(k)$：表示时间复杂性与问题规模无关。

（2）对数阶 $O(\log_2 n)$：表示时间复杂性与 n 的对数有关系。

（3）线性阶 $O(n)$：表示时间复杂性与 n 具有线性关系。

（4）线性对数阶 $O(n\log_2 n)$：表示时间复杂性与 n 及其对数有关系。

（5）平方 $O(n^2)$、立方阶 $O(n^3)$ 及 k 次方阶 $O(n^k)$：表示时间复杂性 n 具有多项式关系。

（6）指数阶 $O(2^n)$：表示时间复杂性与 n 具有指数关系。

对 $T(n)$ 的计算可按如下方法进行：

（1）首先计算算法执行所耗时间 $f(n)$，为简单起见，通常以执行一条基本运算为一个时间单位，于是可根据算法中的循环次数及递归调用次数等计算出 $f(n)$。

（2）当计算出算法所耗费时间 $f(n)$ 后，再经过一定的转换即可得到 $f(n)$，这个转换可用函数 $h()$ 表示，其转换方式是选取其中的高阶位而略去其低阶位及常值，亦即是有 $T(n)=h(f(n))$，如对 3 个算法 A_1、A_2 及 A_3，它们的计算所得时间为：

$f_1(n)=3n+6$

$f_2(n)=0.5n^2+8n+10$

$f_3(n)=31n^2+13n+158$

此时我们有：

$T_1(n)=h(3n+6)=O(n)$

$T_2(n)=h(0.5n^2+8n+10)=O(n^2)$

$T_3(n)=h(31n^2+13n+158)=O(n^2)$

对于算法的阶可以有下面几种基本认识：

（1）对每个阶我们可以作说明：

① $O(k)$ 表示算法可以在常数时间内完成并与输入数据量 n 无关。具有此类阶的算法其时间效果最好。

② $O(\log_2 n)$、$O(n)$ 及 $O(n\log_2 n)$ 表示算法可以在线性时间（或对数时间）内完成。具有此类阶的算法其时间效果略差于 $O(1)$，但也很好。

③ $O(n^2)$（或 $O(n^3)$，…，$O(n^k)$，表示算法可以在 n 的多项式时间内完成，具有此类阶的算法其时间效果略差于前面，但其总体看来算法仍可在有效时间内完成。

④ $O(2^n)$ 表示算法可以在指数时间内完成，此类算法的复杂度高一般无法在有效时间内执行完毕。

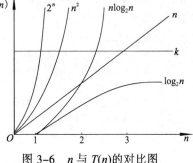

图 3-6　n 与 $T(n)$ 的对比图

（2）整个算法的阶从低到高共六种，一般来说，算法的阶越低则执行速度越快，因此尽量选取低阶的算法。

（3）算法复杂度与 n 关系紧密，表 3-1 及图 3-6 给出了 n 与 $T(n)$ 间的变化关系。

表 3-1　算法复杂度与 n 的对比表

n	k	$\log_2 n$	n	$n\log_2 n$	n^2	2^n
1	k	0	1	0	1	2
2	k	1	2	2	4	4
4	k	2	4	8	16	16
8	k	3	8	24	64	256
16	k	4	16	64	256	65 536
32	k	5	32	160	1 024	4 294 967 296

（4）算法的 6 个阶中又可分为两大类：

第一类：对 $O(k)$、$O(\log_2 n)$、$O(n)$、$O(n\log_2 n)$ 及 $O(n^2)$ 五种阶的算法是可以在有限时间内完成，此类算法称有效算法，一般可以被接受。

第二类：对具 $O(2^n)$ 阶的算法是不能在有效时间内执行完毕的，一般不可接受，此类算法称无效算法。

【例 3-11】在查找算法中，一般查找法有一个 n 次循环因此有 $T(n)=O(n)$，而在二分查找法中有一个 $\log_2 n$ 次递归调用，每次调用，有 3 个基本运算：即有 $f(n)=3\log_2 n$，因此有 $T(n)=O(\log_2 n)$。由此可见，二分查找法优于一般查找法。

【例 3-12】有如下算法：

```
search(a[])
while(i≤n)
{ for(j=1,j≤n,j←j+1)
  { s←s+a[i,j];
    i←i×2;}}
```

这是一个两重循环的算法，内层 j 的执行次数为 n，而外层 i 的执行次数为 $\log_2 n$，因此其时间复杂度 $T(n)=O(n\log_2 n)$。

3. 算法的空间效率

算法的空间效率又称算法的空间复杂性，也称空间复杂度（space complexity），它是指算法运行所占用的存储空间，可记为 $S(n)$，称为算法的空间复杂度。

与算法的时间效率类似，由 $g(n)$ 可计算出 $S(n)$。算法执行中以存储单元为一个存储单位，其最终所需存储空间与 n 有关，可记为 $g(n)$。

与算法的时间效率类似，在算法空间复杂性中也可分为若干个档次称为算法空间复杂性的阶，一般也可分为 $O(k)$、$O(\log_2 n)$、$O(n)$、$O(n\log_2 n)$，$O(n^2)$ 及 $O(2^n)$ 六种，通常选用阶低的算法，同样阶为 $O(2^n)$ 的算法是不可接受的。

3.7 一个算法的完整表示

到此为止，我们已经对算法做了全面的介绍，下面介绍一个算法的完整表示。

一个算法的完整表示可以有两个部分，它们是算法的描述部分与算法的评价部分。

1. 算法的描述部分

算法的描述部分共分 4 个内容，分别是：

（1）算法名。算法名给出算法的标识，它用于唯一标识指定的算法，在算法名中还可以附带一些必要的说明。

（2）算法输入。算法输入给出算法的输入数据及相应的说明，有时，算法可以允许没有输入。

（3）算法输出。算法输出给出算法的输出数据要求及相应说明，任何算法必须有输出。否则，该算法就是一个无效算法。

（4）算法流程。算法流程给出算法的计算过程，它可以用形式化描述，也可以用半形式或非形式化描述，但是它一般不用程序设计语言描述。

2. 算法的评价部分

算法的评价部分是算法中所必需的，它包括如下两方面内容。

（1）算法的正确性。必须对算法是否正确给出证明，特别是对复杂的算法尤为需要。算法的证明一般用数学方法实现。但对简单的算法只要做必要说明即可。

（2）算法分析。包括算法时间复杂性分析与空间复杂性分析。一般来说，$T(n)$ 与 $S(n)$ 在有效时间与空间之内都是可以接受的，当然它们的阶越低越好。但是，对指数阶的算法则是无法接受的。

一个完整算法表示一定包括有这 6 个内容。

3.8 几 点 说 明

从上面讨论的算法 7 个部分中可以得到下面的几个结论性的意见：

（1）算法是研究计算过程的学科，它强调"过程"的描述与评价。

（2）算法中过程的描述是需要设计的，这种设计方案是框架性的而并不拘泥于细节与微观实现的。

（3）算法可以有多种设计方案，对它们进行评价，并选取其合适者。

（4）算法的最终可通过程序并执行程序以实现算法目标并获得结果。

（5）算法不是程序，算法的目标是设计一个好的"计算过程"，而程序的目标则是实现一个好的"计算过程"，同时也是使用、操作一个好的"计算过程"。但算法与程序有关联的，算法是程序设计的基础，而程序又是实现算法的目的。

（6）最后，一个问题的计算机求解的全过程是算法与程序相互合作配合的过程，它可用图 3-7 表示。

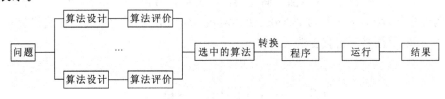

图 3-7　问题求解的全过程图

小　　结

算法是研究计算过程的一门学科，它对计算机软件及程序起到了基础性指导作用。

（1）算法是一类问题的一种求解方法，该方法可用一组有序的计算步骤或过程表示。

（2）算法不是程序，算法高于程序。算法是程序的框架与灵魂而程序是算法的实现。

（3）算法的五大特征：能行性、确定性、有穷性、输入、输出。

（4）算法两大基本要素：

① 算法的操作（运算）——四种基本操作：算术、逻辑、比较、传输（包括输入/输出）。

② 算法的控制——四种基本控制：顺序、转移、选择、循环。

（5）算法的三种描述：

① 形式化描述：类语言描述（类 C、类 C++、类 Java）。

② 半形式化描述：算法流程图或类语言与自然语言结合。

③ 非形式化描述：自然语言为主的描述。

（6）五种常用的算法设计方法：

① 枚举法：穷举所有可能的方法。

② 递推法：由初始项按规则逐项递推计算的方法。

③ 递归法：自己调用自己的方法。

④ 分治法：将问题分解成若干个子问题的求解方法。

⑤ 回溯法：试探性的求解方法。

（7）算法的评价：

① 算法正确性。

② 算法的时间效率分析。

③ 算法的空间效率分析。

（8）算法时间效率分析，用 $T(n)=O(p)$ 表示，常用有六种：

① 常数阶：$O(k)$。

② 对数阶：$O(\log_2 n)$。

③ 线性阶：$O(n)$。

④ 线性对数阶：$O(n\log_2 n)$。

⑤ 平方阶（立方解及 k 次方阶）：$O(n^2)$，$O(n^3)$，…，$O(n^k)$。

⑥ 指数阶：$O(2^n)$。

（9）一个完整的算法表示：

① 算法名。

② 算法输入。

③ 算法输出。

④ 算法流程。

⑤ 算法正确性证明。

⑥ 算法分析。

（10）本章内容重点如下：

① 算法定义。

② 算法时间效率分析。

习 题 三

3.1 请给出算法的定义，并给出一个算法的例子。

3.2 请给出算法的五大特征。

3.3 请给出算法的基本要求以及三种描述方以，并用一个例子分别给出它的三种描述方法。

3.4 请说明算法的五种设计方法以及它们的优缺点。

3.5 常用的算法时间复杂性有哪六种，请说明。

3.6 对例 3-2 中用 n 表示月饼数，m 表示钱数，在此时该算法可写为：

```
Cake(n,m)
{ for(i←0,i≤50,i←i+1)
    for(j←0,j≤50,j←j+1)
      for(k←0,k≤50,k←i+1)
      { x←i+j+k;
        y←4×i+2×j+k;
        if(x=m 且 y=n)
          printf(i,j,k); }
    return; }
```

请给出该算法的时间复杂度。

3.7 请给出例 3-7 中算法的时间复杂度。

3.8 请给出例 3-8 中算法的时间复杂度。

3.9 请给出算法的一个完整表示。

3.10 请说明算法与程序的关系。

3.11 有 n 把锁以及它们的 n 把钥匙，但由于持有人的粗心，造成钥匙间配对关系混乱，俗话说："一把钥匙开一把锁"，问需要试配多少次才能匹配成功，并给出匹配算法及其时间复杂度。

实验一 算 法

一、实验目的

熟悉算法的设计与分析以及算法的表示，熟悉问题求解全过程。

二、实验内容

1-1 填数游戏：在一个 3×3 的方格中，用 $1 \sim 9$ 之间的数填满空格，使之每一行及每一列的数的和均为 14，如图 3-8 所示。请设计并分析此填数游戏的算法，用完整的算法形式表示，最后并用 C 语言编程实现。

1		
		2
	6	

图 3-8 填数游戏示例

1-2 斐波那契数：意大利数学家斐波那契在 1202 年提出这样一个问题：有一对刚出生的兔子，雌雄各一，它们在一个月后即能成长为大兔子，再过一个月后就开始生产小兔子，并且也刚生一对（雌雄各一）。请问一对初生兔子在一年后可繁殖成多少对兔子？请分别用递推法及递归法设计并分析此问题的算法。

用完整的算法形式表示，最后并用 C 语言编程实现。

1-3 最大公因数与最小公约数：两个正整数的最大公因数与最小公约数的求解算法。请分别用递推法及递归法设计并分析之。用完整的算法形式表示，最后并用 C 语言编程实现。

1-4 一把钥匙配一把锁：请将习题三中的第 11 题的算法用 C 语言编程实现。

*第4章 数据基础

数据是计算机的加工对象，是软件三大要素之一。在软件的众多领域中均有对数据的讨论。目前，数据常见于程序设计语言、数据结构、操作系统的文件、数据库以及互联网的 Web 中等。由于历史原因，不同领域对数据的研究内容各有不同，因此造成了对数据认识的偏差与片面，同时也造成了很多概念上的混乱。因此，在本教材中有必要对数据的基础概念与分类有一个全面、统一的认识，使得软件各领域中有关数据的讨论都能建立在统一的基础之上，这就是本章所介绍的数据基础。

本章主要介绍数据、数据单元、数据模型及数据组织等基本概念以及数据组织分类与数据各分支内容。

4.1 数据的基本概念

4.1.1 数据定义

当今社会，"数据"这个名词非常流行，使用频率极高，如"数据中心"、"信息港"、"数字电视"及"数码照相机"等，它们都是数据的不同表示形式。一般而言，**数据是客观世界中的事物在计算机中的抽象表示。**所谓"事物"，是指客观世界中存在的客体；所谓"抽象表示"，是指一些没有语义的符号；而"计算机中的抽象表示"则可解释为：可用计算机所熟悉的符号形式表示事物，如二进代码形式、字符形式等。如 3 个苹果及 3 个人等都可以抽象成计算机熟悉的数据：int x；x=3。

数据反映了客观世界各领域中研究与讨论的对象。在计算机中，它是程序加工或处理的对象。计算机能应用于某一领域的前提是该领域所讨论的对象必能抽象化为数据。但是，实际上世上的事物并不都是能抽象化为数据的，如到目前为止，我们无法将纯哲学中的基本要素抽象化为数据，因此在哲学领域研究中，至今仍无法应用计算机，但是在无线电应用领域（如电视机）中，传统电视机的处理对象是连续的电信号，它不具有数据表示形式，因此无法用计算机处理；而只有在实现了电信号数字化以后，计算机才能应用于该领域，从而出现了"数字电视"，它使电视机的应用能力达到了一个新的水平。

有了这些认识以后，即可对数据做一个定义，我们说：**数据是按一定规则组织的有限个数抽象符号的序列（称为符号串），并能被计算机所识别。**

对这个定义，可以做如下解释：

（1）"数据"这个词自古即有，并非计算机学科所独创。它广泛用于多个领域，在不同领域可有不同理解。在这个定义中，专指其为计算机领域中对数据的理解。

（2）从定义中我们知道，数据是由两部分组成的，其一是数据实体部分，称为数据的值（data value），它可表示为符号串；其二是数据的组成规则，称为数据的结构（data structure），它表示数据的组成都是有规则的，不是混乱与无序的，而这种规则则是客观世界事物内部及相互间的语义关联与约束的一种抽象，它也经常可以表示为符号串。

（3）从定义中我们知道，数据的值与结构这两个部分都应能为计算机所识别。一般来讲，值的识别较为容易，而结构的识别则较为困难。

（4）数据被计算机所"识别"的能力是数据的基本特性，因为只有计算机能识别数据，才能进一步加工数据、处理数据。

（5）数据具有一定抽象性，它将客观世界中的事物剥取其物理外衣与语义内涵抽象成符号串及相应构建规则，并将其转换成计算机所能识别的表示形式。

【例 4-1】某高校学生可用表 4-1 所示的形式表示。

表 4-1　学　生　数　据

学　号	姓　名	性　别	年　龄	系　别
630016	张晓帆	男	21	计算机

在该表示中，又可分解成两个部分，其一是值的部分为：030016，张晓帆，男，21 及计算机，而它的结构部分则为表 4-1 中所示的表框架，它可用表 4-2 表示。

表 4-2　学生表框架

学　号	姓　名	性　别	年　龄	系　别

这个表框架可以符号化为：T（学号，姓名，性别，年龄，系别），这是一种数据结构，它建立了学生 5 个属性间的组合关联，亦即是说，5 个属性组合成一个学生整体面貌，这是一种组合结构，这种结构称为元组（tuple），它具有一般的符号表示形式：

$$T(a_1, a_2, \cdots, a_n) \tag{4-1}$$

这种元组称为 n 元元组。在这种元组的结构下，表 4-2 所示的学生表框架可表示为 T（学生，姓名，性别，年龄，系别），而表 4-1 所示的学生可以用数据形式表示为

$$T（030016，张晓帆，男，21，计算机） \tag{4-2}$$

这种形式是为计算机所能识别的数据形式。有时为简单起见，也可将（4-1）与（4-2）分别表示为

$$(a_1, a_2, \cdots, a_n) \tag{4-3}$$

$$（030016，张晓帆，男，21，计算机） \tag{4-4}$$

4.1.2　数据组成

在本节中，对 4.1.1 节中讨论的数据的两个组成部分（即数据结构和数据值）进行详细讨论。

1. 数据结构

数据结构表示在组织数据中所必须遵循的规则，它反映了数据内在结构上的关联性。这是一种语义关联上的抽象。在计算机中，数据都是有结构的。这种结构可以分为两个层次：一个

是逻辑层次，一个是物理层次。

1）数据的逻辑结构

数据逻辑层次结构简称数据逻辑结构（data logical structure）。这种结构是客观世界事物语义关联的直接抽象，它表示了数据在结构上的某些逻辑的必然关联性，因此称为数据逻辑结构。如教师与学生间的师生关系，学生间的同桌关系、同班关系等，它们都可直接抽象成数据逻辑结构，又如，例 4-1 中式（4-1）所示的元组结构即是一种数据组合语义关系的抽象，它也是一种数据的逻辑结构，常用的逻辑结构有线性结构、树结构及图结构等，在 4.2.3 节中将对它们进行介绍。

数据逻辑结构是一种面向应用的结构，即面向用户使用的结构。这表示用户在使用数据时所必须了解的结构。如例 4-1 中式（4-1）所示的结构给出了表 4-2 所示的表框架，用户在使用该学生数据时就能了解该数据的语义，从而为操作应用数据提供直接支撑。

2）数据的物理结构

数据物理层次结构简称数据物理结构（data physical struture）。这种结构是数据逻辑结构在计算机存储器（如磁盘、内存等）中存储时的物理位置关系的反映，因此称为数据物理结构，有时也称数据存储结构（data storage structure）。

目前，常用的物理结构有两类：

(1) 顺序结构：数据的逻辑关联通过物理上存储器位置间相邻关系表示。如按学号次序排列的学生间的关系可用图 4-1（a）所示的顺序结构表示。在此结构中，数据语义关联的表示并不需要单独占用物理空间。

(2) 链式结构：数据的逻辑关联通过指针（pointer）表示。指针是一种物理存储单元，它给出了一个数据到另一个数据的关联，而指针所指的物理单元即是数据的物理地址。在此结构中，一个数据由两种物理单元组成，分别是表示值的单元及表示指针的单元。图 4-1（b）给出了链式结构中的物理组成。

物理地址	数据值
n	学生甲
n+1	学生乙
n+2	学生丙
n+3	学生丁

（a）顺序结构

数据值	指针

（b）链式结构

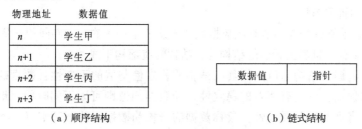

图 4-1　数据物理单元组成

【例 4-2】 有一份职工名单，其职工按编号顺序在逻辑上构成了一种线性结构，如图 4-2 所示。

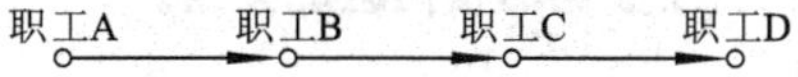

职工A
职工B
职工C
职工D

图 4-2　职工名单线性结构图

该逻辑结构可用图 4-3 所示的物理结构表示，其中，图 4-3（a）表示顺序结构，图 4-3（b）表示链式结构。

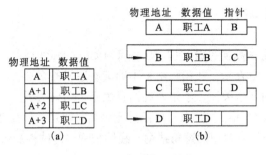

图 4-3　职工名单物理结构图

数据的物理结构是一种面向（软件）开发者的结构，即在计算机内部开发实现的结构。当某种数据需存入计算机内部时，即用此种方法实现其结构。

2．数据值

数据值简称值，它表示了数据的实体，可表示为符号串，这是客观世界事物的一种特性抽象。数据值也可分为两个层次，一个是逻辑层次，另一个是物理层次。

（1）数据值的逻辑层次：是客观世界中事物特性的抽象表示。如事物重量可用数值表示，事物名称可用字符串表示等。

数据值的逻辑层次是一种面向应用的一种表示，亦即是面向用户使用的表示。

（2）数据值的物理层次：是数据值逻辑层次在计算机存储器存储时的物理表示。亦即是二进位符号表示、字节形式表示或字形式表示等。

数据值的物理层次是一种面向（软件）开发者的表示，亦即是在计算机内部开发实现时的表示，当某种数据须存入计算机内部时，即用此种方法实现其值。

3．数据中结构与值的关系

（1）独立性。数据的结构与值两者分别反映了数据的不同侧面，它们具有不同的个性与特点，因此需要分别研究与讨论。

（2）关联性。数据的结构与值是在数据概念下统一于一体的，它们间相互依存、相互补充，构成一个完整的概念。世界上无值的结构与无结构的值都构不成数据。

一般来说，数据的结构与值之间具有结构的稳定性与值的可变性：数据的结构反映了数据内在、本质的性质，它具有相对的稳定性，而数据的值则可因不同时间、地点及条件而有所不同，因此具有可变性与灵活性。故称数据的结构为数据中的不动点（fixed point）。如教师与学生间的师生关系是一种稳定的数据结构，而它的值则可因不同学校、不同学期而有所不同。

数据的结构与值这两部分反映了数据的横向组成关系。

4．数据中的三种层次关系

从纵向看，数据有三个层次的世界，它反映了数据不同深度的内涵。

（1）客观世界。客观世界由物质组成，在这里将物质称为事物。每个事物都有其独特的个性，称为特性或性质，且事物间存在着千丝万缕的关系，它们构成了数据存在的基本物质基础。

客观世界是产生数据的世界，但是在该世界中并没有数据出现，数据出现在后面的逻辑世界及物理世界中。

（2）逻辑世界。逻辑世界是用户应用的世界，数据由客观世界事物经抽象后可获得逻辑世界中的表示，即数据的逻辑结构及数据值的逻辑表示，它为计算机用户使用数据提供表示形式。

（3）物理世界。物理世界是计算机内部世界，数据由逻辑世界中的逻辑表示经转换后成为计算机内部表示形式，即将逻辑结构转换成内部存储的物理结构，将逻辑值转换成计算机内部的二进数字形式的物理值。它为计算机开发者实现数据在计算机内部的存储提供支持。

数据的三个世界反映了数据的纵向表示关系。

5．数据的分解与组合

在前面有关数据的介绍中定义了数据，分析了数据的两横三纵关系，最后可以用图 4-4 对数据做一个完整的描述，即可以将数据分解成三层表示，其中每层由两部分组成，共六种表示，它们又通过抽象及转换构成一个完整的数据概念。这个图也可以作为数据的一个小结。

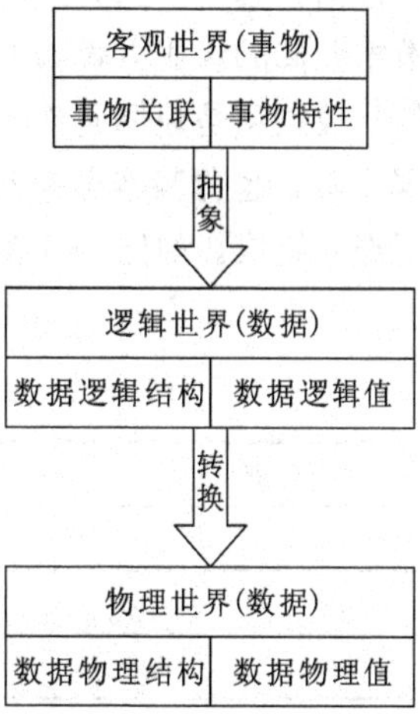

图 4-4　数据 3 个层次两种组成表示图

4.1.3　数据特性

在介绍了数据的定义及其组成后，最后讨论数据的性质。

世上有多种不同数据并具有不同的特性，大致说来可分为如下三种：

（1）时间角度：从保存时间看，数据可分为挥发性数据（transient data）与持久性数据（persistent data）。其中，挥发性数据保存期短，而持久性数据则能长期保存。在物理上，挥发性数据存储于内存 RAM 中，而持久性数据则存储于磁盘等次级存储器中。在使用时，挥发性数据主要用于程序执行中所使用的那些数据，而持久性数据则主要用于需长期保留的数据。

（2）使用范围：从使用范围的广度看，数据可分为私有数据（private data）与共享数据（share data），其中私有数据为个别应用所专用，而共享数据是以单位（enterprise）为共享范围，它可为单位内多个应用服务。而当共享范围达到全球时，可称为超共享（super share data）。如计算核裂变数据属私有数据、校园网中的学生数据则属共享数据，而互联网中发布的新闻则是超共享数据。

（3）数量角度：从数量角度看，数据可分为小量、海量及超海量三种。数据的量是衡量数据的重要标准。由于量的不同可以引发由量变到质变的效应。如小量数据是不需管理的，海量数据必须管理，而超海量数据则在管理中须有一定灵活性。

数据的上述三种不同性质可为研究数据、分析数据提供基础。在 4.3 节中对数据组织的分类即是应用了这三种特性。

4.2　数据元素与数据单元

在 4.1 节中介绍了数据的抽象概念，接下来介绍数据的具体使用。在使用中，数据都是按单位使用的。具体来说，它必须有明确的边界范围以及唯一的标识符（即数据单位名）。

数据使用单位有两种：一种称数据元素，另一称数据单元。

4.2.1 数据元素

数据元素（data element）是数据使用的基本单位，一个数据元素由数据元素名、数据元素结构及数据元素值三部分组成。

数据元素的组成方式如下：

（1）数据项是数据元素。数据项（data item）是最基础、不可再分割的数据单位。数据项是数据元素，也称基本数据元素。数据项由数据项名、数据项结构—数据类型、数据项值—基本值三部分组成。如例 4-1 的学生数据中的 5 个属性均为数据项，它们均可表示为表 4-3 所示的形式。

表 4-3 数据项元素示例

数 据 项 名	数 据 类 型	基 本 值
学号	字符型	030016
姓名	字符型	张帆
性别	字符型	男
年龄	整型	21
系别	字符型	计算机

（2）数据元素的元组是数据元素。数据项是数据元素，由数据项的组合（称为元组）所组成的命名数据也是数据元素。它可称为元组型数据元素或称元组型元素。如例 4-1 中所示的式（4-2）经命名后是元组型数据元素。

进一步，有限个任意形式的数据元素经元组所组成的命名数据也是数据元素，这种数据元素可称为复合数据元素。

（3）数据元素由且仅由通过（1）、（2）两种方式在有限步骤内组成。

由此可知，数据元素的组成方式是由（1）、（2）的有限次嵌套所组成。

下面对数据元素的命名（特别是复合数据元素）做一个说明。

数据元素的命名方式有两种：一种是显式命名；另一种是隐式命名。

（1）显式命名方式：即数据元素用外加人为方式命名。如表 4-3 中的学号、姓名等均是。一般基本数据元素都用显式命名方式，而复合数据元素有时也可用显式命名方式命名。

（2）隐式命名方式：即数据元素用元组中的关键字命名。亦即是说，用关键字唯一表示数据元素。那什么叫关键字（key）呢？我们说，凡是在元素中能唯一标识它的最小数据项的集合称为该元素的关键字。一般来讲，数据元素都有关键字，有时还可以有多个，我们可选取其中一个称为主关键字，也可简称关键字。如表 4-1 所示的某学生数据元素中，学号为其关键字，因为学号能唯一标识该元素且为最小。

隐式命名方式多用于元组型数据元素及复合数据元素中。如在学生数据元素中，学号为其关键字，因此该数据元素可用学号作为其隐式命名。

最后，我们用一个例子说明复合数据元素。

【例 4-3】有学生成绩单如表 4-4 所示，这可用复合数据元素表示。它的结构由 4 个元组复合而成。

表4-4 学生成绩表

学号	姓名	成绩					
		政治	基础课		专业课		
			数学	英语	离散数学	数据库	数据结构
030016	张帆	80	76	90	82	98	65

它们分别是：

学生成绩单：(学号,姓名,成绩)；

成绩：(政治,基础课,专业课)；

基础课：(数学,英语)；

专业课：(离散数学,数据结构,数据库)。

这 4 个元组复合后可得到：

学生成绩单：(学号,学生,(政治,(数学,英语),(离散数学,数据结构,数据库))) (4-5)

而该学生数据元素可表示为：

学生成绩单：(030016,张帆,(80,(76,90),(82,98,65)))   (4-6)

4.2.2 数据对象

数据对象（data object）是命名的数据元素集合。数据对象反映了客观世界的问题求解中所关注与探讨的对象的全体。它也是问题求解中所关注与探讨的一种问题域的基本单位。

数据对象一般分为两种，一种是同质对象，另一种是异质对象。

1. 同质对象

具有相同结构的数据元素所组成的对象称同质对象。

【例 4-4】表 4-5 所示的学生元素组成了一个同质对象。该对象由 4 个元素组成，亦即为：

{(030016,张帆,男,21,计算机),(030017,王曼英,女,18,数学),(030018,李爱国,男,23,物理),(030019,丁强,男,20,计算机)}   (4-7)

这个对象中所有元素均具有相同的结构:(学号,姓名,性别,年龄,系别)。该数据对象名为"学生名单"，而这个数据对象中数据元素的名为其关键字"学号"。

表4-5 学 生 名 单

学 号	姓 名	性 别	年 龄	系 别
030016	张帆	男	21	计算机
030017	王曼英	女	18	数学
030018	李爱国	男	23	物理
030019	丁强	男	20	计算机

2. 异质对象

具有不同结构的数据元素所组成的对象称为异质对象。

【例 4-5】表 4-5、表 4-6 及表 4-7 组成了"学生修课"对象。该对象中的元素结构并不完全相同，因此它是一个异质对象。具体来说，该对象有 16 个元素，它们分成三种不同结构：(学号,姓名,性别,年龄,系别)，(课程号,课程名,选修课号)以及(学号,课程号,成绩)。

表 4-6 课 程 名 单

课 程 号	课 程 名	进 修 课 号
C10	C 语言	C00
C11	离散数学	C10
C12	数据结构	C10
C13	数据库	C12

表 4-7 学生修课名单

学 号	课 程 号	成 绩
030016	C10	80
030016	C11	75
030017	C10	74
030017	C12	90
030017	C13	60
030018	C10	83
030019	C10	71
030019	C11	55

4.2.3 基本数据结构

在数据对象中的数据元素间可以构建数据结构。数据结构建立了数据对象内各数据元素间的语义关联。

目前，常用的基本数据结构有四种，分别是线性结构、树结构、图结构，还有一种特殊的空结构，它们统称为基本数据结构，这是一种建立在图论理论基础上的结构。这个结构反映了数据元素两两间的关联，是元素间最基本的关联。

1. 线性结构

在数据对象中，所有数据元素间凡存在某种次序关系的结构称线性结构，这种"次序"包括时间的前后次序、位置的先后次序、排名的顺序等。线性结构可用图 4-5 (a) 所示的形式表示。在图中数据元素可用结点表示，而其间次序关系则可用结点间的边表示，它构成了图论中的线性图结构。

【例 4-6】在例 4-4 所示的数据对象中有 4 个数据元素，它们之间可按学号的顺序组成一个线性结构，可用图 4-6 (a) 表示。

2. 树结构

在数据对象中，所有数据元素间凡存在某种分叉及层次关系的结构称为树结构。这种结构包括上下级关系及双亲子女关系等。树结构可用图 4-5 (b) 所示的形式表示。在图中用结点表示数据元素，用边表示元素间的分叉层次关系，它构成了图论中的树。

【例 4-7】在某县县委机构中共有 5 个部门，分别是县委机关、县委办公室、宣传部、组织部及统战部，其中每个部门可用一个数据元素表示，它们组成了一个数据对象。在此对象中的 5 个元素间存在着上下级的领导关系，它是一种树结构，可用图 4-6 (b) 表示。

3. 图结构

在数据对象中的所有数据元素间凡存在一般规则性关系的结构称图结构。这种结构具有一定的随意性与一般性，如图 4-5（c）所示。它可用图论中的图形式表示。

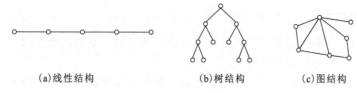

（a）线性结构　　　　（b）树结构　　　（c）图结构

图 4-5　三种基本结构示意图

【例 4-8】华东五城是济南、上海、南京、杭州及福州所组成的，通航线路是一种图形式的数据结构。在该结构中，每个城市可用数据元素表示，而 5 个城市则组成了 5 个元素的数据对象，而该通航线路则是建立在数据对象上的图结构，它可用图 4-6（c）表示。

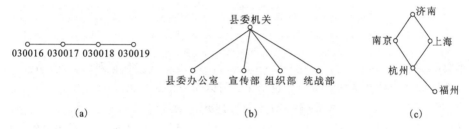

（a）　　　　　　　　　（b）　　　　　　　　　（c）

图 4-6　三种基本结构示意图

最后还有一种数据结构的特例，即在数据对象中，所有数据元素间不存在任何关联的结构称为空结构。

4.2.4　数据单元

一个数据对象及建立在该对象上的数据结构并赋予一个名字后称为数据单元。数据单元是目前最常用的数据使用单位之一。

【例 4-9】身份证号 320104193509180032 是一个 18 位十进数字，它由 8 个基本数据元素组成，如表 4-8 所示。

表 4-8　身份证号数据元素

元　素　名	类　　型	值
省　份	两位字符	32
市	两位字符	01
区、县	两位字符	04
出生年份	四位字符	1935
出生月份	两位字符	09
出生日期	两位字符	18
序　号	三位字符	003
纠错码	一位字符	2

这 8 个数据元素组成数据对象，再通过线性结构 L（省份，市，区县，出生年份，出生月份，出生日期，序号，纠错码）组成一个数据单元 A，它可表示为：

$$A = L(32,01,04,1935,09,18,003,2)$$

由数据单元定义可知，数据元素是一种特殊的数据单元。

4.2.5　复合数据单元

我们还可以进一步构造复合的数据单元。为此，须先定义复合数据对象，它可定义为**命名的数据单元集合**，一般也称数据对象。

接着，我们定义复合数据单元。**由复合数据对象所组成的数据单元称为复合数据单元**，也称数据单元。实际上，复合数据单元是一种嵌套结构的数据单元。

【例 4-10】数组是一种复合数据单元。现以二维数组为例说明。

设有数据元素 a_{ij}（$i=1,2, \ldots, n$；$j=1,2, \ldots, m$），可以用它们组成二维数组如下：

$$A' = \begin{pmatrix} a_{11} & a_{12} & \ldots & a_{1m} \\ a_{21} & a_{22} & \ldots & a_{2m} \\ \ldots & \ldots & \ldots & \ldots \\ a_{m1} & a_{m2} & \ldots & a_{nm} \end{pmatrix} \qquad (4-8)$$

一维数组 $A_i[m]=A(a_{i1}, a_{i2}, \ldots a_{im})$（$i=1,2, \ldots, n$）是一个由数据对象 $\{a_{i1}, a_{i2}, \ldots, a_{im}\}$ 经特殊线性结构 A 所组成的数据单元。进一步，可以作数据单元 A'：

$$A[m][n]=A(A_1[m], A_2[m], \cdots A_n[m]) \qquad (4-9)$$

式（4-9）是一个由数据对象 $\{A_1[m], A_2[m], \cdots, A_n[m]\}$ 经特殊线性结构 A 所组成的数据单元，它是一种复合数据单元，它即是二维数组 A'。

4.3　广义的数据单元

在数据单元的基础上可以进一步扩充，包括数据的操纵及数据约束等。

4.3.1　数据的使用——数据操纵

数据元素与数据单元为数据使用提供了基本的单位，而数据的使用则是通过数据操纵实现的。

对数据中的数据元素做直接、基本运算的总称为数据操纵（data manipulation），而其每个运算则是一种操作（operation）。从宏观层面看，数据操纵可由两部分组成，数据值的操作及数据结构操作。其常用的操作可分为公共操作与个性操作两种，具体如下。

1. 公共操作

每个数据元素都有的操作称为公共操作。

（1）数据值的操作：是以数据元素中的数据值为对象的操作。其基本操作有：

① 定位操作：主要用于确定数据元素在数据结构中的位置，为后续操作提供定位服务。

② 读操作：主要用于读取数据中满足一定条件的数据元素中的值，此操作也称查询操作。

③ 添加操作：主要用于在指定数据中添加数据的值，此操作也称插入操作。

④ 删除操作：主要用于删除指定数据元素中的数据的值。

⑤ 修改操作：主要用于修改指定数据元素中的数据的值。

（2）数据结构的操作，包括：

① 创建结构：用于建立一个满足要求的结构。

② 删除结构：用于删除一个已创建的结构。

③ 修改结构：用于修改一个已创建的结构。

④ 查询结构：用于查询指定结构的规则的参数。如线性表的结点数、树的高度等。

2．个性操作

除了公共操作外，不同结构可有不同的特殊性操作，此种操作可称为个性操作或私有操作。

4.3.2　数据约束

数据是客观世界中事物的抽象，它处于客观世界错综复杂的现象中，受环境的制约与约束，因此任何数据都受制于环境，称为数据约束。具体来说，可以有以下几种。

1．数据值的约束

数据值的约束表示数据元素中数据值自身及值之间的语法、语义约束。

【例 4-11】在表 4-9 所示的"职工"数据元素中，职工年龄的值一般限制在 18~60 之间；职工工资与其职务、工龄有关——即工龄长、职务高者工资必高。

表 4-9　职　工　表

职 工 号	姓　　名	年　　龄	职　　务	工　　资	工　　龄	性　　别

2．数据域的约束

数据域的约束即是对数据对象的约束。如数据对象中数据元素量的约束与性质约束等。

【例 4-12】建立在表 4-9 上的职工名单是一个数据对象，它在量上受单位编制约束，在性质上为同质对象。

3．数据结构的约束

数据间有一定结构关联，此外还受外界约束称数据结构约束。

【例 4-13】行政机构中上下级关系所组成的树结构，它的深度与宽度都是受约束的。

4．数据操作的约束

不同数据单元有不同操作，这些操作是受约束的，称为数据操作约束。

【例 4-14】建立在一维数组上的操作仅允许有修改操作，不能有增加与删除操作。

【例 4-15】在排队购物的行列中组成了一个以购物者为数据元素的线性结构，它们组成一个数据单元。对它的操作：增加操作仅对队尾，删除操作仅对队首，不管队尾与队首，修改操作都不允许。

4.3.3　数据的完整表示——广义的数据单元

到目前为止，从使用的角度已经介绍了如下 6 个概念：

（1）数据元素：数据的基本使用单位。

（2）数据对象：数据元素的集合。

（3）基本数据结构：建立在数据对象上的元素间的关联。

（4）数据单元：数据的一种常用使用单位，它由单元名、数据对象及建立在对象上的数据结构组成。

（5）数据操纵：建立在数据单元上的操作集合。

（6）数据约束：对上述 5 个概念的统一制约。

这 6 个概念关系紧密，构成了一个单向层次依赖的组织形式，可用图 4-7 表示，这是问题求解中研究与探讨的对象的完整表示。它以数据单元为核心，再加上建立在其上的数据操纵与约束，组成了一种完整意义的数据单位，可称为广义的数据单位或广义的数据结构，简称数据单位或数据结构。

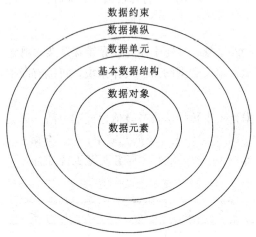

图 4-7 数据使用 6 个概念层次组织图

最后，用一个例子作为广义的数据单元的一个小结。

【例 4-16】有某小型超市，其商店销售以百货、食品为主，销售品种在 1 200 件之内，受资金条件影响，商品总资金量不超过 100 万元。

该超市商品及销售可用广义数据单元形式表示：

（1）数据元素：超市中的商品为元组型数据元素。

（商品编号，商品名，规格，类别，单位，数量，进货价，销售价，上架日期）

数据元素采用隐式命名，即以关键字——商品编号命名。

（2）数据对象：超市中的数据对象为全部商品，可用表 4-10 表示。

（3）数据结构：它是建立在数据对象上按商品编号顺序排列的线性结构形式。

表 4-10 商品一览表

商品编号	商品名	规格	类别	单位	数量	进货价	销售价	上架日期
P001	华茂牌药皂	3×4×5 cm	百货	块	10	2.00	2.20	2012.3.18
P002	白猫洗衣粉	500 g	百货	袋	8	3.00	3.30	2012.3.20
…	…	…	…	…	…	…	…	…
P1018	雪花牌啤酒	500 ml	食品	瓶	5	2.80	2.75	2012.3.19
P1019	可口可乐	1 000 ml	食品	瓶	5	5.00	5.50	2012.3.18
P1020	雪碧	1 500 ml	食品	瓶	5	4.5	4.95	2012.3.18

（4）数据单元：以××超市商品一览表 T 为名，以 1 200 种商品为元素组成数据对象，它们以线性结构形式组织，组成一个数据单元。数据单元组成了超市的静态场景。

（5）数据操纵：超市销售、进货及盘点组成了超市的动态场景，可分解为如下操作。

① 销售——可用修改（数值）操作实现。

② 进货——可用修改及添加（数值）操作实现。

③ 盘点——可用查询及删除（数值）操作实现。

（6）数据约束：

① 商品类别仅限食品与百货两类，即类别∈{食品,百货}。

② 商品销售价为进货价+进货价×10/100；即销售价=进货价×1.10。

③ 商品销售品种小于等于 1 200 件，即对数据对象集 S 有$|S| \leqslant 1\,200$。

④ 商品总资金量不超过 10 万元，即$\sum(\text{进货价}×\text{数量}) \leqslant 100\,000$。

以上构成了超市的整个静态与动态的工作场景，它可用一个广义数据单元表示。因此可以将整个超市日常工作用建立在计算机上的数据单元表示。

4.4　数　据　组　织

在计算机应用中需要大量使用数据单元，而数据单元的设置与构建需做大量精心的策划与设计，并通过编程实现，为减少此方面的精力，在计算机中往往预先编制一些规范与标准的软件，为用户使用数据单元提供方便，而它们就称为数据组织。

数据组织是一种软件，它为用户在应用中使用数据单元提供规范服务。有了数据组织后，用户使用数据就变得非常简单方便了。

目前常用的数据组织有四种，分别是基本数据组织、文件组织、数据库组织及 Web 数据组织，它们基本上能满足应用对数据的不同需求，而每种数据组织一般仅针对某一类型的应用需求。

在本节中将讨论数据组织中的几个问题。

4.4.1　数据模型

为方便构建数据组织，需要有一种抽象理论架构，它为数据组织从抽象层次提供统一的数据框架、数据操纵及相应的约束，这就是数据模型（data model）。

数据模型一般由 4 个部分组成：

（1）唯一的数据模型名。

（2）规范与统一的数据结构，称为数据模式（data schema）。

（3）统一的数据操作集合，它们建立在数据模式之上，称为数据操纵（data manipulation）。

（4）建立在数据模式上的一组约束条件。

目前，数据组织都有相应数据模型作为其抽象的架构基础。

4.4.2　数据组织分类

目前流行的四种数据组织实际上都是按照数据特性分类组织的，由于不同特性的数据在组织上有不同的方式与方法的要求，因此需要按其特性分类组织数据。下面对此进行讨论。

1．依赖型数据组织

从数据特性看，依赖型数据组织具有如下特点：

（1）挥发性数据。

（2）私有数据。

（3）小量数据。

亦即是说，此类数据组织中的数据存储于内存且数量小，无须管理，数据专为某些特定应用（程序）服务，并能被这些程序直接调用而不需任何接口。由于它对应用（程序）的依附程度高，因此此类组织称为依赖型数据组织。

依赖型数据组织也称基本数据组织，它的内容包含了数据单元中的最基本部分——数据元素、数据对象及基本数据结构以及相应操作。它一般附属于程序设计语言中，以 C 语言为例，它包括 C 中的数据类型、数组、结构体等内容，这些都属于 C 语言中的数据部分。此外，有关线性结构、树结构及图结构等结构及相应操作都可在 C 中函数库内找到。

依赖型数据组织是一种最基本的数据组织，任何应用中都用到它。

2．独立型数据组织

从数据特性看，独立型数据组织具有：

（1）持久性数据。

（2）共享数据。

（3）海量数据。

亦即是说，此类组织中的数据一般存储于磁盘等次级存储器内并能作长期的保存，同时数据的量大，有专门机构管理，数据可为众多应用所共享。此类组织并不依附于任何应用，需要有独立的管理机构和单独的接口，通过接口与应用进行数据交互。此种数据组织称独立型数据组织。

独立型数据组织须用专门的软件机构来实现，它的典型代表即是目前人们所熟知的数据库管理系统。该系统是一种专用于海量数据的组织与管理的软件。目前著名的系统有 Oracle、SQL Server 等。此外，还需要一种独立的数据接口以实现数据库管理系统与应用间的数据交互，目前著名的接口有 ODBC、JDBC 及 ADO 等。

独立型数据组织是一种管理最为严格与规范的数据组织。

3．半独立型数据组织

从数据特性看，半独立型数据组织具有：

（1）持久性数据。

（2）私有数据。

（3）海量数据。

亦即是说，此类组织中的数据一般存储于磁盘等次级存储器内并能作为长期保持，同时数据量大，需要有专门机构管理，但数据一般专为某些特定应用服务，属私用数据。此类组织需要有一定独立程度的机构管理和单独的接口，但接口可附属于相应的应用，因此，此类组织称为半独立型数据组织。

半独立型数据组织也有一定的软件机构实现，但其独立性不如独立型数据组织，它一般依附于某些另外的独立软件组织中，目前，半独立型数据组织在计算机中的典型代表是文件系统，它附属于操作系统，而其接口则依附于程序设计语言中，如在 C 中的文件读、写函数等。

半独立型数据组织是一种典型的私有数据的数据组织。

4．超独立型数据组织

从数据特性看，超独立型数据组织具有：

（1）持久性数据。

（2）超共享数据。

（3）超海量数据。

亦即是说，此类组织中的数据一般存储于专用服务器的磁盘等次级存储器中并能作长期保存，同时数据具有超海量特性，需要有专门机构管理。数据共享性极高可为全球应用（用户）服务，它需要有独立接口与应用作交互，此种数据组织称为超独立型数据组织。

超独立型数据组织有专门的软件机构实现，目前在计算机中的典型代表即为 Web 数据组织，其存储实体为 Web 服务器。此外，还需要有一种独立的接口，目前常用的有浏览器（如 IE）等。

超独立型数据组织是一种典型的超共享数据的数据组织。

图 4-8 给出了四种数据组织的三种数据特性间的关系图。

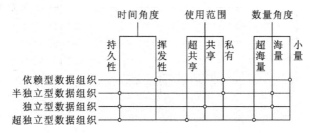

图 4-8　数据特性与数据组织分类间的关系图

4.4.3　四种数据组织的使用

本小节从使用角度讨论四种数据组织。

1．依赖型数据组织的使用

依赖型数据组织与应用（程序）关系紧密，它的结构创立与数据操纵都直接由应用完成。应用在使用该数据组织时可直接调用相关操作，因此十分方便，而其他数据组织在被应用时只能通过接口将其转换成依赖型数据后，应用才能对其作操作。

依赖型数据组织是一种无须管理的数据组织，它与外部操作人员无直接交互功能。

2．独立型数据组织的使用

独立型数据组织与应用（程序）是两种独立的软件实体，它们之间仅能通过独立的接口（称为外部接口）做数据交互，具体的过程是通过接口从数据组织中将数据以成组方式读入依赖型数据组织内，并按该组织的结构形式存放，此后应用启动依赖型数据组织的相关数据操作，从而完成从依赖型数据组织到应用的"读取"过程；相反的，可用类似方法完成从应用到独立型数据组织的"写出"过程等。

独立型数据组织还可通过人机界面实现与外部操作人员进行交互。

3．半独立型数据组织的使用

半独立型数据组织的使用与独立型数据组织使用类似，不同的是，它的接口并不独立，而是附属于书写应用程序的程序设计语言中。同样，半独立数据组织可通过人机界面实现与外部操作人员进行交互。

4. 超独立型数据组织的使用

超独立型数据组织的使用与独立型数据组织的使用也很类似，不同的是，它的接口较为复杂，这种接口是一种专用接口，通过 XML 或 HTML 以及数据库等专门接口（其典型的接口出现于 ASP、JSP 及 PHP 中）与应用交互。此类组织与外部操作人员能通过浏览器进行人机交互且功能强大，这是它的一大特色。

图 4-9 给出了四种数据组织通过接口的使用方式。

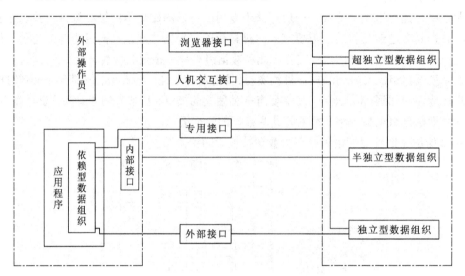

图 4-9　四种数据组织通过不同接口的使用方式

4.4.4　数据组织发展简史及展望

本节简单介绍计算机数据组织的发展简史，并展望今后的前景。

1. 数据组织发展简史

自 20 世纪 40 年代中期计算机出现后，即有数据存在，而数据的存在需要有数据组织，数据组织的发展历史已有近 70 年，在这期间，它经历了 4 个发展阶段，究其发展动力，从内部看是硬件技术的不断进步；从外部看则是应用需求的刺激与计算机应用领域的不断拓展所致。下面对这个发展阶段做介绍。

（1）数据组织发展第一阶段——初级阶段（20 世纪 40 年代至 20 世纪 50 年代）

在计算机发展的初期即有程序概念出现，同时也有数据概念出现，但受硬件发展的限制，计算机存储单元数量少（一般仅为 K 字级），因此当时数据仅是一种私有的并依附于程序的依赖型数据，而其组织则是一种简单的、极少管理的数据结构。此阶段是数据发展的初始期，因此称为初始阶段。此阶段的主要成果是基本数据结构的出现并在技术上日趋成熟。

（2）数据组织发展的第二阶段——文件阶段（20 世纪 50 年代至 20 世纪 60 年代）

在 20 世纪 50 年代中期后，由于计算机硬件的发展，计算机存储单元的增加（一般已达 M 字级），特别是磁盘等大型次级存储器的发展，使得数据持久性功能的实现成为可能，同时在商业应用及数据处理领域应用的发展从而使得数据组织研究出现了新的突破。在此阶段中主要表现为如下两方面：

①　文件系统出现与发展。文件是一种具有持久性及海量数据的组织，它的出现与发展为持久性数据的组织管理提供了有力支撑，并且为数据处理等应用开拓了道路。

②　数据结构研究的进一步发展。在初始阶段发展的基础上，对数据结构的研究继续得到发展并已成为计算机领域中的一门独立学科分支。

（3）数据组织发展的第三阶段——数据库阶段（20 世纪 60 年代年至 20 世纪 80 年代）

自 20 世纪 60 年代后期开始，计算机的存储单元数进一步扩充（一般到 G 字级），计算机共享性应用的出现推进了数据库的出现与发展，数据组织进入了一个新的发展阶段。此阶段的主要特点是数据组织在软件中已成为一种独立的结构体系，它与程序一起构成了软件的两大独立组成部分，并开创了数据共享的新时代。

（4）数据组织发展的第四阶段——Web 应用阶段（20 世纪 90 年代至今）

20 世纪 90 年代开始，计算机网络的出现与应用，特别是互联网的应用改变了整个数据的应用方向，数据应用范围已由单机扩充到多机，最终并进一步扩充到全球，而数据组织也由单机管理的数据库到多机管理的分布式数据库，并进一步到 Web 数据管理及 Web 数据库，它们统称为 Web 应用阶段。

目前的计算机应用主要是以 Web 应用为主，它具有超海量数据与超共享应用范围。在此阶段中，传统数据结构、文件系统及传统数据库也同时存在，它们与 Web 应用一起组成了一个完整的数据组织体系。

2．数据组织的发展方向

当今时代是互联网时代，而互联网的应用主要是以数据资源的共享与充分利用为目标的应用。如 Google、Yahoo、搜狐等著名网站，或者阿里巴巴、Facebook、维基等专用网站，无不都以数据的共享、流通、交互为主要目标，以服务大众实现数据资源的充分利用。在此种情况下，科学、合理地组织数据已成为互联网时代中的主要研究对象，目前研究方向有：

（1）海量存储技术研究：主要研究以提高存取效率、合理组织数据存储为目的的数据存储技术。

（2）分布式数据构建体系研究：在数据组织中又一项重要研究是分布式数据构建体系的研究，目前主要构建体系有 SOA 体系，相关的开发工具有 Web Service 等。

（3）云数据研究：云计算是目前计算机领域中的最前沿的研究成果，而云数据管理则是对云计算中的数据组织研究，它在云计算中起着重要的核心作用。

（4）大数据的研究：近年来随着应用的发展，计算机中数据出现了爆炸性的增长，据 IDC 2012 年统计，在 2011 年全球数据已达 1.8 EB（1 EB=10^{21} B），这意味着如果我们用 9GB DVD 来保存这些数据，这些 DVD 叠加起来的高度超过 26 万千米，大约是地球到月球距离的 2/3，或可绕地球 7 圈半。这些数据通过网络可以构成一个巨大的共享数据整体，它可称为大数据。对它的存储管理、处理与应用已成为当前重大的研究课题，这就是大数据的研究。大数据给人类带来了重大的潜在信息财富，同时也带来了严重的挑战。

这四项研究代表了当前数据组织的最新发展方向，它表明了数据研究已在向大数据、高共享的方向发展。

小　结

本章介绍统一的数据概念，为计算机众多数据领域提供全面、统一的数据基本知识。

1．数据基本概念

（1）数据定义：

- 数据是客观世界中的事物在计算机中的抽象表示。
- 数据是按一定规则组织的有限个数抽象符号序列，它能被计算机识别。

（2）数据组成：

- 数据的两种横向组成——数据的结构与值。
- 数据的三种纵向层次——客观世界、逻辑世界与物理世界。

（3）数据三大特点：

- 挥发性/持久性。
- 私有性/共享性/超共享性。
- 小量/海量/超海量。

2．数据的使用

（1）数据元素——数据的基本单位。

（2）数据对象——数据元素集合。

（3）（基本）数据结构——数据对象上的元素间的关系。

（4）数据单元——数据对象及其上的结构再加一个唯一性标记组成数据单元，它是数据的常用单位。

（5）广义数据单元——数据单元+操纵+约束。

3．数据组织

（1）数据组织是一种软件，它为用户在应用中使用数据提供标准、规范的服务。

（2）为数据组织提供抽象的框架称为数据模型。

（3）数据组织分类：

- 依赖型数据组织——挥发性、私有、小量数据，其代表是包含于程序设计语言中的数据部分。
- 独立型数据组织——持久性、共享、海量数据，其代表是数据库。
- 半独立型数据组织——持久性、私有、海量数据，其代表是文件系统。
- 超独立型数据组织——持久性、超共享、超海量数据，其代表是 Web。

4．本章内容重点

（1）数据单元。

（2）数据组织分类。

习　题　四

名语解释

4.1　请解释下面的名词：

（1）数据；　　　　（2）数据元素；　　　　（3）数据对象；　　（4）数据结构；

（5）数据单元；　　（6）广义数据单元；　　（7）数据模型；　　（8）数据组织。

问答题

4.2　请介绍并说明数据组成。

4.3　数据操纵中有哪些操作？请介绍。

4.4　请介绍线性结构、树结构及图结构件的异同，并对这三种结构各举一例。

4.5　请介绍数据的三种特性。

4.6　请说明数据单元与广义数据单元间的异同。

4.7　请用数据特性将数据组织分类。

4.8　四种数据组织在使用上有何不同？请说明。

4.9　请简单介绍数据组织发展历史。

思考题

4.10　数据单元在计算机应用中起什么作用？请说明。

4.11　请说明数据概念、数据使用及数据组织间的关系。

第5章 数据结构及其应用

由第 4 章我们知道，数据基础中最主要的部分是三种基本数据结构，本章将对这部分做详细介绍，并延伸至对基于这些数据结构的应用。

为讨论方便起见，我们做以下约定：

- 数据的基本使用单位——数据元素，如不做特别说明则视为数据项。
- 数据对象为同质对象。
- 仅讨论数据逻辑结构，不讨论物理结构，这主要是为了使读者能重点掌握数据结构的应用。
- 在讨论中数据单元为广义数据单元。
- 在讨论中数据元素称为结点，元素间关联称为边。这样，一个结构可用图论中的一个图表示。
- 数据元素有名与值之分，因此结点也有结点名与结点值两个部分，元素间关联表示了一定的规则关系，因此边具有规则的语义。一般来讲，一个图中所有边具有相同规则语义。

本章共 4 节，分别是线性结构、树结构、图结构以及数据结构应用。

5.1 线 性 结 构

线性结构是数据结构中最简单、最基本的一种结构。在数据对象中，数据元素间的关系可按一定顺序排列的结构，称为线性结构（liner structure）。它可用图 5-1 表示。

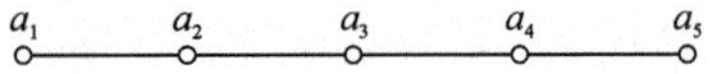

$$a_1 \quad a_2 \quad a_3 \quad a_4 \quad a_5$$

图 5-1　线性结构图

在图 5-1 中，由 $a_1 \sim a_5$ 这 5 个数据元素所组成的数据对象，它们可用 5 个"结点"表示，它们之间组成一种顺序关系，可用结点间的"边"表示，而整个图则构成了一个线性结构图示。

根据此种结构，我们有：

（1）在线性结构中有唯一的一个"第一个元素"，称为首元素（或首结点），如图 5-1 中的 a_1。

（2）在线性结构中有唯一的一个"最后一个元素"，称为尾元素（或尾结点），如图 5-1 中的 a_5。

（3）每个元素（除首元素）有且仅有一个前驱元素（或称前驱结点），如图 5-1 中 a_2 的前驱元素为 a_1。

（4）每个元素（除尾元素）有且仅有一个后继元素（或称后继结点），如图 5-1 中 a_2 的后继元素为 a_3。

由 n（n 为自然数）个数据元素 a_i（i=1，2，…，n）顺序排列所组成的线性结构可抽象表示为：

$$L(a_1, a_2, \ldots, a_n)$$

在线性结构 L 中，a_1 称为 L 的首元素，a_n 称为 L 的尾元素，而 a_i（$i>1$）有唯一的前驱元素 a_{i-1}，a_j（$j<n$）有唯一的后继元素 a_{j+1}，n 称为 L 的长度，当 n=0 时，L 称为空结构。

线性结构可分为下面几种不同形式：

标准的线性结构——线性表；

操作受约束的线性结构——栈、队列；

嵌套的、受约束的线性结构——数组。

它们可用图 5-2 表示。下面分别介绍。

图 5-2　线性结构分类图

5.1.1　线性表

线性表（linear list）是不受约束的线性结构。它是一种标准的线性结构。

【例 5-1】一个星期七天组成一个线性表：

L（星期日,星期一,星期二,星期三,星期四,星期五,星期六）

【例 5-2】表 5-1 所示的学生成绩登记表按学号排列组成一个线性表：

L((S2001，张之宝，85,70,80,60,98),(S2002，王农，64,69,72,98,96),(S2003，李精英，90,87,93,77,94),(S2004，徐飞，77,58,64,98,88),(S2005，林双，88,61,92,72,89))

表 5-1　学生成绩登记表

学　号	姓　名	数　学	物　理	化　学	语　文	外　文
S2001	张之宝	85	90	80	60	98
S2002	王农	64	69	72	98	96
S2003	李精英	90	87	93	77	94
S2004	徐飞	77	58	64	98	88
S2005	林双	88	61	92	72	89

线性表有如下若干个操作。

1．表的结构操作

1）创建表：CreatList(L)

建立一个空的线性表 L，若成功返回 L，否则返回 0。

2）判表空：EmptyList(L)

判断 L 是否为空表，若是返回 1，否则返回 0。

3）求表长：LenList(L)

求 L 的表长 n，若成功返回 n，否则返回 0。

4）撤销表：Destory(L)

撤销表 L，包括结构及相应的值。若成功返回 1，否则返回 0。

2. 表的值操作

1）值查找：GetList(L,i)

在 L 中查找位置为 i 的值，若成功返回该值，否则返回 0。

2）位置查找：LocateList(L,x)

在 L 中查找值为 x 的元素位置 i，若成功返回 i，否则返回 0。

3）插入：InsertList(L,i,x)

在 L 中将值 x 插入 i 号位置之中。插入完成后 L 的长度增加 1。若插入成功返回 1，否则返回 0。

4）修改：UpdataList(L,i,x)

在 L 中将 i 号位置的值修改成为 x。若修改成功返回 1，否则返回 0。

5）删除：DeleteList(L,i)

在 L 中删除 i 号元素，删除完成后 L 的长度减 1。若删除成功返回 1，否则返回 0。

6）清空：ClearList(L)

将 L 置为空表，若成功返回 L，否则返回 0。

可以用上面的 10 个操作对线性表作创建、撤销、查询及对线性表的值进行查询、增、删、改等多种操作。

【例 5-3】建立如下所示的线性表。

L(王立,张利民,仇兴和,桂本清,雍玲玲)

解：CreateList(L);

　　InsertList(L,1,王立);

　　InsertList(L,2,张利民);

　　InsertList(L,3,仇兴和);

　　InsertList(L,4,桂本清);

　　InsertList(L,5,雍玲玲);

【例 5-4】此表中是否有雍玲玲其人。

解：LocateList(L,雍玲玲);

返回：5。

表示有此人并在最后一个位置（即 $i=5$）。

【例 5-5】查该表中的第三个人的姓名。

解：GetList(L,3);

返回：仇兴和。

表中第三个人为仇兴和。

【例 5-6】在上表中删除第四个人，并在首部增加两人：张帆、徐冰心。使表成为：L(张帆,徐冰心,王立,张利民,仇兴和,雍玲玲)。

解：DeleteList(L,4);

　　InsertList(L,1,徐冰心);

　　InsertList(L,1,张帆);

5.1.2 栈

栈（stack）是一种操作受限的线性结构，主要表现为：

（1）栈的值操作只有三种：查询、插入与删除，即表示无修改操作。

（2）栈的值操作仅对首元素进行。

从这两点可以看出，栈就像一个半封闭的容器，其一端开口，而另一端则为封口，开口一端称栈顶（top），封口一端称栈底（bottom），栈的值操作仅能在栈顶进行。

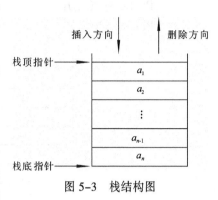

在栈中可以用一个"栈顶指针"指示最后插入栈中元素的位置，同时也可以用一个"栈底指针"指示栈底位置，无元素的栈称为空栈，即空栈中栈顶指针=栈底指针。

图 5-3 所示为栈 $S(a_1, a_2, ..., a_n)$ 的一个结构。

图 5-3　栈结构图

为形象起见，栈的 3 个值操作插入、删除及查询可分别称为压栈、弹栈及读栈。在这 3 个操作中，最先压入的元素最后才能弹出，这是栈操作一大特色，它可称为后进先出 LIFO（Last In First Out）。所以，栈又称后进先出表。

在日常生活中有很多栈的应用例子，如装药片的小园桶、手枪中安装子弹的弹匣等。

栈有如下若干操作。

1．栈的结构操作

1）创建栈：CreateStack(S)

建立一个空栈 S，若成功返回 S，否则返回 0。

2）判栈空：EmptyStack(S)

判断 S 是否为空栈，若是返回 1，否则返回 0。

3）求栈高：LenStack(S)

求 S 的高度 n，若成功返回 n，否则返回 0。

4）取消栈：DestoryStack(S)

取消栈 S，包括栈结构及相应的值，若成功返回 1，否则返回 0。

2．栈的值操作

1）压栈：PushStack(S, x)

在 S 中将值 x 插入栈顶，若插入成功返回 1，否则返回 0。

2）弹栈：PopStack(S)

在 S 中删除栈顶元素，若成功返回 1，否则返回 0。

3）读栈：GetStack(S)

读出栈顶中的元素值，若成功返回读出值，否则返回 0。

可以用上面的 7 个操作对栈进行创建、取消操作，对栈的值进行查询及增、删等多种操作。

【例 5-7】建立图 5-4（a）所示的栈。

解：CreateStack(S)；

　　PushStack(S, a)；

　　PushStack(S, b)；

　　PushStack(S, c)；

　　PushStack(S, d)；

　　PushStack(S, e)；

【例 5-8】 将图 5-4（a）所示的栈改造成为图 5-4（b）所示的栈。

解：PopStack(S)；

PushStack(S,f)；

PushStack(S,g)；

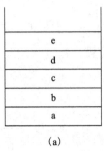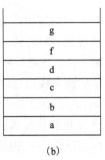

图 5-4　栈示例

5.1.3　队列

队列（queue）是另一种操作受限的线性结构，主要表现为：

（1）队列的值操作只有三种：查询、插入和删除，即无修改操作。

（2）队列的值操作仅对其一端进行：删除、查询仅对首元素端；而插入仅对尾元素端。

从这两点可以看出，队列犹如一个两端开口的管道，允许删除及查询的一端称队首（front），而允许插入的一端则称队尾（rear）。队首与队尾均有一个指针分别称为"队首指针"与"队尾指针"，用来指示队首与队尾的位置。不含元素的队列称为空队列，在空队列中，队首指针=队尾指针。图 5-5 给出了队列 $Q(a_1,a_2,\dots,a_n)$ 的结构。

出队 ◄—— | a_1 | a_2 | … | a_n | ——◄ 入队

队首指针　　队尾指针

图 5-5　队列结构图

为形象起见，队列的 3 个值操作删除、插入及查询可分别称为出队、入队及读队，在队列的值操作中，先入队者必先出队，这是队列操作的一大特色，它可称为先进先出 FIFO（First In First Out），所以队列又称先进先出表。

队列的应用例子很多，在日常生活中，"排队上车"及"排队购物"均按队列结构组织，并按"先进先出"原则进行。在计算机中，操作系统的"请求打印机打印"即是进程按队列结构组织排队并按"先来先服务"原则进行进程调度。

队列有如下若干操作。

1．队列结构操作

1）创建队列：CreateQueue(Q)

建立一个空队列 Q，若成功返回 Q，否则返回 0。

2）判队列空：EmptyQueue(Q)

判断 Q 是否为空，若是返回 1，否则返回 0。

3）求队列长：LenQueue(Q)

求 Q 的长度 n，若成功返回 n，否则返回 0。

4）撤销队列：DestoryQueue(S)

取消队列 Q，包括 Q 的结构及相应值，若成功返回 1，否则返回 0。

2．队列的值操作

1）入队：InsertQueue(Q,x)

在队列 Q 中将值 x 插入队尾处，插入后队列长度加 1。若插入成功返回 1，否则返回 0。

2）出队：DeleteQueue(Q)

队列 Q 中删除队首的元素，删除后队列长度减 1。若插入成功返回 1，否则返回 0。

3）读队：GetQueue(Q)

读出 Q 中队首的值，若成功则返回该值，否则返回 0。

可以用上面 7 个操作对队列作创建撤销，对队列值做查询及增、删等操作。

【例 5-9】请建立图 5-6（a）所示的队列。

解：CreateQueue(Q)；

　　InsertQueue(Q,a)；

　　InsertQueue(Q,b)；

　　InsertQueue(Q,c)；

【例 5-10】将图 5-6（a）所表示的队列改造成图 5-6（b）所示的队列。

解：DeleteQueue(Q)；

　　InsertQueue(Q,d)；

　　InsertQueue(Q,e)；

图 5-6　队列示例

5.1.4　数组

数组（array）是最常见的一种数据结构，它在目前任何一种程序设计语言中都有出现，因此它属于已知的知识。但是为什么在这里还要介绍呢？是因为这里是在数据理论指导下，以一种统一的观点介绍数组，并赋予数组以更多的活力与生命力，因此本节并不过多介绍细节性内容，而重在介绍概念性原则。

数组是线性表的嵌套结构，因此它属于线性结构，并且它也是一种受限的线性结构。

（1）结构受限——数组中的线性表长度是固定的。

（2）操作受限——数组中的值操作仅限读、写两种。

因此，数组是一种嵌套的、受限的线性表结构。

数组一般有三种：一维数组、二维数组及多维数组。目前，常用的数组以一维与二维为主。一维数组是线性表的 0 次嵌套，它可用 A（a_1，a_2，$\cdots$，a_n）表示，也可用 $A[n]$ 表示。其中 n 为常值，其每个元素可用 $A[i]$（$1 \leqslant i \leqslant n$）表示，$i$ 称为下标，而 $A[i]$ 则是下标所对应的值。

二维数组是线性表的一次嵌套，它可表示为：

$$A\begin{pmatrix} a_{11} & a_{12} & \dots & a_{1n} \\ a_{21} & a_{22} & \dots & a_{2n} \\ \vdots & \vdots & & \vdots \\ a_{m1} & a_{m2} & \dots & a_{mn} \end{pmatrix} \tag{5-1}$$

也可用 $A[m][n]$ 表示。其中，n,m 为常值，每个元素都可用 $A[i,j]$（$1 \leqslant i \leqslant n$；$1 \leqslant j \leqslant m$）表示，$[i,j]$ 称为下标，而 $A[i,j]$ 则是下标所对应的值，二维数组也称矩阵。

$k(k \geqslant 3)$ 维数组是线性表的 $k-1$ 次嵌套，它可表示为 $A[n_1][n_2]\cdots[n_k]$。它的每个元素可用 $A[i_1,i_2,\cdots,i_k]$ 表示（$1 \leqslant i_1 \leqslant n_1$，$1 \leqslant i_2 \leqslant n_2$，$\cdots$，$1 \leqslant i_k \leqslant n_k$），其中 n_1，n_2，$\cdots$，n_k 为常值。

数组有若干个操作。

1. 数组结构操作

1）创建数组：CreateArray($A,k,n_1,n_2,\cdots,n_k$)

建立一个 k 维空数组 A，其每维长度分别为 $n_1,n_2,\cdots,n_k$。若成功返回 A，否则返回 0。

2）撤销数组：DestoryArray(A)

取消数组 A，包括 A 的结构及其相应值。若成功返回 1，否则返回 0。

2. 数组值操作

1）读数组：GetArray($A,i_1,i_2,\cdots,i_k$)

读取 $A[i_1,i_2,\cdots,i_k]$，若成功返回数组中指定的值，否则返回 0。

对一维数组可写为 GetArray(A,i)；二维数组可写为 GetArray(A,i,j)。

2）写数组：SetArray($A,e,i_1,i_2,\cdots,i_k$)

将值 e 写入下标为 $[i_1,i_2,\cdots,i_k]$ 数组 A 中，若成功返回值 1，否则返回 0。

可用上面 4 个操作对数组作创建、撤销及读/写等操作。

【例 5-11】请建立学生学号的一维数组：A=(S100,S101,S102,…,S110)。

解： CreateArray(A,1,11)；

SetArray(A,S100,1)；

SetArray(A,S101,2)；

…

SetArray(A,S110,11)；

注意：一般数组的建立都是带有值的，而它可用一个创建操作和若干个写操作组成，因此可以用这些基本操作组成一个新的操作——创建带值数组。

3）CreateArrayWithValue($A,k,n_1,n_2,\ldots,n_k,e_1,e_2,\ldots,e_{n_1\times n_2\times..\times n_k}$)

建立一个 k 维的带值数组 A，其每维长度分别为：$n_1,n_2,\cdots,n_k$，而它的值为：$e_1,e_2,\cdots,e_{n_1\times n_2\times..\times n_k}$，它们按下标的字典次序存放。

【例 5-12】请建立带值的数组：CreateArraywithValue(A,2,3,3,a,b,c,d,e,f,g,h,i)。

解：该操作的结果是建立了一个式（5-2）所示的二维数组。

$$\begin{pmatrix} a & b & c \\ d & e & f \\ g & h & i \end{pmatrix} \tag{5-2}$$

5.2 树 结 构

树结构是比线性结构复杂的一种结构，但是由于在实际应用中的重要性，因此它往往作为一种独立结构形式存在。本节分两个部分，分别介绍树的结构及树的操作。

5.2.1 树的结构

在一个数据对象中，n 个数据元素间的相互关系按分叉及层次形式组织的结构称为树（tree）。图 5-7 所示的即为树。

确立一个数据对象，并建立其内元素间的关系，如它为树，则它必有如下特性：

（1）树中每个元素称为结点，若两结点间有一前驱与后继关系，可用线段相连。

（2）树中有且仅有一个无前驱的结点称为树的根（root），如图 5-7 中的 A 即为 T 的根。

（3）树中有若干个仅有一个前驱且无后继的结点称为树的叶（leaf）。如图 5-7 中的 E、H、I、J、K、L、M、H 即为 T 的叶。

（4）树中由若干个结点，它们仅有一个前驱并有 m（m≥1）个后继的结点，称为树的分支结点或分支（branch），如图 5-7 中的 B、C、D、F、G 等均为树 T 的分支。

在树中，若 n=0，则称为空树，树中每个结点的后继数均小于等于某常值 m，则称该树为 m 元树；当 m=2 时，则称为二元树或二叉树。图 5-7 所示的树 T 即为三元树，而图 5-8 所示的树 T 即为二叉树。而当树中每个结点的后继数均等于某常值 m，则称该树为 m 元完全树。

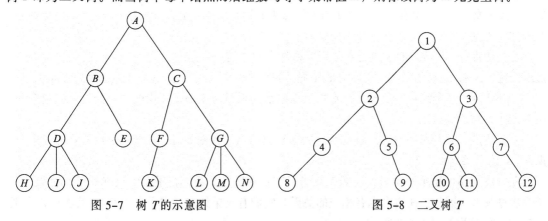

图 5-7　树 T 的示意图　　　　　　　　图 5-8　二叉树 T

树的实际应用例子很多，如行政组织结构、家庭组织结构及书目结构等均为树结构形式。图 5-9 及图 5-10 分别给出了一个学校行政组织结构及书本的目录结构的树结构形式。

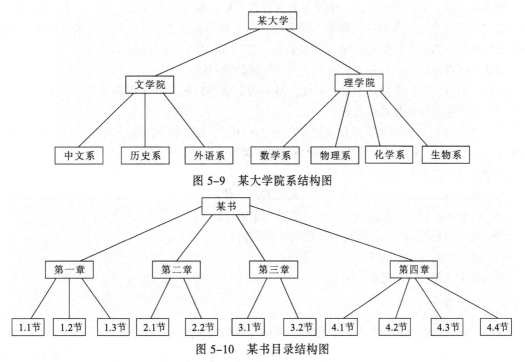

图 5-9　某大学院系结构图

图 5-10　某书目录结构图

下面介绍一个家庭组织结构的树表示形式。

【例5-13】在某个四世同堂大家庭中，其老祖宗a生育二子，他们是b和c，其中长子b又育有三子，分别是d、e、f，而次子c育有二子，分别是g和h，在这第三代中的d与g中近期又喜事临门，他们分别先后又生得二子i和j。这个大家庭中的所有成员通过父子关系组成一个层次式的树结构称为家属树，如图5-11所示。

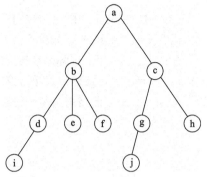

由于用树表示家属关系特别形象，因此在树中的一些术语常用家属关系命名，下面分别介绍：

父（或双亲）结点：一个结点的前驱结点称为该结点的父（或双亲）结点。如图5-11中c的父结点为a。

子（或子女）结点：一个结点的后继结点称为该结点的子（或子女）结点。如图5-11中d的子结点为i，而b的子结点为d、e、f。

祖先结点：一个结点的祖先结点是指从根结点到该结点所经过的所有结点，如图5-11中d的祖先结点为b、a。

图5-11 家属关系树结构图

子孙结点：一个结点的子孙结点是指以该结点为根所组成的子树中的所有结点，如图5-11中b的子孙结点为d、e、f、i。

兄弟结点：具有相同双亲结点的结点间称兄弟结点，如图5-11中结点b的兄弟结点是c。反之，c的兄弟结点是b。

在家属关系中兄弟间有老大、老二、老三等长幼次序关系，在子女中也有长子、次子、三子等次序关系，因此，在树中也有相应的关系，它们有兄弟结点（或子女结点），其次序自左至右排列，左者为大，右者为小。

从上面介绍可以看出，一棵树由一个根、若干个叶及中间若干个分支所组成。树是有层次的，根为第一层，叶为最后一层，中间分支占有若干层。如图5-9中该树共分三层，第一层为根，第二层为分支，而最后一层即第三层为叶。由于树的层次性，因此树结构又称层次结构。树的层次数称树的高度或深度，图5-9中的树高度为3，图5-11的树高度为4。

根据上面对树的介绍与分析，可以给出一棵树的递归定义：

树由n个（$n \geq 0$）个结点的集合组成。当$n=0$时称为空树；当$n>0$的树T有：

（1）有一个特殊的结点称为根。

（2）当$n>1$时，除根外其他结点被分成m（$m>0$）个互不相交的集合：$T_1, T_2, \cdots, T_m$，其中每个T_i（$1 \leq i \leq m$）又是一棵树（它可称为根的子树）。

这个定义的概念在后面会经常用到。

与线性结构一样，树也可分为几种，常用的有三种：

（1）标准树结构——也称树：是一种不受约束的树。

（2）受约束树结构——m元树：元数受约束的树。

（3）受约束的m元树结构——m元完全树。

在本书中主要介绍标准的树结构。

5.2.2 树的操作

树的操作比线性结构操作复杂，此外，树还有其个性操作。

1. 树结构操作

1）创建树：CreateTree$(T, R, T_1, T_2, \ldots, T_n)$

创建一棵树 T，它由根结点 R 及 n 个子树 T_1，T_2，$\cdots$，T_n 组成。创建成功返回 T，否则返回 0。

2）撤销树：DestoryTree(T)

撤销树 T，包括它的结构及相应值，若成功返回 1，否则返回 0。

3）判树空：EmptyTree(T)

判别树 T 是否为空树，若是返回 1，否则返回 0。

4）寻根：Root(T)

找得树 T 的根结点，返回根结点，否则返回 0。

5）寻双亲：Parent(T, x)

找到树 T 中结点 x 的双亲结点，返回双亲结点，否则返回 0。

6）寻第 i 个子女：Child(T, i, x)

找到树 T 中结点 x 的第 i 个子女结点，返回第 i 个子女结点，否则返回 0。

7）插入子树：InsertChild(T, x, i, Child)

在树 T 中将树 Child 插入作为结点 x 为根的第 i 个子树，若成功返回 1，否则返回 0。

8）删除子树：DeleteChild(T, x, i)

在树 T 中删除结点 x 的第 i 个子树，若成功返回 1，否则返回 0。

2. 树的值操作

1）取值：GetValue(T, x)

在树 T 中读取结点 x 的值。若成功返回 x 的值，否则返回 0。

2）置值：SetValue(T, x, value)

在树 T 中结点 x 处置值 Value。若成功返回 1，否则返回 0。

3）查结点：QueryNode(T, value)

在树 T 中查找值为 value 的相应结点，若成功返回结点，否则返回 0。

下面举若干个有关树操作例子。

【例 5-14】创建一个图 5-7 所示的树结构。

解：CreateTree(T, A, T_1, T_2)；

CreateTree(T_1, B, T_3, T_4)；

CreateTree(T_2, C, T_5, T_6)；

CreateTree(T_3, D, T_7, T_8, T_9)；

CreateTree(T_4, E)；

CreateTree(T_5, F, T_{10})；

CreateTree$(T_6, G, T_{11}, T_{12}, T_{13})$；

CreateTree(T_7, H)；

CreateTree(T_8, I)；

CreateTree(T_9, J)；

CreateTree(T_{10}, K)；

CreateTree(T_{11}, L)；

CreateTree(T_{12}, M)；

CreateTree(T_{13},N)；

【例5-15】图5-7所示的树结构中更改成图5-12所示的树结构。

解：DeleteChild(T,B,1)；

　　　DeleteChild(T,C,2)；

　　　CreateTree(T',E,T'',T''')；

　　　CreateTree(T''',P)；

　　　CreateTree(T'',Q)；

　　　InsertChild(T,E,T')；

【例5-16】图5-12为一棵家属树，则可对其赋值，如图5-13所示。

解：SetValue(T,A,张兆龙)；

　　　SetValue(T,B,张文景)；

　　　SetValue(T,C,张文华)；

　　　SetValue(T,E,张武跃)；

　　　SetValue(T,F,张武进)；

　　　SetValue(T,P,张学尧)；

　　　SetValue(T,Q,张学舜)；

　　　SetValue(T,K,张学禹)；

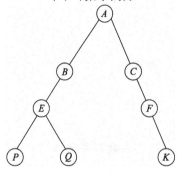

图5-12　图5-7的树更改后的结构

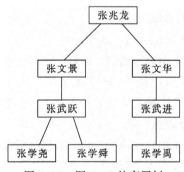

图5-13　图5-12的家属树

【例5-17】在图5-13中查找：

（1）查找张学禹父亲的姓名。

（2）查找张武跃所有子女的姓名。

解：

（1）查找张学禹父亲的姓名

```
x←QueryNode(T,张学禹);
y←Parent(T,x);
GetValue(T,y);
```

（2）查找张武跃所有子女的姓名

```
x←QueryNode(T,张武跃);
i←1;
y←1;
While(y≠0)
{ y←Child(T,i,x);
```

```
if(y=0) return;
else
   { z←GetValue(T,y);
     printf(z);
     i←i+1; }
```

3. 个性化操作——树的遍历操作

在树中有一种特殊又重要操作，称为遍历（traversal）操作，它是按某种方式的次序访问树中所有结点且仅被访问一次。遍历的目的是将层次的非线性树结构转化成线性结构。

遍历的方式一般有三种，分别是先根遍历、后根遍历及层次遍历。

1）先根遍历

先根遍历的次序是：先访问树的根；接着自左向右先根遍历各子树。

这是一种按递归定义的访问方式，按此方式，图 5-7 中树的先根遍历结果为：A，B，D，H，I，J，E，C，F，K，G，L，G，M，N。

2）后根遍历

后根遍历的访问次序是：先自左至右后根遍历访问各子树；接着访问根结点。

这也是一种按递归定义的访问方式，按此方式图 5-7 中树的后根遍历的结果为：H，I，J，D，E，B，K，F，L，M，N，C，A。

3）层次遍历

层次遍历的访问次序是从树的根开始，从上到下，按层访问，而在层中则自左至右逐个访问。图 5-7 中树的层次遍历的结果为：A，B，C，D，E，F，G，H，I，J，K，L，M，N。

树的遍历操作即是在给出树 T 及遍历方式 tag 后，此操作即开始执行遍历，最终给出遍历的结果。遍历操作可以表示为：TraversalTree(T,tag)。

在该操作中参数 tag=0 表示为先根遍历，tag=1 表示为后根遍历，tag=2 表示为层次遍历。操作执行成功输出遍历结果，否则返回 0。

【例 5-18】树 T 为图 5-11 所示，请按层次遍历方式给出其遍历结果。

解：TraversalTree(T,2)=a, b, c, d, e, f, g, h, i, j。

5.3　图　结　构

在线性结构及树结构中，数据对象中的元素间受结构上的约束，而图结构在结构上不受任何约束，它具有最广泛与最普通的结构形式，因此也是一种应用最为广泛的结构形式。下面从结构与操作两方面介绍图。

5.3.1　图结构介绍

图由数据元素及建立在其上的元素间关系两部分组成。其中，数据元素称为图中结点（node）用 v 表示，它们组成一个集合 $V=\{v_1, v_2, \cdots, v_n\}$，$V$ 称为结点集，即数据对象。而数据元素间的关系是图中的边或弧（edge），它们组成一个集合 $E=\{e_1, e_2, \cdots, e_n\}$。边可用一个结点对 $e=(v_i, v_j)$ 表示，这是一种双向的无序结点对。一个图（graph）即是由结点集 V 及边集 E 所组成，可记为 $G=(V,E)$。

这种图可称为无向图。有时，结点对可以是单向有序的，此时它可表示为 $e=<v_i, v_j>$，由它所组成的图称为有向图。图可以用图示形式表示，其中结点可用圆点表示，边可用结点间连线表示。

图中有几个重要概念：

（1）图中有边相连的结点称为邻接结点。

（2）在有向图中，边<v_i,v_j>中的v_i称为起点，v_j称为终点，它可用带箭头（自起点至终点）的连线表示。

（3）在无向图中，结点v的邻接结点数称为v的度（dagree），可记为TD(v)。在有向图中，以结点v为边的起点的数目称为v的入度（indagree），可记为ID(v)；以v为边的终点的数目称为v的出度（outdgree），可记为OD(v)；v的入度与出度之和称为v的度，可记为TD(v)。

有关图的例子很多，下面举两个来说明。

【例5-19】在我国五城市间有4条航线，五城市分别是南京、上海、杭州、北京与西安，所开通的航线是南京到上海、南京到北京、南京到西安及南京到杭州，它可组成一个无向图$G=(V,E)$。

V={南京,上海,杭州,北京,西安}

E={(南京,上海),(南京,北京),(南京,西安),(南京,杭州)}

如果令v_1=南京，v_2=上海，v_3=杭州，v_4=北京，v_5=西安，则此图可形式化表示为：

$G=(V,E)$

V={v_1,v_2,v_3,v_4,v_5}

E={$(v_1,v_2),(v_1,v_3),(v_1,v_4),(v_1,v_5)$}

这个图可用图5-14所示形式表示。

【例5-20】程序间的调用关系可用图表示。例如有5个程序：P_1，P_2，P_3，P_4，P_5，它们之间有调用关系：P_1调用P_2，P_1调用P_3，P_1调用P_5，P_2调用P_3，P_3调用P_4，P_4调用P_2，这种调用是单向的，它可组成一个有向图$G=(V,E)$。

P={P_1,P_2,P_3,P_4,P_5}

F={<P_1,P_2>,<P_1,P_3>,<P_1,P_5>,<P_2,P_3>,<P_3,P_4>,<P_4,P_2>}

这个图可用图5-15图示形式表示。

图5-14 五大城市间航线图

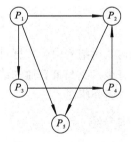

图5-15 程序间调用关系图

5.3.2 图操作

1. 图的结构操作

1）创建图：CreateGraph(G,V,E)

创建一个由结点集V及边集E所组成的图G，若创建成功返回G，否则返回0。

2）撤销图：Destory(G)

撤销图 G，包括它的结构及相应值。若成功返回 1，否则返回 0。

3）插入结点：InsertVex(G,v)

在图 G 中增添新结点 v。若成功返回 1，否则返回 0。

4）删除结点：DeleteVex(G,v)

在图 G 中删除结点 v 以及相应的边。若成功返回 1，否则返回 0。

5）插入边：InsertEdge($G,u,v,$tag)

在图 G 中增添边 (u,v)，若 tag=1 为无向边；tag=0 为有向边。若成功返回 1，否则返回 0。

6）删除边：DeleteEdgee(G,u,v)

在图 G 中删除边 (u,v)。若成功返回 1，否则返回 0。

7）AdjVex(G,v)

查找图 G 的结点 v 的邻接结点。若成功返回邻接结点，否则返回 0。

8）DegreeVex(G,v)

查找图 G 的结点 v 的度 TD(v)。若成功返回度，否则返回 0。

2．图的值操作

1）GetVex(G,v)

在图 G 中取得结点 v 的值。若成功返回 v 的值，否则返回 0。

2）PutVex($G,v,$Value)

在图 G 中置结点 v 的值为 Value。

3）LocateVex($G,$Value)

在图 G 中寻找到值为 Value 的结点。若成功返回结点，否则返回 0。

下面举若干有关图操作的例子。

【例 5-21】创建一个例 5-19 中的五大城市中的四条航线图。

　　解：CreatGraph($G,\{v_1,v_2,v_3,v_4,v_5\},\{(v_1,v_2),(v_1,v_3),(v_1,v_4),(v_1,v_5)\}$)；

　　　　PutVex($G,v_1,$南京)；

　　　　PutVex($G,v_2,$上海)；

　　　　PutVex($G,v_3,$杭州)；

　　　　PutVex($G,v_4,$北京)；

　　　　PutVex($G,v_5,$西安)。

【例 5-22】在上面的航线中因故暂行南京至上海航线，另增上海至北京及上海至杭州航线。经这种改造后的航线如图 5-16 所示。操作如下：

　　解：DeleteEdge(G,v_1,v_2)；

　　　　InsertEdge($G,v_2,v_4,1$)；

　　　　InsertEdge($G,v_2,v_3,1$)。

图 5-16　改造后的航线图

【例 5-23】在改造后的航线中杭州到哪些城市有直接航线。

　　解：v=LocateVex(G,杭州)；

　　　　u=AdjVex(G,v)；

　　　　x=GetVex(G,u)。

x 即为与杭州有直接航线的城市。

5.4　数据结构作为一种数据组织

数据结构出现于计算机数据发展历史的初期，在那时数据具有挥发性、私有性及数量少的特点，它作为一种特殊时期的数据组织，具有明显的非典型特色，主要表现为：

（1）它没有明显的数据模型要求。

（2）它一般依附于程序设计语言中，不具有明显的独立组织，因此称为依赖型数据组织。从数据组织观点看，在程序设计语言中提供了实现数据结构的全部功能，以 C 为例，可以看到：

1．数据元素

可用 C 中的变量定义数据元素中的数据项；可用 C 中的结构体定义数据元素中的元组。

2．基本数据结构

基本数据结构（包括线性结构、树结构及图结构）及其相关操作都是 C 中常用的函数。

3．数据单元

由于可以用数据元素及基本数据结构定义数据单元，因此可用 C 程序定义数据单元。

5.5　数据结构应用

在计算机应用的问题求解中，一般要先讨论两个要点，它们是问题求解中的对象以及建立在对象上的问题求解的处理。前者即是数据结构（也就是数据单元），后者即是算法。

在数据结构中，需要将问题求解中的对象抽象化为数据元素与数据对象，并在其上将数据元素组织成一定的数据结构，为问题求解的处理提供支撑。

在算法中，整个算法流程是建立在数据结构之上的，因此数据结构是算法的前提。一般来说，不同数据结构有不同的算法，并且有相应的不同算法效率。

这样，在计算机应用的问题求解中，一般需要经过 3 个过程：

（1）问题求解中数据结构的组建。

（2）基于数据结构的算法。

（3）编程及程序运行。

本节重点介绍问题求解中的数据结构组建，此外，还将介绍问题求解中基于数据结构的算法以及整个问题求解过程。

5.5.1　数据结构的组建

数据结构的组建可分为数据结构设计与数据结构操作实现两部分。

1．数据结构设计

数据结构设计包括如下几个步骤，它们是：

（1）需求描述包括：

① 对问题求解中的问题域需确定其范围，从而形成问题域的边界。

② 确定边界内所研究与关注的问题的目标与对象（可称为客体）。

③ 给出问题域中的环境，即问题域所处的客观世界背景与条件。

④ 对问题域中客体进行描述，并对客体间所应遵守的规则进行描述。

（2）数据元素与数据对象：根据需求描述中的边界及客体确定数据元素及数据对象。

（3）数据结构的组建：根据客体的描述以及客体间的规则确定，建立在数据对象上的数据结构，根据问题域中环境给出数据结构约束。

经过这 3 个步骤完成数据结构设计。

2．数据结构的操作实现

数据结构作为一种数据组织，可用程序设计语言为工具以实现问题求解中数据结构的设计。

5.5.2　基于数据结构的算法

问题求解中的数据结构与算法是一个问题的两个方面，它们之间又互相关联，一般认为：

（1）算法是建立在数据结构上的，不同数据结构有不同算法。在算法中，数据结构作为算法输入的一个部分，与算法建立关联。在算法流程中，数据结构参与整个过程。

（2）不同数据结构上的算法可以有不同的效率。由于数据结构参与整个算法流程，因此它对算法效率会产生重大影响。最明显的是例 3-7 所示的二分查找算法。在该算法中，数据结构是从小到大按大小顺序所组成的整数的线性结构——数组 $a[i]$。按此种结构所设计的算法，它的效率是 $O(\log_2 n)$。而当数据结构采用 n 个整数上的任意次序排列所组成的数据时，此时的算法即是将 x 与 $a[i]$ 中的一个，逐个比较，最多经 n 次必得结果，这种算法效率为 $O(n)$。这两种不同的数值设计方案，所得的算法效率是不同的。

（3）在问题求解中的算法是一种基于数据结构的算法，而这种算法的完成（在第 3 章中已介绍过）包括算法设计与算法评价两个步骤。

5.5.3　问题求解过程的 7 个步骤

经过前面的讨论，人们已经知道，整个计算机应用的问题求解可分解成为 7 个步骤实现，其中数据结构分 4 个步骤，而算法分析则分两个步骤，最后一个步骤是编程实现。

（1）需求描述。

（2）数据元素与数据对象。

（3）数据结构组建。

（4）数据结构操作实现——为简单起见，往往先用类语言描述。

（5）算法设计。

（6）算法评价。

（7）编程实现。

下面用若干应用例子来说明问题求解中的整个过程，其重点是数据结构与算法，即这两个部分中的（1）～（6）。

【例 5-24】请设计判断一句子是否为回文的算法。

解：此应用题的求解可分为下面几个步骤。

1）需求描述

回文是一句汉语，其正读与倒读均相同，如"上海自来水来自海上"即是回文。

（1）在回文中问题求解的问题域为一句有 n 个字的汉语句子。

（2）在回文中，人们所关注与探讨的客体为 n 个汉字。

（3）n 个汉字间是按顺序排列的。

（4）按一定次序排列的汉语句子将其次序颠倒后，两句子相同。

目前，也流行以字符串作回文的热潮，其方法与汉语回文相似，但本例仅用汉语。

2）数据元素与数据对象

将需求描述抽象化为数据元素与数据对象。

（1）数据元素：n 个数据元素为 $a_1, a_2, \cdots, a_n$，其中 a_i（$i=1, 2, \cdots, n$）为汉字。

（2）数据对象：$C=\{a_1, a_2, \cdots, a_n\}$。

3）数据结构

建立线性表如下：

$L(a_1, a_2, \ldots, a_n)$

4）数据结构操作实现——类语言描述

用类 C 语言描述实现数据结构：

（1）数据元素。定义汉字变量：

```
Chinese a₁: a₁=c₁;
Chinese a₂: a₂=c₂;
…
Chinese aₙ: aₙ=cₙ;
```

（2）数据结构。定义线性表：

```
Create List(L);
Insert List(L,1,c₁);
Insert List(L,2,c₂);
…
Insert List(L,n,cₙ);
```

5）回文识别算法

（1）算法名：huiwen。

（2）算法输入：L 及 n。

（3）算法输出：yes/no。

（4）算法流程：

```
i←1;
While(i≤n)
{ p←GetList(L,i);
  q←GetList(L,n+1-i);
  if(p=q)
  { if(i≠n)
        i←i+1;
    else return(yes); }
  else return(no); }
```

6）算法效率分析

该算法的时间效率为：$O(n)$。

下面再举一个较为复杂的例子。

【例 5-25】某市有 3 个中学，每个中学都有初中与高中两个部，每个部各有 3 个年级，每年级各有 n 名学生，在给出学校名、部名及年级后寻找出该年级的全体学生名单，并将其放入一个合适的结构内（如数组或线性表）。

解：此应用题求解可用两个解法。

解法一：

1）需求描述

（1）本应用共有下面几个问题域，每个问题域中有若干个客体。

- 3 个中学：一中、二中及三中。
- 两个部：初中、高中。
- 3 个年级：一年级、二年级、三年级。
- 若干名学生：共 $3 \times 2 \times 3 \times n$ 名学生。

（2）4 个域具有不同的语义，但它们之间具有层次关联。

2）数据元素与数据对象

本应用可组成下面几个数据元素及数据对象：

（1）中学 $M=\{m_1, m_2, m_3\}$。

（2）部：$p=\{p_1, p_2\}$。

（3）年级：$C=\{c_1, c_2, c_3\}$。

（4）学生姓名：$S=\{s_1, s_2, \ldots, s_{18 \times n}\}$。

它们可组成元组：$t_k=(m_i, p_j, c_h, s_k)$ $(i=1,2,3; j=1,2; h=1,2; k=1,2,3,\ldots,18 \times n)$。共有 $18 \times n$ 个元组，组成元组的数据对象：$T=\{(m_i, p_j, c_h, s_k)|i=1,2,3; \ j=1,2; \ h=1,2,3; k=1,2,\cdots,18 \times n\} = \{t_k|k=1,2,\cdots,18 \times n\}$。

3）数据结构

建立一个在 T 上的数组 $A[18n]$ 以及一个存放学生名单的数组 $B[n]$。

4）数据结构操作实现——类语言描述

用类 C 语言描述以实现数据结构：

（1）数据元素。定义数据变量：

```
m: char m;m=m₁,m=m₂,m=m₃;
p: char p;p=p₁,p=p₂;
c: char c;c=c₁,c=c₂,c=c₃;
s: char s;s=s₁,s=s₂,…,s=s₁₈ₓₙ;
```

（2）数据结构，包括定义结构体和定义数值。

定义结构体：

```
Structure student {
    char m;
    char p;
    char c;
    char s;
    }t;
T=t₁,t=t₂,…,t=t₁₈ₓₙ;
t₁←{m₁,p₁,c₁,s₁},t₂←{m,p,c₁,s₂},…,t₁₈ₓₙ←{m₃,p₃,c₃,s₁₈ₓₙ};
```

定义数组：

```
CreateArrayWithValue(A,1,18xn,t₁,t₂…,t₁₈ₓₙ);
Create Array(B,1,n);
```

5）查找算法

该查找算法建立在元组的队列之上。

（1）算法名：Queryname。

（2）算法输入：$A[18n]$，查询 (m', p', c') 及 n。

（3）算法输出：$B[n]$。

（4）算法流程：

```
i←1;
j←1;
while(i≤18×n)
```

```
{   (mᵢ,pᵢ,cᵢ,sᵢ)←GetArray(A,i);
    if((mᵢ,pᵢ,cᵢ)≠(m′,p′,c′)  i←i+1;
    else
    {   SetArray(B,sᵢ,j);
        j←j+1;
        i←i+1;}}
return(Array B[n]);
```

6）算法效率分析：

该算法时间效率为 $O(n)$。

解法二：

1）需求描述

同解法一。

2）数据元素与数据对象

本应用可组成下面几个数据元素与数据对象：

（1）中学 $M=\{m_1,m_2,m_3\}$。

（2）部 $P=\{p_1,p_2\}$。

（3）年级 $C=\{c_1,c_2,c_3\}$。

（4）学生姓名 $S=\{s_1,s_2,\ldots,s_{18\times n}\}$。

（5）某市 $E=\{e_1\}$。

3）数据结构

对学生姓名可以构造一个四维数组 $A[3,2,3,n]$，再进一步，可以构造树 T。T 的结构图如图 5-17 所示。

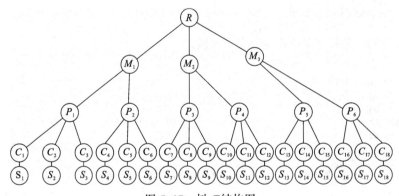

图 5-17　树 T 结构图

4）数据结构操作实现——类语言描述

可用类 C 语言描述以实现数据结构。

（1）数据元素。定义数据变量：

```
m: char m;m=m₁,m=m₂,m=m₃;
p: char p;p=p₁,p=p₂;
c: char c;c=c₁,c=c₂,c=c₃;
s: char s;s=s₁,s=s₂,…,s=s₁₈ₙ;
e: char e;e=e₁。
```

（2）数据结构，包括定义数组和定义树。

定义数组：

```
CreateArrayWithValue(A,4,3,2,3,n,s₁,s₂,…,s₁₈ₙ);
```

定义树：

```
CreateTree(T,R,T₁,T₂,T₃);
CreateTree(T₁,M₁,T₄,T₅);
CreateTree(T₂,M₂,T₆,T₇);
CreateTree(T₃,M₃,T₈,T₉);
CreateTree(T₄,P₁,T₁₀,T₁₁,T₁₂);
CreateTree(T₅,P₂,T₁₃,T₁₄,T₁₅);
CreateTree(T₆,P₃,T₁₆,T₁₇,T₁₈);
CreateTree(T₇,T₄,T₁₉,T₂₀,T₂₁);
CreateTree(T₈,P₅,T₂₂,T₂₃,T₂₄);
CreateTree(T₉,P₆,T₂₅,T₂₆,T₂₇);
CreateTree(T₁₀,C₁,T₂₈);
CreateTree(T₁₁,C₂,T₂₉);
CreateTree(T₁₂,C₃,T₃₀);
CreateTree(T₁₃,C₄,T₃₁);
CreateTree(T₁₄,C₅,T₃₂);
CreateTree(T₁₅,C₆,T₃₃);
CreateTree(T₁₆,C₇,T₃₄);
CreateTree(T₁₇,C₈,T₃₅);
CreateTree(T₁₈,C₉,T₃₆);
CreateTree(T₁₉,C₁₀,T₃₇);
CreateTree(T₂₁,C₁₁,T₃₉);
CreateTree(T₂₂,C₁₂,T₄₀);
CreateTree(T₂₃,C₁₃,T₄₁);
CreateTree(T₂₄,C₁₄,T₄₂);
CreateTree(T₂₄,C₁₅,T₄₃);
CreateTree(T₂₅,C₁₆,T₄₄);
CreateTree(T₂₆,C₁₇,T₄₅);
CreateTree(T₂₇,C₁₈,T₄₆);
CreateTree(T₂₈,S₁);
CreateTree(T₂₉,S₂);
CreateTree(T₃₀,S₃);
CreateTree(T₃₁,S₄);
CreateTree(T₃₂,S₅);
CreateTree(T₃₃,S₆);
CreateTree(T₃₄,S₇);
CreateTree(T₃₅,S₈);
CreateTree(T₃₆,S₉);
CreateTree(T₃₇,S₁₀);
CreateTree(T₃₈,S₁₁);
CreateTree(T₃₉,S₁₁);
CreateTree(T₄₀,S₁₂);
CreateTree(T₄₁,S₁₃);
CreateTree(T₄₂,S₁₄);
CreateTree(T₄₃,S₁₅);
CreateTree(T₄₄,S₁₆);
CreateTree(T₄₅,S₁₇);
CreateTree(T₄₆,S₁₈);
```

对于所定义的树 T 赋值如下：

```
SetValue(T,R,e₁);
SetValue(T,M₁,m₁);
...
```

```
SetValue(T,S₁,A[1,1,1,r]);
SetValue(T,S₂,A[1,1,2,r]);
...
SetValue(T,S₁₈,A[3,2,3,r]);
```

其赋值结果可得到图 5-18 所示的结果。（注意：数组 A[i,j,k,r]表示由下标[i,j,k,1]到[i,j,k,r]所组成的数组）

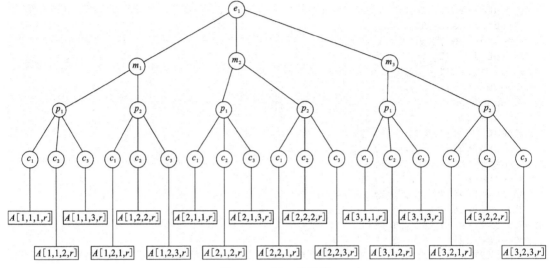

图 5-18 树 T 的赋值

5）查找算法

该查找算法建立在树 T 之上。

（1）算法名：Queryname-2。

（2）算法输入 T、n，查询（q_1,q_2,q_3）及 e_1。

（3）算法输出：符合查询要求的学生名单 y。

（4）算法流程：

```
{  x←Root(T);
   y←Getvalue(T,x);
   if(e₁≠y)
   return(-1);
   else
   {  i←1;
      while(i≤3)
      {  x←Child(T,i,x);
         y←GetValue(T,x);
         if(q₁≠y)  i←i+1;
         else
         {  j←1;
            while(j≤2)
            {  x←Child(T,j,x);
               y←GetValue(T,x);
               if(q₂≠y)  j←j+1;
               else
               {  k←1;
                  while(k≤3)
```

```
            {  x←Child(T,k,x);
               y←GatValue(T,x);
               if(q₃≠y)  k←k+1;
               else
            {  x←Child(T,1,x);
               y←GetValue(T,x);
               return(y);
            }
        }
      }
    }
  }
    return-1;
  }
}
```

6）算法效率分析

该算法的时间效率为 $O(k)$。

最后，我们可从案例中看出：

（1）在一个问题求解中可以允许有多个数据结构设计方案，在此例中即给出了两个数据结构设计方案。

（2）不同的数据结构则可有不同的算法，在此例中，对不同结构即有不同算法。

（3）不同算法可以有不同算法效率，在此例中两个不同算法的效率实际上是不一样的，一个效率为 $O(n)$，而另一个则为 $O(k)$。

小　　结

本章主要介绍三种基本数据结构以及基于这些结构的数据组织及应用。

1．三种基本数据结构及其操作

（1）线性结构：线性表、栈、队列、数组。

（2）树结构。

（3）图结构。

2．数据结构作为数据组织——依赖型数据组织

作为程序设计语言的一个附属部分，用它可以作数据结构的实现，一般用类语言描述。

3．数据结构应用

（1）数据结构设计。

- 需求描述
- 数据元素与数据对象设计
- 数据结构组织

（2）数据结构类语言描述。

4．问题求解应用

（1）问题求解中的数据结构设计。

（2）问题求介中的数据结构类语言描述。

（3）问题求解中的算法设计。

（4）问题求解中的算法评价。

（5）编程及程序运行。

5．本章内容重点

● 三种基本数据结构。

● 数据结构设计。

习　题　五

选择题

5.1　（　　）是一种嵌套的线性结构。

A．线性表　　　　B．栈　　　　　　C．数组　　　　　　D．队列

5.2　二元树是一种（　　）。

A．标准的树　　　B．m元树（$m>2$）　　C．m元树（$m=2$）　　D．m元树（$m<2$）

问答题

5.3　请介绍四种线性结构的定义及它们间的不同特色。

5.4　什么叫树的遍历？请解释并用一例子以说明。

5.5　数据结构作为一种数据组织请解释之。

5.6　请介绍数据结构设计的过程。

应用题

5.7　请建立下面所示的线性表：

L(水泥,钢筋,黄沙,砖头,瓦片)

并回答：

（1）表中是否有黄沙？

（2）砖头在表中的位置？

5.8　请建立图 5-19（a）所示的栈，并请改造成为图 5-19（b）所示的栈。

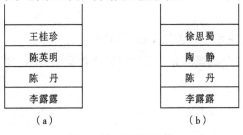

（a）　　　　　　　　　　　　（b）

图 5-19　习题 5.8 栈

5.9　请建立图 5-20（a）所示的队列，并将其改造成图 5-20（b）所示的队列。

1	2	3	4

（a）

4	5	6	7	8	9

（b）

图 5-20　习题 5.9 队列

5.10　试建立一个课程清单的一维数组：A（离散数学，程序设计，计算机组成原理，数据结构，操作系统，数据库，软件工程，编译原理），然后进行修改，将编译原理修改成计算机网络。

5.11　试建立一个图 5-9 所示的树，并给出：

（1）理学院所属的系？

（2）外语系属哪个学院？

5.12　试建立一个图 5-15 所示的图并进行修改：

（1）增加 P_3 调用 P_2。

（2）删去 P_1 调用 P_2。

思考题

5.13　为什么在计算机应用中数据结构给出了研究对象的计算机中抽象表示？请说明理由。

5.14　试说明数据结构与算法间的关系。

实验二　数据结构

一、实验目的

掌握三种基本数据结构的应用。

二、实验内容

2-1　设有三种表，分别如表 5-2～表 5-4 所示。

表5-2　学生名单

学　号	学生姓名	系　别	年　龄
12104	王强	计算机	20
12105	徐文娟	计算机应用	20
12106	李幼平	计算机应用	21
12107	陈刚	计算机	23
12108	褚卫平	计算机	24
12109	沈英	计算机	19
12110	周海杰	计算机应用	21
12111	孔繁星	计算机应用	23

表5-3　课程清单

课程号	课程名	预修课号
C101	高等数学	
C102	C程序设计	C101
C103	操作系统	C103
C104	数据结构	C101

表5-4　学生修课表

学　号	课程号	分　数
12104	C101	80
12104	C102	90

续表

学 号	课 程 号	分 数
12105	C101	100
12105	C103	84
12105	C104	73
12106	C101	85
12107	C101	75
12107	C102	74
12107	C103	80
12107	C104	90
12108	C102	95
12108	C104	85
12109	C101	82
12109	C104	75
12109	C102	70
12110	C101	72
12110	C102	72
12110	C103	82
12110	C104	80
12111	C101	85
12111	C103	75
12111	C104	75

请查找：

（1）学生为 12109 所修读的课程名。

（2）修读课程名为操作系统的所有学生姓名。

（3）年龄为 23 岁的所有学生姓名。

（4）学生徐文娟的系别和年龄。

（5）学生王强修读课程的平均成绩。

请构作此题的数据结构设计用类 C 描述及 5 个查找的算法也用类 C 描述，最后并用 C 编程计算实现，求得结果。

2-2 有一四世同堂家属树，如图 5-21 所示。

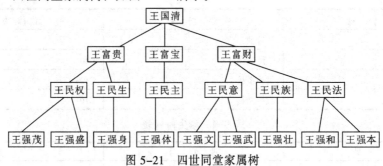

图 5-21 四世同堂家属树

请查找：

（1）王民族的父亲。

（2）王富贵的儿子。

（3）王富宝的子孙。

（4）王强壮的所有祖先。

请构建此题的数据结构设计用类 C 描述以及 4 个查找算法也用类 C 描述，最后用 C 编程计算实现并求得结果。

2-3　对例 5-25 两个解法（包括数据结构及算法）用 C 编程计算实现并求得结果。

第三篇

计算机软件系统

计算机软件系统是计算机软件中的实体部分，也是计算机软件中的核心内容，可简称软件系统或系统。

计算机软件系统一般可分为传统计算机软件系统（简称软件系统）与网络计算机软件系统（简称网络软件系统或网络软件）两部分。其中，每部分又可分为系统软件、支撑软件与应用软件三部分；而在系统软件中又可分为操作系统、程序设计语言及其处理系统以及数据库系统三部分。这样，整个计算机软件系统可以由下图所示的 4 个层次结构所组成。

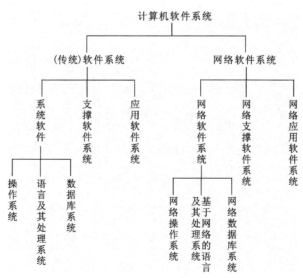

本篇共有五章，分别是：

第 6 章操作系统——系统软件之一，介绍传统操作系统的内容。

第 7 章程序设计语言及语言处理系统——系统软件之二，介绍程序、程序设计等基本概念以及程序设计语言、语言处理系统的基本内容。

第 8 章数据库系统——系统软件之三，介绍数据库系统的基本概念及其管理软件——数据库管理系统，此外，还将介绍数据库的标准语言 SQL。

第 9 章支撑软件及应用软件系统，介绍支撑软件中的工具软件、接口软件及中间件。同时也将介绍直接面向应用的应用软件及典型的应用软件系统。

第 10 章计算机网络软件与互联网软件，它是传统软件在网络上的扩充，主要介绍网络系统软件（包括网络操作系统、基于网络的语言及其处理系统、网络数据库系统）、网络支撑软件以及网络应用软件等内容。

第6章 操作系统——系统软件之一

操作系统 OS（Operation System）是一种系统软件，它是整个计算机系统的总接口，在本章中主要介绍操作系统作用、功能及结构，同时也将介绍常用的几种操作系统产品。

6.1 操作系统作用

我们知道，计算机系统是由硬件、软件及网络 3 个部分组成，此外，还包括使用系统的用户，这几个部分构成了统一的整体。那么，在系统中是如何将它们有机组合成一起的呢？这就是操作系统。操作系统建立了这几者的总接口，打通了整个系统的"任督两脉"，使系统能在操作系统的协调下，正常有效的运行。

操作系统的接口作用主要表现为：

1. 软件与硬件间的接口

软件与硬件间的接口是操作系统的主要接口。我们知道，仅有硬件的计算机称为"裸机"，裸机是无法正常使用的，同样，软件就像长在皮上的毛一样，如果没有硬件这张"皮"，软件就成了无所依附的"毛"了。因此，正常运行的计算机必须是软、硬件相结合的，而在其中起软、硬件黏合作用的就是操作系统。

2. 计算机与数据通信间的接口

计算机硬件与软件组成了计算机，它与数据通信相结合后就组成了网络，它们之间也需要有接口，这种接口也由操作系统负责承担。具有这种接口的操作系统称为网络操作系统。

3. 硬件与硬件间的接口

硬件与硬件间的接口包括计算机硬件内部各部件器件间的接口，如 CPU 与设备控制器间的接口、设备控制器间的接口等，它们很多都通过操作系统接口。

4. 计算机系统与用户间接口

用户使用系统必须有接口，这种接口也由操作系统实现。

5. 计算机基础接口

系统中硬件、软件、网络及用户这四者间的接口都是通过一种更为基础性的接口——中断而实现的。中断是操作系统中所有接口的基础接口。

以上五种接口组成了一种宏观的计算机系统总接口。在这 5 个接口中，硬件与硬件接口、计算机与数据通信间的接口一般由计算机硬件与计算机网络的相关课程做详细介绍。而在操作系统中主要介绍其余三种接口。在本书的第 10 章中将介绍的计算机与数据通信间的接口（即网络操作系统）。而计算机硬件接口将不在本书中介绍。

6.2 操作系统的功能

为完成上述的接口，操作系统必须具有如下四种功能：

（1）从软件观点看——控制程序运行，用来实现软/硬件接口。

（2）从硬件观点看——资源管理，用来协助软/硬件接口实现。

（3）从用户观点看——用户服务，用来实现硬件与用户接口。

（4）从系统观点看——总接口实现，包括中断与宏观总接口。

下面对这几个部分进行简要介绍。

1. 控制程序运行

程序是软件中的产物，它只有运行才能产生结果，从而取得效益，因此，程序的运行是软件发挥效能的关键。像汽车一样，放在车库中长久不用的汽车不过是一堆"废铜烂铁"而已，只有上路行驶，它才能发挥效能。程序也像汽车一样，存放于任一介质中的程序，如果不参与运行，也是一堆废码而已。

那么，程序运行需要什么条件呢？其主要条件是资源的支撑，具体包括程序运行的空间平台——内存资源，程序运行的操作时间平台——CPU 资源，程序运行的数据平台——数据及其空间资源，此外，还有程序运行的输入/输出设备平台——设备资源。一般来讲，程序在不同的运行阶段需要不同数量、不同品种的资源，因此，为了让程序正常运行，计算机需要一个专门的系统不断为程序提供所需资源，这个系统就是操作系统。

在计算机中，如果只有一个程序运行，此时，所有硬件资源都可为此程序服务（称为程序独占资源），在这种情况下，操作系统为程序提供资源的任务就较为简单，但是，在目前计算机系统中往往有多个程序须正常运行（称为程序共享资源），在这种情况下，操作系统的任务就变得复杂多了，它需要协调 n 个资源与 m 个程序间的关系，使 m 个程序都能高效、正常的运行。操作系统的这个功能就称为控制程序运行。

2. 资源管理

接着讨论操作系统的第二项任务。由于控制程序运行必须有资源保证，因此要求操作系统能牢固地控制资源并对其进行严格管理，这就称为资源管理。

操作系统的资源管理任务告诉人们，在计算机系统内所有资源（主要是硬件资源）都由操作系统统一掌握管理，所有对资源的使用与归还均需由操作系统统一调度实施。

那么，操作系统控制哪些资源呢？一般包含如下几种：

（1）CPU：是最重要的资源，且一般只有一个（多核计算机除外），因为只有它才能执行程序。

（2）内存：也是一种重要资源，只有获得内存资源，程序才能在其上执行。

（3）外部设备资源：包括外部存储器、输入设备及输出设备等。

（4）数据资源：包括外存持久性空间及相应数据资源。

操作系统资源管理的任务比较多，它主要包括下面一些内容：

（1）资源的分配与回收。这是资源管理的最重要的内容，主要负责将资源及时分配给进程，同时在进程使用完资源后及时回收资源。

为使资源的分配更为合理，可设计一些资源调度的算法，如 CPU 的调度算法、打印机的分配算法等。

（2）提高资源使用效率。使资源充分发挥作用是操作系统的任务之一，如采用虚拟存储器扩大主存容量、采用假脱机以提高输入/输出设备的效率等。

（3）为使用资源的用户提供方便。通常资源本身与用户需求有一定差异，因此需要对资源作一定的转换与包装以满足用户的需要，如打印输入是以页为单位的，而打印机指令则以行为单位输出，此时需要安装打印机服务程序以组织打印机指令以页为单位输出。

操作系统的软、硬件接口的作用就是通过资源管理及控制程序运行这两个功能实现的。

3．用户服务

操作系统不但有管理作用，还须有服务作用。操作系统所提供的服务是整个计算机系统，而它的服务对象是用户，这种用户不仅包括直接使用操作系统的操作人员，还包括使用操作系统的程序。计算机系统不但面对众多程序，还直接面对操作用户，为方便用户使用系统是操作系统的又一任务。主要包括如下两个方面：

（1）友好的界面：为用户使用系统提供方便、友好的界面。

（2）服务功能：为用户使用系统提供多种服务。如为用户使用文件服务、为用户使用打印机服务、为用户上网服务以及为用户作磁盘分区和清理服务等。

这两个方面即是操作系统用户服务功能的具体体现。

操作系统中与用户的接口即是通过此项功能实现的。

4．基础接口——中断

操作系统作为计算机系统的总接口，最终都是通过中断这个基础性的接口而实现的。中断由硬件与软件联合组成，其软件部分属操作系统。它是软、硬件的基本连结通道，也是硬件与用户的基本连结通道以及硬件与数据通信及硬件间的基本连结通道。

6.3 操作系统的结构

操作系统是一种软件，这种软件有一定的结构，目前一般的操作系统采用分层内核式结构，其具体构造如下：

（1）操作系统由内核（kernel）与外壳（shell）两部分组成，其中内核完成操作系统的基本核心功能，而其他功能由外壳完成。

（2）内核是操作系统的底层，它下面是硬件接口，而外壳则是操作系统的上层，它上面是用户接口。

| 用户 |
| 操作系统外壳层 |
| 操作系统内核层 |
| 硬件层 |

这种分层内核式结构可用图 6-1 表示。

图 6-1　操作系统分层内核式结构图

在分层内核式结构中，用户通过外壳与内核交互，再由内核驱动硬件执行相关操作，在其中内核无疑是操作系统中最重要的部分，操作系统的大部分功能，即控制程序运行及资源管理工作均由内核完成。为保证任务的完成，硬件为内核设有专门装置，这就是特权指令与中断装置。其中特权指令是一些指令它仅供内核操作使用，而中断则是内核与硬件、内核与软件间联系通道。此外，在计算机运行时分两种状态，一种称为管理状态（简称管态或核态），另一种称为用户状态（简称目标状态或目态）。所谓管态，是指操作系统内核运行时所在的状态，在此时所运行的程序享有包括使用特权指令、处理中断在内的一些权力，而目态则是用户使用（即非内核运行）时的状态，它不享有任何特权。

6.4 操作系统的安装

操作系统的安装一般是由计算机软件、硬件联合完成的。以 PC 为例，在 PC 的主板上有 BIOS 装置（它装有装入程序及 CMOS 程序）。在接通 PC 电源后，由硬件首先启动 BIOS 中的 POST 自检程序，在测试合格后，即启动 BIOS 中的操作系统的装入程序。操作系统是一种大型的系统软件，它的容量大，一般存储于硬盘内。在操作系统装入程序启动后，其装入过程如下：

（1）装入程序根据 CMOS 中参数的设置，从相应的存储器（或硬盘、CD-ROM 等）中读出操作系统的引导程序至内存相应区域，然后将控制权转移给引导程序。

（2）引导程序引导操作系统安装，将操作系统的常驻部分读入内存，而非常驻部分则仍存储在硬盘内，在必要时再进行调入。目前大多数操作系统采用此种方法，它们均以磁盘为其基地，这种操作系统称为磁盘操作系统。

（3）在常驻部分进入内存后，引导程序将控制权转移至操作系统，此后，整个计算机就控制在操作系统之下，这时，用户就可以使用操作系统了。

6.5 进 程 管 理

从本节开始将介绍操作系统的几个主要功能，本节主要介绍操作系统"控制程序运行"的功能。在操作系统中，控制程序运行的任务是由进程管理来实现的。

1．进程

前面已经介绍过，程序是"死"的，它并不能产生任何结果，而编程的目的是执行程序获取结果，因此需要对程序的概念做进一步深化，为此需要引入一个新的概念——进程（process）。**进程即是程序的动态执行。**操作系统的主要任务之一就是控制进程以实现程序动态运行，而这种工作就称为进程管理。

那么，程序动态运行必须有哪些必备条件呢？那就是需要资源（resource）。其中主要的是 CPU 与内存两种资源，因为它们是程序运行最基本的时间与空间的物质保证。而进程管理则是一种协调机构，它协调程序与资源间的关系，以保证多个程序在计算机中高效、合理的运行。

特别是在目前的计算机中，一台计算机往往可以"同时"运行多个程序，称为多任务（multi-task）计算机。在此类计算机中，程序动态执行变得更为复杂，进程管理的任务是协调 m 个程序与 n 个资源的关系，以保证多个程序的运行，称为进程调度。

2．进程状态与状态转换

进程是动态的，处于不断活动之中，它的活动是有规律的，其活动变化与资源有关。进程活动需要有资源支持，进程因资源因素可分为如下三种状态：

（1）运行状态：当进程的所有资源特别是 CPU 满足时，进程中的程序即可运行，此时进程处于运行状态。

（2）等待状态：当进程缺少资源而无法运行时，它等待资源（不包括 CPU），此时称进程处于等待状态。

（3）就绪状态：在进程的所有资源中，最重要与最稀缺的资源是 CPU，每个进程运行都必须有 CPU 这个资源，因此，在进程状态中专门设置一个就绪状态，表示该进程除 CPU 资源之外，其他资源均已具备，一旦获得 CPU 即能进入运行状态。

进程的活动是一种状态转换的过程，其转换是有规律的，具体如下：

（1）进程一开始处于就绪状态。

（2）就绪进程一旦获得 CPU 立即进入运行状态。

（3）运行进程在失去 CPU 后即转入就绪状态，进程再次等待 CPU。

（4）运行进程因申请资源，转入等待状态。

（5）等待的进程在获得资源后处于就绪状态，此时它仅等待唯一的必需资源 CPU。

进程状态转换规则如图 6-2 所示。

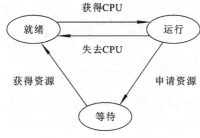

图 6-2　进程状态转换图

3．进程调度

进程调度的主要工作是控制进程的状态转换，其具体方法是：

（1）建立若干个等待队列。

首先是 CPU 等待队列，即就绪队列，是指所有仅等待 CPU 的进程在此队列排队等待。

其次是其他资源的等待队列，每个资源设置一个队列，如打印机等待队列、内存等待队列等，凡等待该队列资源的进程在此队列排队等待。

（2）当某资源被运行进程释放后（包括 CPU），此时启动进程调度程序，它从相应队列中按一定的调度算法选取一个进程，改变它的状态（由等待进入就绪），在队列中重新排队，如果原释放的资源为 CPU，则从就绪队列中按一定算法选取一个进程进入运行状态。

（3）当运行进程申请新的资源后，该进程自身的状态也就发生变化，从运行状态变成为等待状态，从而进入相应队列排队等待。

（4）当运行进程失去 CPU 后，它自身就由运行状态变为就绪状态。

（5）不断重复排队与调度的过程，从而实现进程状态的不断转换，使进程处于不断的活动之中。

图 6-3 为进程调度示意图。

4．进程描述

每个进程必须有一组数据用来对它做静态刻画，这组数据称为进程控制块 PCB（Process Control Block），PCB 一般有如下一些数据：

（1）进程标识符：是一组符号，用于唯一表示该进程。

（2）进程控制信息：包括进程所处状态、进程的优先级别、进程的程序和数据的地址信息等。

（3）进程使用资源信息：包括进程使用内存、I/O 设备及文件等信息。

（4）CPU 现场信息：进程在退出 CPU 时必须保留现场寄存器的内容，以便重新使用 CPU

时恢复现场继续运行。CPU 现场信息包括专用寄存器及通用寄存器等内容，以及当时程序的断点地址。

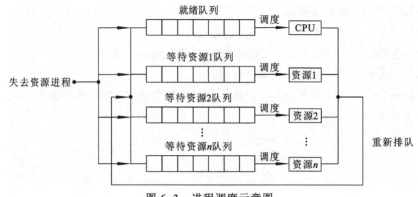

图 6-3 进程调度示意图

每个进程都有 PCB，它是进程的代表，非常重要，操作系统就是根据 PCB 管理与调度进程。

5. 进程控制

前面介绍了进程活动的一些原理，接下来将介绍如何实现它，这就是进程控制。为具体实现进程活动，操作系统提供了一些基本操作命令，称为原语。这些原语大致有四种，分别是：

（1）创建进程原语：用于生成一个新进程，并给予初始资源，在生成时同时给出一个 PCB 并给出其初始数据。新进程一旦建立即可进入就绪队列排队。

（2）撤销进程原语：当进程执行完毕，或进程因内外部的意外而中止时，可实施进程的撤销，此时操作系统收回分配给进程的资源，取消 PCB，最终取消进程在队列中的排队。

（3）等待进程原语：处在运行状态的进程在发生对某资源需求时，该进程主动调用等待进程原语，将它从运行状态转入等待状态，保护现场，并进入某队列等待。

（4）唤醒进程原语：处在等待状态中的进程一旦获得了相应的资源，即可用此原语将其激活，并进入就绪队列排队。

操作系统的进程控制部分一般就用这四种原语以及 PCB 控制进程活动，协调进程与资源之间的关系，使多个进程在计算机内能有条不紊的工作。

6.6 资源管理

资源管理是操作系统的另一个重要内容，资源管理中的资源包括 CPU、内存、外围设备及文件四类，其管理内容是资源调度、提高资源使用效率以及为用户提供方便。

下面分别进行介绍。

6.6.1 CPU 管理

CPU 管理的内容主要就是 CPU 调度，即 CPU 资源按一定算法分配，一般有：

（1）先来先服务算法：即按进程排队先后次序顺序调度，进程一旦占有 CPU 后，直至结束或发生新的等待后才释放 CPU。

（2）时间片轮转法：即将 CPU 划分为若干个相等的时间片段，按排队顺序，依次分配给每个进程，待时间片一到即释放该进程，并将 CPU 分配给下一顺序的进程。这种方法既方便又实用，被大多数操作系统采用，采用此种方法的操作系统称为分时操作系统。

（3）优先权法：时间片轮转法固然很好，但是它过于"平均主义"，并不考虑不同进程的不同需求，因此需要适当改进，即对不同进程设置不同优先权，而调度的时间片按不同优先权而不同，这种方法称为优先权法。

6.6.2　存储管理

存储管理主要用于对内存的管理，它的主要内容包括内存分配与回收、地址重定位及虚拟存储器三部分。

1. 内存分配与回收

进程在执行时必须有一定的内存空间供程序运行，因此内存分配与回收是资源管理中的一个重要问题。

内存空间一般可划分为两个区域，一个是系统工作区，用于存放操作系统；另一个是用户区，用于存放用户进程。每个进程均有其独立的内存空间，一般在创建进程时申请，还可在进程执行过程中继续申请（有专门原语用于申请内存资源），而在进程结束时归还。目前，内存分配方式有两种，一种是固定分配方式，即不管进程实际需求，统一分配一个固定大小的内存区域；另一种动态分配方式，即按进程实际需要分配，每个进程所分配的内存区域是动态可变的。

2. 地址重定位

进程中的程序与数据在编程时需要有内存地址，但是进程运行时的实际地址必须在进程创建后才能确定，这里存在一定矛盾。为解决此问题，进程中程序与数据在编程时预先设定一个相对的逻辑地址，它们按逻辑地址编程，而在进程获得实际的物理地址后，再将逻辑地址转换成物理地址，而这个过程就称为地址重定位。

3. 虚拟存储器管理与虚拟存储技术

存储管理的一个重要内容是虚拟存储器（virtual memory）管理，它对有效解决紧缺的内存资源起到了很大作用。实际上，虚拟存储器管理是一种完整的技术称虚拟存储技术，它在软硬件的联合支撑下完成内存空间的扩充。所谓虚拟存储技术，是指在用户编制程序时，在逻辑上设定一个存储空间，称为虚拟空间（virtual space），该空间地址由 0 开始顺序排列，组成了一组虚拟地址，并构成一个虚拟存储器。在虚拟存储器中并不考虑实际物理存储器的大小，它的使用空间可远远大于实际的物理存储器。操作系统直接管理虚拟存储器，在管理中，首先需要在硬盘中设置一个相对应的虚拟拷贝区，用于存放虚拟存储器中的数据。而当进程运行时并不将其全部数据装入内存，仅装入其中部分，另一部分则暂留于硬盘拷贝区中。在运行过程中当 CPU 访问的地址不在内存时，操作系统将相应程序从硬盘调入内存，同时选取暂不使用的从内存调出硬盘。此后即可继续执行程序。

目前，虚拟存储器实现的方法有三种：

（1）页式存储：即将整个存储空间（包括内存的物理空间与虚拟空间）划分成大小相等的若干个块，这些块称为页面（pageframe）。页面内地址编号连续，页面是操作系统分配的基本单位，也是虚拟存储技术调度的基本单位。在此方式下，存储空间按（页号，页内地址）方式编号。在页式存储方式中，进程运行前，操作系统首先分配若干物理页面，在运行时先调入部分虚拟页面至内存物理页面，当运行时发现 CPU 访问不在物理页面中的数据时，操作系统紧急调入相应的虚拟页面至物理页面，同时将不常用的物理页面调出至硬盘，此后进程可继续执行。

（2）段式存储：即操作系统以可变大小的区域段为单位作为分配及调度的基本单元，在段内地址是连续的，在此方式中存储空间按（段号，段内地址）方式编号。

（3）段页式存储：是一种页式与段式相结合的存储方式，在此方式中虚拟空间按（段号，页号，页内地址）编号。

6.6.3　设备管理

设备管理主要用于对外围设备（包括输入/输出设备及外存设备）的管理，主要包括设备调度、提高设备传输速度及方便用户使用三方面内容。其中方便用户使用将统一在 6.7 节中介绍。

1．设备调度

进程需要设备资源时通过专门原语向操作系统提出设备资源请求，此后该进程进入该资源等待行列排队，操作系统根据一定的设备调度算法，从该资源等待行列中选取一个进程并将资源分配该进程，此后该进程即进入就绪行列。一旦获得 CPU，即用设备进行输入/输出，并在完成数据输入/输出后归还资源。

2．缓冲技术

缓冲技术是提高设备传输速度的一种技术。我们知道，在速度上，快速 CPU 与慢速设备之间存在着严重的不协调性，为缓解此矛盾可以采用缓冲技术。所谓缓冲技术，是指在 CPU 与设备间设立一个内存区域作为缓冲区。凡从 CPU 至输出设备的数据，并不直接进入设备，而是先进入缓冲区，称为收容输出操作；同时另外有一个提取输出操作，它将缓冲区的数据传送至输出设备。这是两个不同的操作，可由不同进程完成，以实现操作的并行。当一个输出进程在执行完收容输出操作后，即可认为已完成了输出，以后它即可组织另一个输出，而提取输出操作则是另一个进程，它统一组织缓冲区与设备间的物理输出，可与输出进程并行工作，从而提高了传输效率。同样，对从输入设备到 CPU 的数据也可采用类似的方法。

另一种提高设备传输速度的方法称为假脱机方法，也称 Spooling 技术。其思想与缓冲技术一样，不同的是所选用的缓冲区并不使用内存区域，而使用硬盘区域，这主要是内存区域资源稀缺并不适合多个设备大规模的数据交换，因此用硬盘区域取代内存无疑是较为合适的方法。

3．设备控制技术

设备控制技术是提供输入/输出的一种技术。我们知道，在计算机硬件中有设备控制器，该控制器主要完成 CPU 与外围设备在数据传输中的接口，而这种接口的实现是由设备控制器硬件及设备控制器软件两者联合完成的，而设备控制器软件部分即由设备管理负责实现。

6.6.4　文件管理

文件管理是操作系统中的一种资源管理，同时它还是一种数据组织，下面从这两个不同角度介绍文件管理。

1．作为资源的文件管理

文件管理主要管理外存储器（如磁盘、光盘等）上存储空间资源及数据资源，它是大容量且能做持久存储的一种存储资源。其主要内容是空间资源的合理分配回收及合理组织与合理使用。

1）按名存取

用户使用外存空间及相应数据并不需要了解磁盘盘区的复杂物理结构与数据具体地址，而仅需用逻辑空间上的文件。一个文件占据一定容量的空间及相应数据，用户使用时只须知道文件名就能存取，这就称为按名存取。

文件的按名存取也表示了外存空间以文件为基本资源的分配/回收单位。

2）文件目录

在外存空间上可以组织多个文件，称为文件系统，为方便用户使用文件，设置有文件目录，用户可以通过查找目录而使用文件。

用户按目录使用文件，按名存取文件。

3）文件组成

从用户使用的观点看，为方便使用，文件有两种组织形式：一种称为记录式，另一种称为流式。它们是文件的逻辑结构组织。

（1）记录式文件：文件被组织成一个个的记录，而记录是由多个有关联的数据项组成，文件存取的基本单位是记录，这种记录式文件用于结构型数据存储。

（2）流式文件：文件是一种二进数码或字符的序列，这种文件适用于非结构型数据的存储。

4）文件使用

为使用文件，操作系统提供若干个基本文件操作，它是文件的用户接口，这种操作一般有如下几种：

（1）创建文件：建立一个新的文件，系统为其分配一个存储空间。

（2）删除文件：将文件从文件系统中删除，操作系统收回文件所占用的外存空间。

（3）打开文件：在使用文件前，为读/写文件做准备。

（4）关闭文件：在文件使用完毕，释放该文件使用的所有资源。

（5）读文件：在文件中读取数据，操作系统要为其分配一个内存读缓冲区，将读取数据放至缓冲区。

（6）写文件：将数据写入文件，操作系统要为其分配一个内存写缓冲区，将数据通过缓冲区写入文件。

5）外存空间资源的分配与回取

在操作系统中用户申请外存空间资源是以文件为单位的，它通过"创建文件"申请，文件管理按一定策略分配空间资源，此时，文件目录中增添相应文件名。同样，当用户归还资源时，通过"删除文件"实现，此时文件管理回收空间资源，同时在文件目录中删除相应的文件名。

2．作为数据组织的文件管理

1）文件是一种数据组织

从另一观点看，文件是一种数据组织，称为文件系统。它是一种海量、私有的及持久的数据组织，根据这些特性，我们可以对文件面貌做大致规划：

（1）文件是必须管理的——由文件海量性决定，管理文件的软件称为文件管理系统。

（2）文件有数据模型，这种模型结构简单，要求低——由其私有性决定。

（3）文件的物理基础是大型、海量、持久性的存储设备（如磁盘、光盘、磁带等）——由其持久性及海量性决定。

2）文件模型

文件作为数据组织是有模型的，其模型是简单的。

（1）文件模式。

记录（record）是文件中的基本数据单位，它是一种元组结构，组成了文件组织中的数据元素。

文件（file）是记录的集合，它组成了文件组织中的数据对象。

文件中记录间无任何关联，因此其数据对象上的数据结构为空结构，故文件可视为具有空结构的数据单元。

（2）文件操纵。文件模型中的数据操纵共有六种操作，分别是：创建文件、删除文件、打开文件、关闭文件、读文件、写文件。

相关内容在"文件使用"中已有阐述，这里不再介绍。

（3）数据约束。文件模型中的数据约束也较为简单，一般有简单的安全约束。

3）文件管理系统

文件组织是通过文件管理系统实现的。文件管理系统按文件模型要求用文件形式组织数据，通过 6 个操作以使用数据。

4）文件的使用方式

在文件使用中有两个接口，其中一个是由操作系统提供的人机交互接口，通过该接口用户（操作人员）可以直接使用文件，另一个接口则是通过操作系统的系统调用后再经程序设计语言的包装以语句或函数等形式供应用程序书写使用，如在 C 语言中文件操作即以函数形式提供用户使用。

6.7　用户服务

操作系统的用户服务包括如下两个方面。

1．用户接口

操作系统的用户接口是有效发挥操作系统能力、扩展操作系统支撑范围以及方便用户使用的重要手段。常用的用户接口有三种，分别是联机命令、可视化图形界面及系统调用。下面分别介绍。

1）联机命令

联机命令是传统操作员用户使用的接口方式，主要用于文件操作、磁盘操作及系统访问中。联机命令的一般形式为：

命令名：参数 1，参数 2，…，参数 n，结束符

在使用时，操作员在联机终端打入命令，此时，操作系统终端处理程序接受命令并将它显示在终端与屏幕上，然后将其转送给命令解释程序，该程序对命令分析后，转至相应命令处理程序，执行该命令。

2）可视化图形界面

可视化图形界面以图形化接口为主要特征，以完成人机交互为主要目标。它是目前操作员

与操作系统交互的主要手段。

在可视化图形界面中，有背景与图形元素等几个部分：

(1) 背景：可视化图形界面的背景主要是桌面，它是系统的工作区域。

(2) 图标：是一种标识，用于表示文件、程序等，图标用图形元素表示。

(3) 窗口：是操作员与操作系统交互的主要区域，窗口可有很多图形元素，如按钮、滚动条等。

(4) 菜单：主要用于用户输入，是联机命令的一种简易表示方式。

(5) 对话框：是一种人机交互的临时窗口。

可视化图形界面的操作工具是鼠标，采用的是事件驱动方式，当用户单击时，系统即产生一个事件，并进入就绪队列排队，一旦进入运行状态，即能接受窗口输入，最后将结果从窗口输出。

3) 系统调用

系统调用即是程序作为一种用户直接调用操作系统的一种方式。目前常用的调用方式是采用函数调用的方法。

通常情况下，系统可以调用操作系统内核中的程序，如进程控制、文件操作、磁盘操作等。此外，也可调用操作系统外壳中的程序。

2. 服务功能

为方便用户，在操作系统中有很多服务性程序供用户使用，它们往往因系统不同而大不一样。目前，这种服务功能以微软的 Windows 操作系统最为丰富。

6.8 基础接口——中断管理

操作系统通过中断管理实现了硬件、软件、网络与用户间的基础接口任务。

1. 概述

中断管理是操作系统的一个部分，它肩负着实现总接口的基础性任务。

在计算机硬件的 CPU 中有一个中断装置，在 CPU 正常执行程序过程中，外部（包括硬件、软件、网络及用户）与内部（CPU 自身）经常会出现一些非预期的异常现象，可统称为事件，如 I/O 请求、硬件故障、软件出错及用户请求等。这些事件的发生都会要求 CPU 停止当前正常执行的程序转而去处理这些事件，这就称为中断（interrupt），而实现中断的硬件装置称为中断装置。处理中断事件则由软件完成，称为中断管理。实际上，整个中断任务是由软件（中断管理）与硬件（中断装置）联合完成的。亦即是说，由中断装置（硬件）完成中断的产生与返回，由中断管理完成中断的处理。

在计算机中，中断的作用非常重要。如果将 CPU 比做计算机系统中的大脑，那么中断就是计算机系统中的耳目，它起着与外部沟通的作用，外部的任何变化都通过事件以中断形式反映给 CPU，以便 CPU 及时处理。有了中断后，CPU 就更加"耳聪目明"，能及时掌握与处理外部变化。

2. 中断的作用

具体而言，中断在计算机系统中起到了基础性接口的作用，中断具体有如下一些功能：

(1) 计算机硬件故障的反映与处理。

（2）高速 CPU 与低速 I/O 设备间的协同与处理。

（3）人机交互的处理。

（4）进程调度中 CPU 切换的处理。

（5）存储管理中虚拟存储的处理。

（6）设备控制处理。

（7）编程错误及处理。

（8）进程申请与归还资源处理。

（9）程序中由用户设置的中断。

（10）CPU 与数据通信间的数据传递。

3. 中断类型

根据发生机制，中断分为硬中断与软中断两大类，而硬中断又分外部中断和内部中断两种，下面分别介绍。

（1）内部中断。内部中断指的是 CPU 与内存所产生的中断，又称自陷（trap），包括 CPU 及内存的故障中断、溢出中断，虚存中的缺页中断等。

（2）外部中断。外部中断指的是内部中断之外的硬中断，包括 I/O 设备的中断、数据通信网络中断、外部用户中断等。

（3）软中断。程序运行时及人工设置的中断，包括程序正常退出，设置时间或读时间及设置调试等中断。

4. 中断处理过程

整个中断处理由 4 个环节组成，分别是：

（1）中断请求。当在计算机系统中发生事件时，由计算机硬件产生一个中断请求信号发送给 CPU，CPU 在每个指令结束时检查是否有中断请求信号，如有，则停止程序执行并转入中断响应环节。

（2）中断响应。CPU 给中断信号源发送应答信息，此时信号源将中断分类号（即中断性质）通过总线送至 CPU，此后，即进入中断响应期，由 CPU 完成相关操作，即保存原执行程序断点及相应寄存器，取中断处理程序入口点等一系列操作，而后转向中断处理程序。

（3）中断处理程序。中断处理是一系列的程序，它按不同分类号设置，用以处理不同性质的中断。当中断处理结束后转向中断返回。

（4）中断返回。中断返回是中断处理最后一个环节。在此环节中 CPU 恢复被中断的程序的现场（包括程序断点及寄存器），继续执行原程序，或通过进程调度执行新的程序。

在中断处理 4 个环节中，（1）、（2）及（4）由 CPU 中的中断装置完成，而（3）由中断管理完成。图 6-4 给出了中断处理的整个流程。

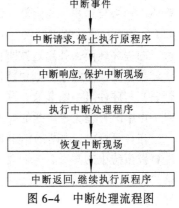

图 6-4 中断处理流程图

6.9　计算机系统总接口

整个计算机系统从宏观看是一个整体。系统内的各个部分通过操作系统将其关联成一体，因而操作系统成为计算机系统的总接口与总调度。它将计算机系统中的硬件、软件连接成一起，更扩充之，它也将网络与用户连接成一起，构成一个人与机、计算机与网络、软件与硬件的统一整体。图 6-5 给出了这四者间的接口关系。该图也可作为操作系统这一章的总结。

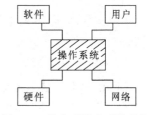

图 6-5　操作系统宏观结构图

6.10　常用操作系统

世界上有很多操作系统，但目前常用的有三种，分别是 Windows、UNIX 及 Linux，下面简单介绍。

1. Windows 操作系统

Windows 操作系统是美国微软公司从 1983 年起推出的一个系列的视窗操作系统产品，目前流行的是 Windows XP 以及 Windows 7 等。下面重点介绍以 Windows XP 为代表的 Windows 产品。

Windows 是一种建立在 32 位微机上的操作系统，由于微机的广泛流行而使它成为使用最广的操作系统，同时，它优越的特色也是流行的另一个原因。

（1）Windows 的友好用户接口与多种服务功能是它的特色，其可视化图形界面功能更是引领操作系统的潮流。

（2）以 Windows 为核心，微软公司还开发出一系列相应配套的产品，如 Office、VB、VC、VC++、IE、Outlook 以及 SQL Server 数据库产品等。

（3）微软公司致力于 Windows 版本的更新换代，以不断满足社会的发展与用户的需要。到目前为止，已更换超过 20 个版本。

（4）为适应网络发展的需要，微软公司还推出了 C#以及建立在 Windows 上的 .NET，为配合 Web 应用还推出了开发工具 ASP 及 VBScript 等。

（5）Windows 还是一个集个人（家用）、商用于一体的多功能操作系统，同时还有 Windows CE 可作为嵌入式操作系统。

（6）近年来，微软致力于在智能手机应用领域的开拓，推出了 Windows V8.0，它不但能用于个人计算机及平板式计算机（俗称平板电脑），还可用于智能手机中。

2. UNIX 操作系统

1969 年，UNIX 操作系统诞生于美国贝尔实验室，最初以其简洁与易于移植而著称，经过多年的发展已成为具有多个变种与克隆的产品，其使用范围已遍及各机型及各类应用，成为目前最流行的操作系统之一，特别是在大、中、小型机上具有绝对优势地位。UNIX 有很多明显特色，其主要是：

（1）UNIX 是一种跨越微机、小型机到大型机的全方位能力的操作系统，特别是在大型及小型机中有绝对使用权威性。

（2）UNIX 具有多个公司生产的多个变种及克隆产品，如 Sun 公司中的 Sun Solaris、IBM 公司中的 Aix 型以及 HP 公司中的 UX 产品等。

（3）UNIX 的历史悠久，使用广泛，目前操作系统产品的基础框架及基本技术都来源于它。

3. Linux 操作系统

Linux 是芬兰赫尔辛大学的学生 Linus Torvalds 于 1991 年首次创作的一种操作系统。最初他参考了荷兰教授编写的类 UNIX 的教学与实验用的操作系统 Minix 的内核部分，在此基础上按照 UNIX 模式进行设计与开发了 Linux。因此，Linux 也称类 UNIX 操作系统。

Linux 的特色比较明显，其主要是：

（1）Linux 是一种自由软件，它一直是免费的且源代码公开，因此吸引众多人们共同参加开发。目前，Linux 已成为一个多种版本且可共享源代码的自由软件。

（2）Linux 可以支持所有 UNIX 的应用程序，能与 UNIX 共享多种软件资源。

（3）Linux 还是一个提供完整网络集成的操作系统，它可以与多个网络协议及网络软件集成，因此是一个代表性的网络操作系统。

近年来，由于苹果公司的崛起以及平板式计算机、嵌入式系统的迅速发展，从而出现了新操作系统的流行，主要是 MacOS、iOS 和 Android。下面对它们做简单介绍。

4. MacOS、iOS 以及 Android 操作系统

MacOS 是专门用于苹果公司的操作系统，它诞生于 1984 年，是专为苹果公司的 Macintosh 计算机所配置的操作系统。

随着苹果公司在乔布斯（Jobs）领导下业务蒸蒸日上，使得 MacOS 的影响也日益增强，它已成为目前流行操作系统之一。MacOS 有很多特色，其主要是：

（1）MacOS 首创 GU1 模式，目前所有操作系统的 GU1 都起源与它。

（2）MacOS 具有完整多媒体功能的操作系统，它是多媒体操作系统的代表。

（3）MacOS 中极少有病毒出现。

为适应平板式计算机及嵌入式系统的发展，苹果公司又在 MacOS 基础上开发了 iOS，它们分别安装于 iPad 及 iPhone 中，成为目前极为流行的操作系统。根据 2012 年数据显示，iOS 占据了全球智能手机市场的 30% 以上，美国的 43% 以上。

除了 iOS 以外，在平板式计算机及便携式设备中的操作系统以 Android 一枝独秀，它是一种以 Linux 为基础的开放式源代码操作系统，其中文名称一般翻译成"安卓"，它目前所占据的全球市场也很高。它在我国的影响特别大，占有中国手机市场的 70% 以上。

小　　结

操作系统是计算机系统总接口。

1. 操作系统的接口作用主要表现

（1）硬件与软件接口。

（2）计算机与数据通信间接口。

（3）硬件与硬件间接口。

（4）系统与用户间的接口。

（5）计算机基础接口。

2．接口作用的实现

（1）控制程序运行——实现软/硬件接口。

（2）资源管理——协助实现软/硬件接口。

（3）用户服务——实现系统与用户接口。

（4）中断管理——计算机基础接口。

3．控制程序运行

（1）控制程序运行即进程管理。

（2）进程——程序的动态执行。

（3）通过进程调度实现控制程序运行。

4．资源管理

（1）操作系统掌管系统所有资源。

（2）管理资源是为了协助控制程序运行。

（3）资源管理的任务：

- 资源分配/回收。

- 提高资源使用效率。

- 用户使用资源服务。

（4）四种资源管理：

- CPU 管理——CPU 时间分配管理。

- 存储管理——内存空间管理，它包括内存分配/回收、地址重定位及虚存技术。

- 设备管理——外设管理，它包括设备分配/回收、缓冲技术及设备控制技术。

- 文件管理——外存空间管理，以文件为单位作分配与回收以及为用户使用服务。

此外，文件管理中还包括文件作为数据组织的介绍。

5．用户服务

（1）三种用户服务接口——联机命令、可视化图形界面及系统调用。

（2）多种服务功能。

6．基础接口——中断管理

（1）中断装置是一种硬件机构，它产生中断、中断管理是一些程序，它负责处理程序。

（2）中断实现计算机系统的基础性接口。

7．总接口

以中断为基础，操作系统实现了硬件、软件、网络及用户四者间的总接口。

8．本章内容重点

（1）进程管理。

（2）中断管理。

习　题　六

问答题

6.1　为什么说操作系统是计算机系统的总接口？请说明理由。

6.2　内核结构的基本特征是什么？请说明。

6.3　什么叫进程？它与程序是什么关系？请说明。

6.4　如何通过进程调度以实现控制程序运行？请说明。

6.5　操作系统中的资源包括哪些内容？请说明。

6.6　操作系统中的资源管理起什么作用？请说明。

6.7　为什么内容地址须重定位？请说明理由。

6.8　CPU 管理的主要任务是什么？请说明。

6.9　请介绍虚拟存储器，并说明它的作用。

6.10　设备管理基本任务是什么？请说明。

6.11　请说明文件管理的任务。

6.12　文件作为数据组织的基本面貌是什么？请介绍。

6.13　请简单介绍文件模型。

6.14　在计算机中中断主要起什么作用？请介绍。

6.15　请简单介绍中断处理的过程。

6.16　操作系统是一种系统软件，请说明其理由。

思考题

6.17　任何一个计算机必须配备操作系统才能正常运行，请说明其理由。反之，不配备有操作系统的计算机能正常运行吗？也请说明其理由。

第7章 程序设计语言及语言处理系统——系统软件之二

本章主要介绍程序设计语言及其处理系统，它是一种系统软件。在本章介绍中主要涉及程序、程序设计等几个概念，以及程序设计语言及语言处理系统等几个内容。

7.1 程序与程序设计语言

程序是为完成某个计算任务而指挥计算机（硬件）工作的动作与步骤。计算机（硬件）是听从人指挥的，而程序是由人编写的。因此，人通过程序指挥计算机（硬件）工作。编写程序的过程称为程序设计。程序中的描述动作与步骤是由指令（或语句）实现的，因此，程序是一个指令（或语句）序列。一般来讲，计算机（硬件）中有一个指令（或语句）集合，程序可以用指令（或语句）集合中的指令（或语句）按一定规则编写，指令与相应规则集合组成了程序设计语言（programing language）。

程序设计语言是人与计算机交互的语言，人为了委托计算机完成某个计算任务时必须用程序设计语言做程序设计，最后以程序形式提交给计算机（硬件）。计算机（硬件）按程序要求完成任务。在其中，程序起关关键的作用，它相当于一份下达给计算机（硬件）的任务说明书。

在程序设计语言的讨论中有若干困难问题必须解决，它们是：

（1）计算机硬件所能理解的是机器指令与机器语言，它能执行的是由机器语言所书写的程序。但是，人类对这种程序极其陌生，编写难度大，因为它们都用二进制代码编写且指令数量繁多（一般至少在数百条以上），同时又因机而异（即不同机器类型有不同指令系统）。为解决此问题，需要对机器语言进行改造。因为程序是由人编写的，因此需要有一种人类能方便掌握、词汇量少、语法简单的语言。

（2）要使改造后的语言能为计算机所理解与执行，就需要语言的翻译，即将改造后的语言翻译成机器语言。而这个翻译过程称为语言处理（language processing）。语言处理本身是一种软件，可称为语言处理系统（language processing system）。

（3）讨论这种程序设计语言自身的问题，它包括语言应包含哪些组成成分。

（4）在讨论了语言后，如何编写程序（即程序设计），还需要进行探讨。

上述 4 个问题是以程序为中心所必须解决的几个技术问题。下面我们分别介绍。

7.2 程序设计语言介绍

世界上已有程序设计语言达数百种之多，它们由低级向高级发展，迄今为止，它可以分为 2 个层次，3 个大类。这 2 个层次是低级语言与高级语言，而低级语言分为机器语言（machine language）与汇编语言（assembly language），这样共有 3 个大类。

7.2.1 低级语言

低级语言是一种面向机器的语言，它包括机器语言与汇编语言。

1. 机器语言

机器语言是由计算机指令系统所组成的语言，它位于语言体系中的最低层，用它编写的程序能在计算机上直接执行，执行速度快，但是它也存在着致命的缺点，即用户编写程序的难度大以及可移植性差，因此必须对它进行改造。改造可以分为若干个层次，其首要是改造成汇编语言，接着是高级语言。

下面的图 7-1 给出了一个用机器语言编写的程序，该程序表示 $d=a \times b+c$ 的计算过程。在该程序中，单元地址为 1000、1010、1100 及 1110 分别存放数：a、b、c、d。

指令码	地址1	地址2	注　解
00000001	0000	1000	将单元1000的数据装入寄存器0。
00000001	0001	1010	将单元1010的数据装入寄存器1。
00000101	0000	0001	将寄存器0与寄存器1的数据相乘，积在寄存器0中。
00000001	0000	1100	将单元1100的数据装入寄存器1。
00000100	0000	0001	将寄存器0与寄存器1的数据相加，和在寄存器0中。
00000010	0000	1110	将寄存器0的数据存入单元1110。

图 7-1　机器指令的程序示例

在该程序指令中前 8 位为指令码，它们分别表示：

00000001　取数据

00000010　存数据

00000101　乘运算

00000100　加运算

在后面的两个 4 位分别表示地址码，其中第一个地址为寄存器地址，第二个地址为内存地址或寄存器地址。

2. 汇编语言

从图 7-1 所示的程序中可以看出，人们最不能容忍的是机器语言的指令采用二进代码形式，因此首要任务是将二进编码形式改造成人类所熟悉的符号形式，即称符号化语言。如果说机器语言是第一代语言，则这种符号化语言称为第二代语言，也称汇编语言。汇编语言可借助人们所熟悉的符号表示指令中的操作码和地址码，而不再使用难以辨认的二进制编码。这是一种对机器语言的改革，有了汇编语言后，程序编写就方便很多。

汇编语言有一些基本语句组成，它与机器语言中的指令一一对应，即一条指令对应一条汇编语句，图 7-2 给出了用汇编语言编写的程序：$d=a \times b+c$。

指令码	地址1	地址2	注　解
load	0	A	将单元A的数据装入寄存器0。
load	1	B	将单元B的数据装入寄存器1。
mul	0	1	将寄存器0与寄存器1中数据相乘，积在寄存器0中。
load	1	C	将单元C的数据装入寄存器1。
add	0	1	将寄存器0与寄存器1中数据相加，和在寄存器0中。
save	0	D	将寄存器0的数据存入单元D。

图 7-2　汇编语言的程序示例

在该程序中，指令操作码分别表示成为：

load——取数据；

save——存数据；

mul——乘法运算；

add——加法运算。

后面的两个地址码分别用符号表示，其中 4 个单元地址分别用 A、B、C、D 表示，它们分别存放 a，b，c，d。而两个寄存器则用 0、1 表示。

7.2.2　高级语言

虽然汇编语言比机器语言前进了一大步，但是它离人们表达思想的习惯与方式还相差甚远，因此需继续改造，使之能有一种符合人类思维和表达问题求解方式的语言，并与人类自然语言及数学表示方式类似的语言，这种语言称为高级语言，又称高级程序设计语言，也可简称程序设计语言。

最早的高级语言是出现于 1954 年的 FORTRAN，它宣告了程序设计语言新时代的开始，至今广为流传的有 Pascal、Ada、C、C++、Java 等多种高级语言。

有了高级语言后，编写程序就变得很容易了，它可以按照人们习惯使用的自然语言及数学语言方式编写，且仅使用其中少量语句。这样，程序设计的问题从根本上得到解决。图 7-2 所示的程序在高级语言中仅需一行简单代码：

d=a×b+c

程序设计语言的 3 个发展阶段具有一定的依赖关系，它们可用图 7-3 表示。它表示了由计算机硬件所组成的指令系统（即机器语言）逐步改造的过程，使之能适应人们的需要。

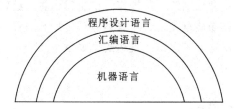

图 7-3　程序设计语言发展 3 个阶段的关系图

7.2.3　程序设计语言的发展

随着应用的进展，程序设计语言得到了极大发展，目前已形成了庞大的**计算机语言**家族，它包括：

（1）传统程序设计语言：目前流行的是 C、C++、Java、C#等。

（2）可视化语言：用于开发应用特别适用于人机可视化界面的开发，如 Delphi 语言、VB 语言等。

（3）标记语言：用于 Web 中书写网页的语言，如 HTML 语言、XML 语言等。

（4）说明性语言：用于描述性应用，如数据库中的 SQL 语言、人工智能中的 PROLOG 语言等。

（5）脚本语言：用于组件连接，以实现其特定组成功能，如 Perl 语言、JavaScript 及 VBScript 语言等。

7.3　程序设计语言的基本组成

一个程序设计语言一般由三部分组成，它们是数据说明、处理描述及程序结构规则等。

1. 数据说明

程序的处理对象是数据，因此在程序设计语言中必有数据描述，根据 4.2 节中的介绍，在语言中包含有三种基本数据元素，它们是：

（1）数值型：包括整数型、实数型等。

（2）字符型：包括变长字符串、定长字符串等。

（3）布尔型：即仅由 True 及 False 两个值组成的类型。

在程序设计语言中，一般用变量表示数据。变量一般由变量名与变量类型两部分组成。如 C 语言中，int x 定义了一个变量名为 x，类型为整型的变量。在语言中，四种基本类型为整数型、实数型、字符型及布尔型等，分别可表示为 int、real、char 及 boolean 等。此处还可用常量表示固定数据。

现代的程序设计语言中还会包括常用的数据元素及数据单元，如元组、数组等。

2. 处理描述

处理描述给出了程序中基本处理操作，包括：

1）基本运算处理

（1）数值操作：针对数值型数据的一些操作，如算术运算、比较运算等操作。

（2）字符操作：针对字符型数据的一些操作，如字符串中的比较操作，字符串拼接、删、减等操作。

（3）逻辑操作：针对布尔型数据的一些操作，如逻辑运算、逻辑比较等操作。

在程序设计语言中，处理描述首先定义一些运算符，如+、−、×、÷、<、>、=等。

其次，由运算符及变量及常量可以组成表达式，如 x=a+b×c 等。它们组成了基本的处理单元。

2）流程控制

流程控制一般有三种，它们是：

（1）顺序控制：程序执行的常规方式是顺序控制，即程序在执行完一条语句后，顺序执行下一条语句。顺序控制并不需要用专门的控制语句表示。

（2）转移控制：程序执行在某些时候需要改变顺序执行方式而转向执行另外的语句，称为转移控制，而转移控制的实现是需要用专门的转移控制语句完成的。

转移控制一般有两种，一种是无条件转移，另一种是条件转移。所谓条件转移，则预设有一个条件，当条件满足时，程序转向执行指定的语句；否则顺序执行。而所谓无条件转移，则不预先设定任何条件，不管发生何种情况，程序总是转向执行某指定语句。

如 C 语言中可用 if 语句、switch 语句等表示条件转移，在 if 语句中可用：

```
if(p) A;
else B;
```

表示为预设条件 P，满足时程序执行 A；否则执行 B。

如 C 语言中可用 goto 语句表示无条件转移，在 goto 语句中可用：

```
goto A;
```

表示程序转向执行标写为 A 的语句。

此外，还有 return 及 break 等语句还可实现无条件转移。

（3）循环控制：在程序中经常会出现反复执行某段程序，直到某条件不满足为止，此称为循环控制。循环控制实现是需要用专门语句完成的，称为循环控制语句。

如 C 语言中可用 while 语句、for 语句等表示循环控制语句。在 while 语句中可用：

```
while(p) A;
```

表示，若条件 P 满足则重复执行操作 A，直到 P 不满足为止。

图 7-4 给出了流程控制的三种示意图。

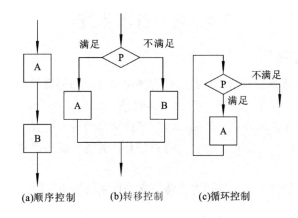

(a)顺序控制　　(b)转移控制　　(c)循环控制

图 7-4　三种控制流程的示意图

3）赋值功能

赋值功能主要用于将常量赋予变量。在程序设计语言中，一般用"="表示赋值。如"int x x=18"表示将常量 18 赋予变量 x，而 x=18 则称为赋值语句。

4）传输功能

传输功能用于程序中数据的输入、输出。如在 C 语言中有两个函数，它们是 scanf()与 printf()分别用于标准的输入、输出。

3. 程序结构规则

程序是有结构的，不同语言的程序结构是不同的。程序结构是指如何构造程序，它需要按语言所给予的规则构造。如在 C 语言中的函数结构，程序按函数组织，程序中有一个主函数，其他函数都可由主函数通过调用进行连接。

有了这 6 个部分后，我们就可以编写程序了。下面给出一个例子。

【例】输入 3 个整数，比较后输出其最大数。

这个例子的程序可用 C 编写如下：

```
1. #include<stdio.h>
2. int maxvalue(int a,int b,int c)
3. { int max;
4.   if(a>b) max=a;
5.   else max=b;
6.   if(max<c) max=c;
7.   return(max); }
8. void main()
9. { int x,y,z,maxx;
10.  printf("input three numbers:");
11.  scanf("%d%d%d",&x,&y,&z);
12.  maxx=maxvalue(x,y,z);
13.  printf("最大值 max=%d\n",maxx); }
```

在这个例子中，3 与 9 为数据说明；4、5、6 及 7 为流程控制；10、11 及 13 为输入/输出传输；而赋值及运算处理在 4、5、6 及 12 中；最后，1、2、7、8 及 12 等为程序结构。

7.4 语言处理系统

7.4.1 语言处理系统概述

语言处理系统是将程序设计语言所编写的程序翻译成机器语言程序的一种软件系统。在其翻译过程中，被翻译的语言与程序分别称为源语言（source language）与源程序（source program），而翻译生成的机器语言与相应程序则分别称为目标语言（object language）及目标程序（object program）。因此，语言处理系统是由源程序翻译成目标程序的一种软件。其示意图如图 7-5 所示。

目前，可按不同源语言及不同翻译方式将语言处理系统分为三种，分别是：

1. 汇编程序

由汇编语言所编写的程序到机器语言程序的翻译程序称为汇编程序（assembler），这是一种最简单的语言处理系统。

2. 解释程序

由高级语言所编写的程序按语句逐条翻译成机器语言程序并立刻执行的翻译程序称为解释程序（interpreter）。目前，如 BASIC 语言及 VBScript 等就采用此种方式，Java 语言中也采用了此种方式作为翻译的一个部分。

用此种方式处理具有简单、灵活、方便等优点，但是其生成的目标程序质量不高。

3. 编译程序

由高级语言所编写的程序到机器语言程序且一次性整体生成的翻译程序称为编译程序（compiler）。目前，大多数高级语言都采用此种方式，如 C 语言、C++、C#以及 Java 中的主体部分等。

用此种方式处理方法复杂，但所生成的目标程序质量较高。

图 7-6 给出了语言处理系统这三种方式的关系图。

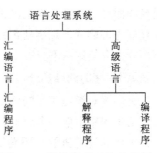

图 7-5 语言处理系统功能示意图　　　　图 7-6 语言处理系统示意图

7.4.2 汇编语言处理系统

汇编语言处理系统即是汇编程序，其功能是将汇编语言书写的源程序作为输入，通过它的翻译后以机器语言表示的目标程序作为其输出结果，其功能示意如图 7-7 所示。

汇编源程序 ⟹ 汇编程序 ⟹ 机器语言程序

图 7-7 汇编程序功能示意图

汇编程序的翻译是比较简单的，其基本原理是：

（1）汇编程序的翻译过程是一对一的：亦即是说，汇编源程序中的每一语句最后必翻译成一条机器指令，它们是一一对应的。

（2）每个语句的翻译内容包括如下几个：

① 将汇编语句中的操作符替换成机器指令中的指令码。

② 将汇编语句中的符号化地址替换成机器指令中的物理地址。

③ 将汇编语句中的常量替换成机器指令中的二进制数表示。

④ 分配指令和数据的存储单元地址。

（3）对汇编源程序中的每个语句从头到尾逐条翻译，最后即可得到相对应的机器指令的程序即目标程序。

7.4.3 高级语言处理系统之解释程序

对高级语言处理系统，我们首先介绍逐句翻译的系统——解释程序，也可称为解释系统。

解释程序是以高级语言编写的源程序为输入，按源程序中语句的动态执行顺序逐句重复着翻译、运行的过程，直至程序执行结束为止。其中，翻译的过程是将源程序每条语句翻译成多条机器指令作为其目标，这是一种一对多的过程，而其运行过程则是执行目标程序并取得结果。这样，反复不断、逐条翻译并运行，直至程序结束，最终可以得到程序的运行结果。其工作示意图如图 7-8 所示。

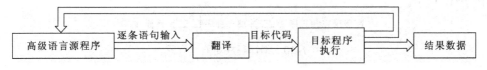

图 7-8 解释程序工作原理图

解释程序可看成是源程序的一个执行控制机构，它不断生成目标并执行目标，直至程序结束而结束，它犹如日常自然语言翻译中的"口译"方式，如英译汉，演讲人每讲一句英语，翻译人员当场翻译成汉语，直至演讲完毕，整个翻译也就完成了。

解释程序的翻译原理要比汇编程序略为复杂，其大致工作分两个部分：翻译部分与运行部分。下面分别介绍这两部分。

1. 解释程序的翻译部分

此部分主要对源程序中的每单个语句做分析、解释，其具体工作流程是：

（1）从源程序中取一个语句，进入翻译部分准备翻译。

（2）对语句进行语法及语义检查，若有错误，则输出错误信息，并终止流程；否则，继续翻译程序。

（3）生成等价的目标代码，这是一种一对多的生成方式，即一个语句一般可以生成多个目标代码。

接下来即是进入运行部分。

2. 解释程序的运行部分

此部分主要以翻译部分的输出（即语句的目标代码）作为它的输入，此部分的主要工作流程是：

（1）运行目标代码，产生运行结果。

（2）运行结果并输出。

（3）返回翻译部分首部并启动下一个语句的输入。

解释程序的整个工作流程可见图7-9。

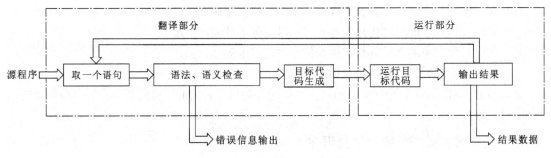

图7-9 解释程序工作流程图

7.4.4 高级语言处理系统之编译程序

接下来介绍高级语言处理系统之整体一次性翻译的系统——编译程序，也可称为编译系统。

编译程序是以整个源程序一次性翻译作为其目标，因此其翻译难度较大。其过程是以高级语言源程序作为输入，经编译程序翻译后生成源程序的全部目标代码作为其输出。其工作示意图如图7-10所示。

高级语言源程序 ⟹ 编译程序 ⟹ 目标程序

图7-10 编译程序功能示意图

1. 编译程序的工作原理

编译程序的工作比较复杂，因此将其分解为4个步骤，每个步骤由先到后顺序进行，一般每完成一个步骤产生一个中间结果，全部结束后即可一次性产生源程序的全部目标代码。

编译程序的工作原理可以通过下面几个步骤来说明。

1）高级语言源程序分析

编译程序的工作对象是高级语言的源程序，为进行编译，首先需要对高级语言的源程序进行分析。这种分析分为词法分析和语法分析两种。

（1）词法分析。我们知道，高级语言源程序一般是由若干个单词组成，亦即是说，高级语言源程序的基本单位是单词。图 7-11 所示的 C 语言源程序就是由一些单词（如＃include、main 等）组成。

```
#include<stdio.h>
main()
{  int x, y;
   printf("please input value of x:");
   scanf("%d", &x);
   if(x<3000)
       y=0;
   else y=100;
   printf("for input value of x%d, y:%d", x, y);  }
```

图 7-11　一个 C 语言的源程序

高级语言中的单词一般有如下几类：

① 保留词。图 7-11 中的保留字有如下几个：

- ＃include——标准函数库。
- main——主函数。
- int——整型。
- if——控制语句中保留词。
- else——控制语句中保留词。

② 常量。图 7-11 中的常量有如下几个：

- 3 000——常量。
- 0——常量。

③ 运算符。图 7-11 中的运算符有如下几个：

- <——关系运算符。
- =——赋值运算符。

④ 标识符。图 7-11 中的标识符有如下几个：

- x——变量名。
- y——变量名。

⑤ 括号、标点符号等。图 7-11 中的括号、标点符号有如下几个：

- (　——括号。
-)　——括号。
- ,　——标点符号。
- ;　——标点符号。

⑥ 函数。图 7-11 中的函数有如下几个：

- printf()——标准输出函数。
- scanf()——标准输入函数。

在编译程序中，源程序是以字符流的形式输入，为分析源程序，其首要任务是将字符流中的单词逐个分解出来，这是编译生成第一个步骤，称为词法分析。

（2）语法分析。经过词法分析后得到的是源程序的单词序列，亦即是说，经词法分析后将源程序流分解成为单词流。

接下来的工作就是按语法规则将单词组装成语法单位。因为在高级语言中的基本处理单位就是语法单位，一般包括如下内容：

- 表达式：如图 7-11 中的 x<3000 等。
- 语句：如图 7-11 中的 if...else 等。
- 类型定义：如图 7-11 中的 int x,y 等。
- 函数：如图 7-11 中的 main()、printf()、scanf()等。

语法分析步骤就是将源程序的单词流经语法分析后成为句子流。

2）代码生成

语法分析后，将所得的语法单位进行代码生成。这种代码在此阶段尚不是目标代码，而仅是一种中间代码。

经过这个阶段后可以将语法单位序列转换成为中间代码。

3）代码优化

由源程序所生成的中间代码一般可以有多种，它们都是等价的，因此需要要生成一种优化的代码以供最后生成目标程序之用。所谓优化代码，指的是该代码具有较高的运行速度以及较低的存储空间。

经过这个阶段后，可以将中间代码转换成为优化的中间代码。

4）目标代码生成

最后，对优化后的中间代码作目标代码生成，同时给变量、数据分配空间地址，最终翻译成目标程序。

这是编译程序的最后一个阶段，它将优化的中间代码转换成为最终的目标程序。

2．编译程序的实现

根据前一节的工作原理，编译程序实际上是由几个部分组成，每个部分完成一项特定工作，称为一趟扫描。它们按一定次序扫描，扫描后即可将源程序转换成目标程序。

编译程序是有加工对象的，从总体看，它的加工对象是源程序，而每趟扫描都有其特定加工对象。

编译程序是有加工结果的，从总体看，它的加工结果是目标程序，而每趟扫描都有其特定加工结果。

下面对五趟扫描做介绍。

（1）第一趟扫描：此趟扫描完成词法分析。它的加工对象是源程序而它的加工结果是单词序列。

（2）第二趟扫描：此趟扫描完成语法分析。它的加工对象是单词序列，而它的加工结果是语法单位序列。

（3）第三趟扫描：此趟扫描完成中间代码生成。它的加工对象是语法单位序列，而它的加工结果是中间代码。

（4）第四趟扫描：此趟扫描完成中间代码优化。它的加工对象是中间代码，而它的加工结果是优化后的中间代码。

（5）第五趟扫描：此趟扫描完成最终的任务，即目标代码生成。它的加工对象是优化的中间代码，而它的加工结果是最终的目标程序。

此外，在编译程序中还有两个辅助性的程序。它们是：

（1）表格管理程序。在编译程序处理过程中会产生很多数据，特别是中间的加工结果数据，如单词、语法单位等，它们都统一存储于特定设置的表格内，而表格管理程序则是用于管理表格，它包括对表格的读、写以及增、删、改等操作。

（2）出错处理程序。在编译程序处理过程中经常会产生出一些错误。因此需要设置一个出错处理程序以统一处理错误。

这样，一个完整编译程序即是由上面七部分组成，它们构成了图 7-12 所示的结构示意图。

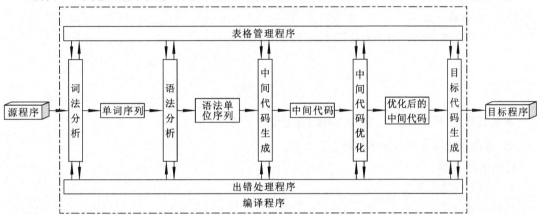

图 7-12　编译程序结构示意图

7.5　程　序　设　计

最后我们讨论如何编写程序，即如何程序设计。如果将计算机语言与自然语言做比较，那么程序就是用语言写成的文章，而程序设计即是作文。由于程序这种文章是一种操作说明书的文章，并不像自然语言文章中如诗歌、小说等有艺术性因素与浪漫情调，因此作文难度不大，但是它的写作也须遵循一定的规则，否则也会出现"文理不通"或"文不达意"的现象。

一般的程序设计须遵从如下的规则：

1．结构化程序设计

为便于程序设计，人们往往将一个复杂问题的编程分解成若干个小问题，再将小问题分解成小小问题，逐步细化，直到分解成若干个简单的问题为止，而这些简单问题的编程就会变得很容易，它所编成的程序称为模块。这是一种化繁为简的方法。接着，可以将若干个模块再逐一组装，最终构造成一个大的程序，它就是原先复杂问题的一个程序表示。这种程序设计方法称结构化程序设计，其设计方法可归结成为一句话，即"自顶向下，逐步求精；由底向上，组合还原。"除此之外，还有对象式程序设计等多种其他方法。

2．程序设计质量要求

程序设计是有质量要求的，其主要有如下几方面：

（1）正确性要求：正确性是程序设计的最基本要求，即是所编程序能满足设计的要求。

（2）易读性要求：程序代码不仅是为了运行，还要便于阅读，为后续测试、维护及修改提供方便。

（3）易修改性要求：程序代码是经常需要修改的，因此易修改性是程序编码重要要求之一。

（4）健壮性要求：所编程序能经受外界的干扰与影响。

3．程序设计风格

程序不但要能运行，还要供人阅读，因此像文章一样，要注重文风，这就是程序设计风格，也就是编程时所应遵守的规范。一般包括：

（1）源程序文档化，在编程时程序要加注释。

（2）要注意视觉效果，在程序中须有空格、空行。

（3）语法结构要简单化，尽量不使用 goto 语句，坚持一行一语句等原则。

（4）输入/输出语句要尽量方便用户使用。

对程序设计的详细介绍还将在第 11 章中阐述。

小　　结

本章主要介绍程序设计语言及相应的语言处理系统。

1．程序设计语言中的四大问题

（1）语言分类。

（2）语言处理系统。

（3）语言的组成。

（4）程序设计。

2．语言分类——两个层次三个大类

3．语言组成——由三部分组成

4．语言处理系统

（1）语言处理系统是将源程序翻译成目标程序的一种软件，是一种系统软件。

（2）三种语言处理系统：

① 汇编程序——汇编语言所编写的程序到机器语言的程序的语言处理系统。

② 解释程序——高级语言所编写的程序到机器语言的程序的语言处理系统，并逐句翻译，立即执行。

③ 编译程序——高级语言所编写的程序到机器语言的程序的语言处理系统，且整体一次性生成。

5．程序设计

（1）程序设计就是如何编写程序。

（2）程序设计：

- 结构化编程；
- 程序设计风格；
- 程序设计质量要求。

6．本章内容重点

（1）语言分类。

（2）编译程序。

习 题 七

选择题

7.1 　C语言是一种（　　　）。

A．汇编语言 　　　　　B．机器语言 　　　　　C．高级语言 　　　　　D．低级语言

7.2 　C语言的翻译系统是（　　　）。

A．编译系统 　　　　　B．解释系统 　　　　　C．汇编程序

7.3 　解释下面的名词：

（1）程序； 　　　　（2）程序设计； 　　　　（3）程序设计语言； 　（4）机器语言；

（5）汇编语言； 　　（6）低级语言； 　　　　（7）高级语言； 　　　（8）源程序；

（9）目标程序； 　　（10）汇编程序； 　　　（11）解释程序； 　　　（12）编译程序。

问答题

7.4 　请说明机器语言、汇编语言及高级语言间的异同。

7.5 　程序设计语言由哪3个部分组成？请介绍并说明。

7.6 　请说明解释程序的工作流程。

7.7 　请说明编译程序的工作流程。

7.8 　请介绍汇编程序的工作内容。

思考题

7.9 　请比较计算机语言与自然语言的异同，并说明从中可得到什么启发。

7.10 　请比较语言处理系统与自然语言翻译的异同，并说明从中可得到什么启发。

第8章 数据库系统——系统软件之三

数据库系统（DataBase System）是一种数据组织，它是存储与管理共享、海量及持久性数据的一种系统软件。在本章中，主要介绍它的基本概念、基础模型以及作为数据组织的主要内容。此外，还将介绍目前流行的关系模型数据库管理系统及其相应语言 SQL。

8.1 数据库系统概述

在第 2 章中我们知道数据库系统是一种系统软件，在第 4 章中我们知道数据库系统是一种数据组织，因此可以说，数据库系统是以系统软件形式出现的数据组织。以此为纲，我们对它做一般性介绍。

8.1.1 数据库系统特色与数据库系统基本面貌

作为数据组织，数据库系统中的数据具有共享性、海量性及持久性，为管理好这些数据，对数据组织有一定的要求，也可以说，数据特性决定了数据组织。它们是：

1. 数据共享

数据共享（data share）是计算机中的重要概念。数据是一种资源，可为多个应用所共享，使数据能发挥更大的效用。

共享的数据对数据组织是有要求的，具体如下：

（1）全局模式与局部模式：数据库系统中的数据应能为多个应用共享。因此首先须为数据构建一个全局的、规范的模式，称为全局模式（global schema）；其次，对每个应用而言，又有其特殊的模式需求，它应是全局模式中的一个局部，称为局部模式（local schema）。因此，数据共享的数据组织中必须有全局与局部模式。其中，全局模式以表示共享数据的统一模式，而局部模式以表示应用的实际模式。

（2）数据控制：数据共享可为应用带来极大方便，但是共享应是有度的，"过度共享"可引发多种弊病，如安全性弊病、故障性弊病等。因此，共享必须是建立在一定规则的控制下，称为数据控制（data control）。从数据角度看，数据控制是一种数据约束。

（3）独立组织：共享数据不依赖于任何应用，因此其数据组织必须独立于应用，并具有独立、严格的对数据操纵的能力。应用在使用共享数据时必须通过一定的接口，并以多种数据交换方式实现。

（4）数据的高集成与低冗余：共享数据可以统一组织以达到高度集成，还可以避免私有数据的混乱与高冗余的状况。

2．海量数据

数量数据对数据组织也是有要求的，海量数据对数据组织的要求是数据必须管理。而"管理"体现于有专门的机构，一般有两种：一种是专门的软件，称为数据库管理系统 DBMS（DataBase Management System）；另一种是专门管理数据的人员，称为数据库管理员 DBA（DataBase Administrator）。

3．持久性数据

持久性数据对数据组织的要求是数据保护。持久性数据要求数据组织能有长期保存数据的能力，包括抵抗外界破坏能力、抵抗外界干涉能力以及遭遇破坏后的修复能力等数据保护功能。从数据角度看，它也是一种数据约束。

海量数据与持久性数据这两者还共同对数据组织要求，即海量、持久的物理存储设备。海量、持久的数据需有海量、持久的物理存储设备支撑。因此，数据库系统的物理存储设备应是具有海量、持久性质的，且具高速、联机的存储器——一般用磁盘存储器。

根据数据库系统的 3 个特性对其数据组织有七项要求，因此数据库系统作为数据组织应具有 6 个基本面貌。

（1）数据模式由全局模式与局部模式两部分组成。

（2）数据有高集成性与低冗余性。

（3）是一种独立组织，有严格的数据操纵能力。

（4）有数据控制与数据保护能力，共同组成数据约束。

（5）有专门的数据库管理系统软件与专门的数据管理人员。

（6）物理级存储设备是磁盘存储器。

这 6 个数据组织的要求构成了数据库系统的基本面貌。

8.1.2　数据库系统组成

了解了数据库系统的基本面貌后，接下来讨论数据库系统组成。

数据库系统一般可由下面几个部分组成：

1．数据库

数据库 DB（DataBase）是一种共享的数据单元，它有全局模式及局部模式两种形式组织。多个应用可通过多种接口与其进行数据交换，它的物理存储设备是磁盘。

数据库中的数据具有高集成性与低冗余性。

2．数据库管理系统

数据库管理系统是统一管理数据库的软件，其主要功能包括：

（1）数据模式定义功能：可以定义数据库中的全局模式与局部模式。

（2）数据操纵功能：具有对数据库实施多种操作的能力。

（3）数据控制与数据保护能力：具有对数据库中数据实施控制与保护能力。

（4）数据交换能力：提供应用与数据库间多种数据交换方式。

此外，数据库管理系统还提供多种服务功能。

为使用户能方便使用这些功能，数据库管理系统提供统一的数据库语言，目前常用的语言为 SQL。

3．数据库管理员

数据库管理员（DBA）主要管理数据库中高层次需求，他们是一些专业的管理人员，其主要工作是：

（1）数据库的建立与维护：包括数据模式设计、数据库建立与维护等工作。

（2）数据控制与保护的管理：包括对数据控制的设置、监督和处理以及数据保护的实施等。

（3）数据库运行监视：在数据库运行时监视其运行状况，当出现问题时随时做出调整。

（4）改善数据库性能：不断调整数据库的物理结构保证数据库的运行效率。

4．数据库系统

数据库系统是一种数据组织，主要包括：

（1）数据库——数据。

（2）数据库管理系统——软件（包括数据库语言）。

（3）数据库管理员——专业人员。

（4）计算机平台——主要包括计算机硬件、网络及操作系统等。

由这 4 个部分所组成的以数据库为核心的系统称为数据库系统 DBS（DataBase System），有时可简称为数据库。

8.1.3 数据库应用系统

数据库系统是为应用服务的，数据库系统与应用的结合组成数据库应用系统。

1．数据处理

数据库系统的主要应用领域是数据处理。数据处理是以批量数据多种方式处理为特色的计算机应用，其主要工作为数据的加工、转换、分类、统计、计算、存取、传递、采集及发布等。

在数据处理中需要海量、共享及持久的数据，因此数据库系统就成为数据处理中的主要工具，而数据处理与数据库系统的有效组合就构成了数据库应用系统。

2．数据处理环境

在数据处理中，用户使用数据是通过数据库系统实现的，而这种使用是在一定环境下进行的。目前共有以下几种环境：

1）单机集中式环境

在数据库系统发展的初期（20 世纪 60 年代至 20 世纪 70 年代）以单机集中式环境为主，此时应用与数据处于同一机器内，用户使用数据较为简单方便。

2）网络环境

在计算机网络出现后，数据库系统的使用方式有了新的变化，此时应用与数据处于网络不同结点中，用户使用数据较为复杂、困难。

3）互联网 Web 环境

这是互联网中 Web 站点使用数据的环境。

3．数据交换方式

数据库系统是一种独立的数据组织，用户访问它时必须有多个访问接口，这种接口可因不同环境而有所不同，它称为数据交换方式。目前一般有五种交换方式，它们是单机集中式环境中的三种方式，网络中的一种方式以及互联网 Web 中的一种方式。

1）人机交互方式

人机交互方式是单机集中式环境中用户（操作员）与数据的交互方式。它是最简单、原始的操作方式，是通过界面操作员直接使用数据库语言与数据库系统作人机对话的方式。它流行于 20 世纪 60 年代至 20 世纪 70 年代，目前仍经常使用。

2）嵌入式方式

嵌入式方式是单机集中式环境中用户为应用程序时与数据的交互方式。此种方式是将数据库语言与外部程序设计语言（如 C、C++等）捆绑于一起构成一种新的应用开发方式。在此方式中，外部程序设计语言是主语言，而数据库语言则是其附属部分嵌入于主语言中，因此称为嵌入式方式。它流行于 20 世纪 70 年代至 20 世纪 80 年代，目前已趋于淘汰。

3）自含式方式

自含式方式是单机集中式环境中用户为应用程序时与数据交互的另一种方式。此种方式也是将数据库语言与外部程序设计语言捆绑于一起，但是在其中以数据库语言为主语言再加以适当扩充，引入传统程序设计语言中的成分（如控制语句、表达式等），因此称为自含式方式。它是目前较为流行的一种方式。

4）调用层接口方式

调用层接口方式是在网络环境中应用程序与数据交互的一种方式。在此方式中，将网络一个结点中的应用程序与另一结点中的数据通过一种专用的接口工具连接在一起以实现数据交换。它也是目前较为流行的一种方式。

5）Web 方式

Web 方式是在互联网环境下 Web 应用程序与数据交互的一种工作方式，它是目前 Web 页面动态构建的常用方式。在此方式中，Web 服务器中的 HTML（或 XML）程序通过专用接口工具调用数据库服务器中数据。

4．数据库应用系统

在数据处理中开发应用系统需要做两件事，首先是设置数据库系统，其次是根据不同环境采用不同数据交换方式编写应用程序。

（1）设置数据库系统。包括如下内容：

① 构建数据模式并做数据录入，以形成数据库。

② 设置数据控制及约束条件。

③ 设置运行参数。

（2）编制应用程序。包括如下内容：

① 在单机集中式环境下，用嵌入式或自含式方式编程。

② 在网络分布式环境下，用调用层接口方式编程。

③ 在互联网 Web 环境下，用 Web 方式编程，同时由于互联网也是一种网络，因此也可用调用层接口方式编程。

在经过数据库系统设置及应用程序编制后，一个应用系统就生成了，这种系统称为数据库应用系统 DBAS（DataBase Application System）。数据库应用系统一般包括：

（1）已设置的数据库系统。

（2）已选定的数据交换方式以及相应的接口工具。

（3）应用程序。

数据库应用系统一般也称信息系统 IS（Information System），这是目前数据处理领域中最为流行的系统，其典型的为管理信息系统（MIS）、办公自动化系统（OA）、情报检索系统（IRS）以及财务信息系统（FIS）等，这些都是数据库应用系统。

8.2　数 据 模 型

数据库系统具有一种典型的数据模型，其主要表现为规范化的抽象结构形式（称为模式）以及统一的数据操纵表示与数据约束的表示。

在纵向层次上，数据模型有三层，分别是概念模型、逻辑模型及物理模型。而前两层实际上均属逻辑层面，概念模型是一种抽象的逻辑层，而真正的逻辑层则是逻辑模型。

下面介绍这三层模型，重点介绍它的模式。

8.2.1　概念模型——E-R 模型

概念模型（conceptual model）是一种抽象化、概念化的逻辑模型。在该模型中的模式称为概念模式（conceptual schema），它反映了客观世界问题求解对象全局的概念化抽象结构，它与具体的数据库系统无关，与计算机平台无关。

目前有很多的概念模型，常用的是 E-R 模型，在这里就介绍此种模型。

E-R 模型也称实体联系模型（Entity Relationship model），是 1976 年由华裔美国人 Peter.Chen 首次提出，它将现实世界中的客体转化成实体、属性、联系 3 个基本概念和 3 个基本关系，最后用一种图示的形式表示其结构，这种图称为 E-R 图（Entity Relationship diagram）。

1. E-R 模型的基本概念

E-R 模型共有 3 个基本概念。

（1）实体（entity）：实体是现实世界中事物的抽象。实体是概念模型中的基本单位。

（2）属性（attribute）：属性是现实世界中事物特性的抽象，属性刻画了实体的性质。属性一般由属性名及属性值两部分组成。

（3）联系（relationship）：联系是现实世界中事物间关联的抽象。联系反映了实体间所遵守的一种规则与关系。如医生与病人间的治疗关系、教师与学生的授课关系等。

2. E-R 模型中 3 个概念间的关系

E-R 模型中 3 个概念间有若干关系：

（1）实体与属性间的关系：在 E-R 模型中，属性依附于实体，一个实体可有若干个属性，它们组成了实体的完整描述，因此，实体是属性的一种组合。在实体中，属性名的组合构成了实体的结构，而属性值的组合则构成了实体值。而一个实体则由实体名、实体结构及实体值三部分组成。下面的例子即是一个企业职工的实体：

职工实体名：T1362

职工的实体结构：（职工编号，职工名，工厂名，车间名）

职工的实体值：（T1362，王火炎，江南无线电厂，总装车间）

（2）实体集：具有相同结构的实体所组成的集合称为实体集（entity set），在概念模型中往往用它代替实体作为数据的基本单位。实体集一般由实体集名、实体集结构及实体集值三部分组成。如企业职工实体集可表示如下：

实体集名：Employee

实体集结构：（职工编号，职工名，工厂名，车间名）

实体集值：{（T1362，王火炎，江南无线电厂，总装车间），（T1302，李木林，江南无线电厂、焊接车间），…，（T1408，沈幼平，江南无线电厂，装配车间）}

（3）实体集与联系间的关系：在实际应用中，往往是实体集间通过联系而建立关系。联系由联系名及所关联的实体集名两部分组成。

实体集间的联系一般表现为两个实体集间的联系，称为二元联系；在特殊情况下也可表现为一个实体集内部实体间的联系，称为一元联系；有时也可表现为多个实体集间的联系，称为多元联系。

此外，实体集间联系有一定的函数关系，它们大致分为三种：

① 一一对应函数关系：它可记为 1:1，如学校与校长间的联系，一个学校与一个校长一一对应。

② 一多对应（或多一对应）函数关系：它可记为 1:n（或 n:1），如学生与其宿舍房间的关系就是多一对应联系，它反映了多个学生住一个房间的关系。

③ 多多对应函数关系：它可记为 n:m，如教师与学生这两个实体集间教与学的联系就是多多对应关系，即一个教师可教授多个学生，反之，一个学生又可受教于多个教师。

（4）联系与属性间的关系：联系也可有属性。亦即是说，属性也可依附于联系，建立起联系与属性间的关系。

3. E-R 图

E-R 模型可以用一种非常直观的图示形式表示，这种图称为 E-R 图，它是 E-R 模型的一种抽象结构。在该图中分别用不同的几何图形表示 E-R 模型中的概念与关系。

（1）实体集的表示。可以用矩形表示实体集，在矩形内填写实体集名。例如，实体集 student（学生）及 course（课程）可用图 8-1 表示。

图 8-1 实体集表示法

（2）属性的表示。可以用椭圆形表示属性，在椭圆内填写属性名。例如，学生 student 的属性 sno（学号）、sn（姓名）、sd（性别）及 sa（年龄）以及课程 course 的属性 cno（课程号）、cn（课程名）、pcno（预修课号）可用图 8-2 表示。

图 8-2 属性表示法

（3）联系的表示。可以用菱形表示联系，在菱形内填写联系名。例如，学生 student 与课程 course 间的联系修读 SC 可用图 8-3 表示。

图 8-3 联系表示法

（4）实体集与属性间关系以及实体集与联系间关系的表示。可用实线段表示。例如，实体集 student 与属性 sno、sn、sd 及 sa 间可以用实线相连以建立起属性对实体集的依附关系；此外，实体集 course 与属性 cno、cn 及 pcno 间也可有类似的表示，可用图 8-4 表示。实体集 student 与 course 间存在联系 SC，这三者可用实线段相连，如图 8-5 所示。另外，联系与属性间的关系也可用实线段表示，如 SC 与属性学生课程成绩 g 间可用实线段相连，如图 8-6 所示。

有时为进一步刻画实体集间联系的函数对应关系，可在所关联的线段上标明所对应的函数关系。例如，student 与 course 间的联系 SC 有 n:m 函数关系，此时可用图 8-7 表示。

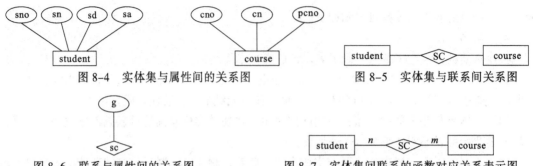

图 8-4　实体集与属性间的关系图　　　　图 8-5　实体集与联系间关系图

图 8-6　联系与属性间的关系图　　　　图 8-7　实体集间联系的函数对应关系表示图

这样下来,我们就可以得到一个用 E-R 图表示的学生修课数据的概念模型,如图 8-8 所示。但在这个 E-R 图中表示的仅是模型中的结构框架,它可称为"学生"数据模式并以 STUDENT 命名。

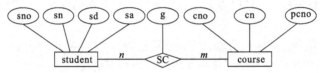

图 8-8　用 E-R 图表示的概念模型 STUDENT

E-R 模型是一种概念模型,它着重于模式的探讨,一般并不讨论其数据操纵与约束。

4．E-R 模型中的数据单元结构组成

从数据抽象观点看,在 E-R 模型中的数据元素、数据对象、数据结构及数据单元分别是:

(1) E-R 模型中的数据元素是实体,它是一种元组型结构的数据元素。

(2) 实体集是由实体所组成的数据对象按线性结构所组成的数据单元。

(3) E-R 模型中的数据对象是由全体实体集所组成的集合。

(4) E-R 模型中的数据结构是由实体集通过联系所构成的。

当联系为二元或一元时,它与第 5 章中所介绍的数据结构具有相同性。但当联系为多元时,这种结构已超出了第 5 章所介绍内容,而具有更为丰富的表达形式。因此,联系这种数据结构的表达能力远超过一般数据结构。

(5) 一个 E-R 模型组成了数据库中的一个数据单元。

以学生数据模型为例,{student,course}是数据对象,联系 SC 是该模型数据对象上的数据结构,而整个模式 STUDENT 即是一个数据单元。

8.2.2　逻辑模型——关系模型

逻辑模型 (logical model) 是一种面向数据库系统的模型,该模型着重于数据库一级的构造与操作。用它构建的数据库系统均以该模型命名,如以关系模型构建的数据库系统称为关系模型数据库系统,并简称关系数据库系统。

目前有很多种类的逻辑模型,如:

(1) 层次逻辑模型——以树为数据结构构建数据单元的模型。

(2) 网状逻辑模型——以一种简化的树(称系)为数据结构构建数据单元的模型。

(3) 面向对象逻辑模型——用面向对象方法构建的模型。

(4) 关系逻辑模型——以关系(也称表)为数据结构构建的模型,简称关系模型。

而目前最常用的是关系模型，下面将介绍此种逻辑模型。

关系模型（relational model）的思想是 IBM 公司的 E·F·Codd 于 1970 年在一篇论文中提出的。1976 年以后出现了商用的关系模型数据库管理系统 System R，在 20 世纪 80 年代以后，关系模型已成为数据库管理系统的主流模型。目前主要的产品有 Oracle、SQL Server、DB2 等。

关系模型由关系模式以及建立在关系模式上的数据操纵与数据约束三部分组成。

1. 关系模式

1）关系

关系（relation）又称关系表或表，它是关系模型的基本数据单位。关系模型采用一种统一的二维表结构形式。二维表由表框架（frame）与表元组（tuple）两部分组成。一个框架可对应多个（m 个）元组，m 称为表的基数（cardinality）。表框架由 n 个属性（attribute）组成，n 称为表框架的元数（n-arity），属性有属性名与一个取值范围，称为值域（domain）。在表框架中的元组由 n 个元素分量组成，每个分量是表框架中每个属性的投影值，它是表中数据的最原始单位。

一个 n 元表框架及框架内的 m 个元组构成了一个表，再赋予一个合适的表名后即成为关系模型中的基本数据单位——二维表。

表 8-1 是二维表的一个实例。在该表中，表框架由 sno、sn、sd、sa 几个属性组成，而表元组则由 4 个元组组成，该表的表名为 student。

表 8-1　学生 student 二维表结构图

sno	sn	sd	sa
98001	张一曼	cs	18
98002	丁莲英	cs	20
98003	王昊	cs	18
98004	刘丽娟	ma	21

它也可用表名、表框架与元组集 3 个部分表示。

表名：student

表框架：（sno，sn，sd，sa）

元组集：{(98001，张一曼，cs，18),(98002，丁莲英，cs，20),(98003，王昊，cs，18),(98004，刘丽娟，ma，21)}

2）关系模式

一个语义相关的关系框架集合组成一个关系模式（relational schema）。这种模式是一种全局模式，它是面向数据库的逻辑模式。

3）关系模式与概念模式

概念模型中的 E-R 模式可以用关系模式表示，即可用关系表示实体集与联系。

（1）实体集表示：可用二维表表示实体集，即可以用一张二维表表示一个实体集。这些表称为实体表。

（2）联系表示：可用二维表表示联系。在这个二维表中的属性是由联系所关联的表的关键字属性以及联系自身的属性这两部分组成，而联系名即是这个二维表的表名。这个二维表的值是由那些有关联的表的关键字的值及其自身属性值的元组组成。这种表一般称为联系表。

在联系表中关键字起着重要作用。联系表中所关联的实体集间的关系都是通过关键字实现的。因为一个关键字是一个实体的代表，因此联系表中通过关键字的值建立了不同实体集间的具体语义关联。

在联系表中出现的关键字一般都是实体表的关键字，而非联系表自身关键字，因此称为外关键字（foreign key），二维表能表示联系的核心是外关键字。

【例 8-1】E-R 模型中，图 8-9 所示的 STUDENT 模式可用关系模型中的 3 张二维表表示，分别是二维表 student 和 course，用来表示两个实体集，以及二维表 SC，用来表示联系。其中，SC 中的属性分别为 student 中的关键字 sno 以及 course 的关键字 cno，此外还有一个是其自身的属性 g，这张二维表既能表示联系又能表示实体集，因此也可称为实体联系表。而其元组则由有"修读"语义（即"学生修读课程"）相关元组关键字的值及所依附的属性 g 的值组成。这 3 张二维表如表 8-2～表 8-4 所示。它们组成了一个关系模式（为易于理解，表内均设有元组）。

表 8-2 student 二维表

sno	sn	sd	sa
98001	张一曼	cs	18
98002	丁莲英	cs	20
98003	王昊	cs	18
98004	刘丽娟	ma	21

表 8-3 course 二维表

cno	cn	pcno
C01	Geometry	C08
C02	Database	C03
C03	C++	C00

表 8-4 SC 二维表

sno	cno	g
98001	C03	92
98002	C03	98
98003	C03	80
98003	C02	85
98004	C01	75

4）关系子模式

关系模式给出了数据模型中的全局统一的模式，在它的上面也可以建立起应用各自所需要的局部模式，称为关系子模式（relational sub-schema）。关系子模式也是关系框架的一个集合。它可以从全局模式中抽取而得。例如，在例 8-1 的 STUDENT 模式中可建立一个计算机科学系 CS（Computer Science）的子模式，它可用表 8-5～表 8-7 所示的 3 张二维表表示，分别是 CS-student、CS-course 及 CS-SC。

表 8-5 CS-student 二维表

sno	sn	sa
98001	张一曼	18
98002	丁莲英	20
98003	王昊	18

表 8-6 CS-course 二维表

cno	cn	pcno
C02	Database	C03
C03	C++	C00

表 8-7 CS-SC 二维表

sno	cno	g
98001	C03	92
98002	C03	98
98003	C03	80
98003	C02	85

这个子模式是全局模式 STUDENT 的一个抽取。

5）关系模式中的数据单元组成

在关系模型中的数据元素、数据对象、数据结构及数据单元分别是：

（1）数据元素：关系模型中的数据元素是二维表（实体表）中元组。

（2）二维表（实体表）则是元组集合通过线性结构所组成的数据单元。

（3）关系模型中的数据对象是二维表（实体表）的集合。

（4）关系模型中的数据结构是实体表集合通过联系表所组成的。

（5）关系模型中的数据单元是所有实体表与联系表（包括实体联系表）的集合，即关系模型。

6）关系模式的优越性

关系模式具有极大的优越性，一个关系既能表示实体集又能表示联系，它通过外关键字建立起实体集间关联，如例 8-1 中的模式 STUDENT 的结构关联实际上是由联系表中两个外关键字构建起来的，如图 8-9 所示。

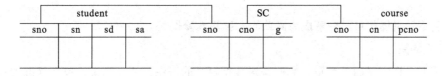

图 8-9 通过外关键字建立表间结构关联示意图

2．关系操纵

关系模型的数据操纵简称关系操纵（relational manipulation）。在这节主要介绍有关值的操纵，主要有查询及增、删、改等操作。

1）查询操作

用户可以查询关系中的元组及元组分量。其中，元组分量是查询的最基本单位。

（1）对一张表的查询：其基本过程是先定位后操作。所谓定位，是指确定指定表中纵向属性指定（称为列指定）以及横向选择满足某些条件的元组（称为行选择），通过这两种基本定位后，表内元组分量位置就确定了，接着即可进行查询操作，查到定位后的元组分量。

（2）对多张表的查询：可以通过外关键字实现多张表查询。这种过程可以分为三步：第一步是将多张表通过外关键字合并成一张表；第二步是对合并后的表进行定位；第三步是对合并表的查询。多张表查询与一张表查询所不同的仅为第一步，即多张表的合并，它可分解成为逐次两张表合并的过程。因此，整个查询可以分解成为下面五个基本操作：

① 定表名。

② 列指定。

③ 行选择。

④ 两表合并。

⑤ 定位后表的查询。

2）删除操作

删除的基本单位是元组，它也分定位与操作两部分。其中，定位只需定表名与行选择，定位后即执行删除操作。

3）插入操作

插入的基本单位是元组，它也分定位与操作两部分。其中，定位只需定表名，此后即执行插入操作。

4）修改操作

修改的基本单位是元组分量，修改不是一个基本操作，它可分解成删除与插入两个操作，即先删除需修改的元组，接着插入修改后的元组。

上面四种操作经分析后可分解成为七种基本操作，分别是上述查询操作中的五个基本操作和下面两种操作：

⑥ 定位后的删除。

⑦ 定位后的插入。

关系元组操作的最大特点是：

（1）可以在关系模式内通过联系表实现全局、自由的查询及其他操作，打破了表间的"信息孤岛"。

（2）关系元组操作可以分解成为简单的七种基本操作。

3. 关系约束

关系模型允许定义四种约束，它们是对数据模式的语法、语义约束，包括静态约束与动态约束。

（1）数据完整性约束：是数据间的语法、语义约束。

（2）数据安全性约束：是保证数据共享的约束，是一种具安全语义的特殊约束。

以上是两种静态约束。此外，还有两种对数据操纵动态执行时的约束，称为动态约束。

（1）并发控制：另一种因共享而引发的约束。

（2）故障恢复：数据保护的一种手段。

有关这四种约束的详细介绍将在 8.3 节中阐述。

8.2.3　物理模型

在逻辑模型中所介绍的数据模式、数据操纵及数据约束等最后都将在计算机中的物理模型中实现。在物理模型中，主要由存储器作支撑的数据逻辑模式以及由 CPU 作支撑的数据操纵及约束等两个部分组成。这里主要介绍数据逻辑模式的物理实现，特别介绍关系模式的物理实现。这种模式一般由三层组成，分别是：

（1）数据库层：是数据物理存储的第一层次，是在关系模式上构建的一种物理结构。在这层中关系模式中的每个二维表都可用一个文件表示。

（2）文件层：是一个中间层次，由它真正过渡到物理介质层。文件层是由操作系统支撑的。

（3）基础层：是计算机中的物理存储介质（磁盘）及相应操作。这是数据最终的存储与操作实现。

图 8-10 给出了物理模型 3 个层次的结构图。

图 8-10　物理模型 3 个层次的结构图

8.3　数据库系统与关系数据库系统

数据模型给出了数据库系统规范、统一的核心内容。在此基础上就可以讨论数据库系统了。本节以关系数据库系统为代表讨论数据库系统，重点讨论其中的关系数据库及关系数据库管理系统，同时还介绍关系数据库语言 SQL。

8.3.1　数据库与关系数据库

数据库是数据库系统中的一种共享数据体，而关系数据库（relational database）则是以二维表为基本单位的一种数据库，它由若干个二维表通过外关键字关联而成。

一个关系数据库与一组相关的应用对应，构成了这一组应用的全局数据，而每个应用在原则上能访问关系数据库中的所有数据，但是在实际使用中，每个应用往往仅限于访问全局数据中的一个部分，称为局部数据。

一个关系数据库由下面的几个部分组成。

1. 一个标明为全局结构的关系模式

标明为全局结构的关系模式给出了关系数据库的整体结构。

2. 基表

在关系数据库中，关系模式中的二维表称为基表（base table），属性称为列（column）。它由表名、表框架及表元组三部分组成。此外，还需指明表中的关键字、外关键字以及表中列间的约束关系。

基表是组成关系数据库全局数据的基本成分。在基表中，可分成为三种类型：

（1）实体表：用于存储数据实体。

（2）联系表：用于存储实体间的联系。

（3）实体联系表：既存储实体又存储联系。

由这三类基表可以组成一个全局数据库。基表是面向全局应用的，并为全局应用所使用的一种数据体。在一个关系数据库中可以有多个基表。

3. 关系数据库

一组应用的所有基表组成了关系数据库，它给出了数据库的全局数据。

4. 关系子模式及视图

关系数据库中除了有全局数据外还可以有局部数据，局部数据由关系子模式构建，其所生成的局部数据库称为视图（view）。

视图也由二维表组成，它由同一模式中的基表抽取而成，因此也称导出表（drived table）。视图在关系数据库中并不独立存在，因此对视图的操作一般以查询为主。

5. 物理数据库

关系数据库中的基表、视图及关系模式都是面向应用（用户）的数据表示，此外，还有面向计算机物理装置的数据表示，它们组成了关系数据库中的物理数据库（physical database）。物理数据库是建立在磁盘或文件上的数据存储体。它一般在用户定义二维表时由系统自动生成。但为提高系统操作效率（如查询效率），用户可以通过相关操作引入索引、集簇及 Hash 等手段，此外，用户还可以设置一些物理参数如磁盘分区设置、表的规模设置以及缓冲区个数及规模等设置。物理数据库一般不面向应用，它仅对 DBA 开放。

图 8-11 给出了关系数据库的组成示意图。

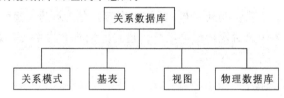

图 8-11　关系数据库组成示意图

8.3.2　数据库管理系统与关系数据库管理系统

数据库管理系统是数据库系统中管理数据库的一种软件，而关系数据库管理系统则是关系数据库系统中管理关系数据库的一种软件。

关系数据库管理系统是以关系模型为基础的，它有关系模型中的所有管理功能，包括数据定义、数据操纵、数据控制等功能，此外还包括数据交换及数据服务功能。

为完成管理功能，关系数据库管理系统 RDBMS（Relational DataBase Management System）提供统一的数据库语言 SQL（Structured Query Language）。当前，国际上所有关系数据库系统都采用此种语言，它是一种国际标准的数据库语言。目前流行的是 ISO 的 SQL89 及 SQL92。SQL 是一种非过程程序语言，在 SQL 编程中仅需给出对数据的要求及目标，而并不需要给出其实现过程。因此，它是一种极为简单方便的语言。

下面分别介绍 RDBMS 的功能及相关的 SQL 语句。

1. 数据操纵功能

RDBMS 的数据操纵功能主要是值的操纵，包括传统的表元组的查询、增、删、改以及其他功能（如对值的统计、计算功能等）。

1）查询功能

查询功能是数据操纵的主要功能，它的最小查询粒度是元组分量，一般能做下面几种查询操作：

（1）单表的查询操作。

（2）多表的查询操作。

（3）单表嵌套查询操作。

除此之外，数据查询还可以包括赋值以及排序等功能。

2）增加、删除及修改功能

数据操纵中的增加、删除及修改功能实现可分为两步：

（1）定位：首先对操作定位，其定位要求为：

① 增加操作——定位为表。

② 删除操作——定位为表及元组。

③ 修改操作——定位为表及元组分量。

（2）操作：定位后即可操作，分别为：

① 增加操作——操作粒度为元组。给出所增加的元组，然后再定位所确定表内增加元组。

② 删除操作——操作粒度为元组。删除定位所确定的元组。

③ 修改操作——操作粒度为元组分量，给出所修改的元组分量，然后修改定位所确定元组中的分量。

3）计算功能

数据操纵中还可以包括常用的一些计算功能，分别是：

（1）统计功能：包括求和、求平均值、求总数、求最大值及最小值等。

（2）分类功能：包括分组（GROUP BY）及按条件分组（HAVING）等。

（3）四则计算：包括常用的四则计算功能。

下面介绍数据操纵中各部分的 SQL 语句。

4）SQL 的查询语句

SQL 的主要功能体现在查询上。我们知道，一个查询的完整要求包括 3 个内容，分别是：

（1）查询的目标属性：a_1，a_2，…，a_n。

（2）查询能涉及的表：R_1，R_2，…，R_m。

（3）查询所应满足的逻辑条件：F。

这 3 个内容可以用 SQL 中 SELECT 语句的 3 个子句分别表示：

```
SELECT   a₁,a₂,…,aₙ
FROM   R₁,R₂,…,Rₘ
WHERE   F
```

其中，SELECT 子句给出目标列名（在 SELECT 语句中属性称为列）；FROM 子句给出查询所涉及的表；而 WHERE 子句则给出查询应满足的逻辑条件，这种条件是可以嵌套的，且具有复杂的表示能力。

SQL 的查询功能基本上都是用 SELECT 语句实现的。它可以完成如下一些功能：

（1）单表简单查询。即用 SELECT 语句完成一张表的查询。我们知道，完成一张表查询需给出：

① 所查询表名——由 FROM 子句给出。

② 列指定（即目标列名）——由 SELECT 子句给出。

③ 行选择——由 WHERE 子句给出。

下面用 4 个例子来说明。为统一起见，在这里都以前面介绍的学生数据库 STUDENT 为背景，其模式为：

```
S(sno,sn,sd,sa)
C(cno,cn,pcno)
SC(sno,cno,g)
```

【例 8-2】查学生 S 的所有学生情况。

```
SELECT  *
FROM   S;
```

"*" 表示所有列。

【例 8-3】查询全体学生名单。

```
SELECT  sn
FROM   S;
```

【例 8-4】查询学号为 98002 的学生姓名与系别。

```
SELECT  sn,sd
FROM   S
WHERE  sno='98002';
```

在 WHERE 子句中，可以使用形为 AθB 之比较谓词。其中，A、B 为列名或列值，θ 为比较符，如<、>、<=、>=、=、!=、!<及!>等。其组成的 AθB 是一个仅有 T（真）或 F（假）的比较谓词。

下面再举一个有比较谓词的例子。

【例 8-5】查询所有年龄大于 20 岁的学生学号与姓名。

```
SELECT  sno,sn
FROM   S
WHERE  sa>20;
```

（2）带谓词的单表查询。在单表查询中可嵌入一些谓词以增强语句中的表达能力，它们的值都是 T 或 F。常用的谓词有 DISTINCT、BETWEEN 及 LIKE 等。

【例 8-6】查询所有选读了课程的学生学号。

```
SELECT DISTINCT sno
FROM   SC;
```

DISTINCT 往往置于 SELECT 子句后，表示在结果中去掉重复的 sno。

【例 8-7】查询年龄在 18 至 20 岁（包括 18 和 20 岁在内）间的学生姓名与系别。

```
SELECT  sn,sd
FROM   S
WHERE  sa BETWEEN 18 AND 20;
```

BETWEEN 往往作为逻辑条件置于 WHERE 子句后。

【例 8-8】查询年龄不在 18 至 20 岁间的学生性名与系别。

```
SELECT  sn,sd
FROM   S
WHERE  sa NOT BETWEEN 18 AND 20;
```

【例 8-9】查询以 A 开头的学生姓名。

```
SELECT  sn
FROM   S
WHERE  sn LIKE 'A%';
```

LIKE 作为一种谓词一般置于 WHERE 子句后。LIKE 的形式如下：

＜列名＞[NOT]LIKE＜字符串＞

其中，＜列名＞类型必须为字符串，而＜字符串＞设置方式分为两种：字符"%"表示可与任意的字符相匹配；字符"_"（下画线）表示可与任意单个字符相匹配；其他字符则代表其自身。下面再举一个例子。

【例 8-10】查询以 A 开头且第三个字符为 P 的学生姓名。

```
SELECT  sn
FROM  S
WHERE  sn LIKE'A-P%';
```

（3）带布尔表达式的单表查询。在 WHERE 子句中除了使用能判别真假的比较谓词、BETWEEN 及 LIKE 等谓词外，还可以进一步使用比较谓词为元素通过联结词 NOT、AND、OR 组成逻辑表达式，这种表达式称为布尔表达式。

【例 8-11】查询计算机系年龄小于 20 岁的学生姓名。

```
SELECT  sn
FROM  S
WHERE  sd='cs'AND sa<20;
```

【例 8-12】查询非计算机系或年龄不为 20 岁的学生姓名。

```
SELECT  sn
FROM  S
WHERE  NOT(sd='cs')OR NOT(sa=20);
```

（4）多表查询。这里从两张表的查询开始讨论。对这种查询可分为两步：

① 将两表合并成一表，这主要是通过两表中的外关键字的相等谓词而实现的。这个相等谓词设置于 WHERE 子句中并用 AND 与其他谓词关联。

② 在合并成一表后即可按单表查询方式操作。

【例 8-13】查询修读课程号为 C02 的所有学生姓名。

```
SELECT  S.sn
FROM  S,SC
WHERE  S.sno=SC.sno AND SC.cno='C02';
```

需要注意的是，在涉及多表的查询中，列名前必须标明其所属的表名，并用"·"连接。

在此例中，首先用外关键字 sno 将两表连接成一表，如图 8-12 所示，接着按单表查询方式操作。

下面可以用类似方法进行多表（即三表或更多）查询。即首先用外关键字将多表合并成一表，接着即可按单表查询方式操作。

图 8-12 两表连接图

【例 8-14】查询修读课程名为 Database 的所有学生姓名。

这是一个涉及三张表的查询，它们的外关键字为 sno 及 cno，其连接形式如图 8-13 所示。

```
SELECT  S.sn
FROM  S,SC,C
WHERE  S.sno=SC.sno AND SC.cno=C.cno AND C.cn='Database';
```

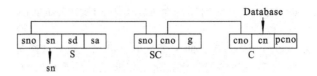

图 8-13　三表连接图

（5）单表自连接查询。前面的多表查询是通过多张表连接后实现的一种查询，它有一个特例，即一张表自我连接的查询。此时，只需对一张表用不同别名后即可用多表连接方法实现查询。

【例 8-15】查询至少修读 98001 课程的学生学号。

```
SELECT first.sno
FROM  SC:first,SC:second
WHERE  first.cno=second.cno AND second.sno='98001';
```
这个查询可用图 8-14 表示。

此外，在 SQL 查询语句中，还有结果排序及赋值两种功能。

（6）结果排序。有时在查询结果中可以用某种排序表示，此时可在 SELECT 语句后加置一个排序子句 ORDER BY，该子句的形式是：

```
ORDER BY<列名>[ASC/DESC]
```
其中，ASC 与 DESC 分别表示升序或降序。有时为了方便起见，ASC 可省略，<列名>则给出排序的列。

【例 8-16】查询计算机系所有学生学号及姓名并按学号升序排序。

```
SELECT  sno,sn
FROM  S
WHERE  sd='cs'
ORDER BY  sno  ASC;
```

【例 8-17】查询全体学生情况，结果按学生年龄降序排列。

```
SELECT  *
FROM  S
ORDER BY sa DESC;
```

（7）结果赋值。有时可将查询结果存入至表中。这可在 SELECT 子句后设置赋值子句：

```
INTO<表名>
```
注意，该"表名"所指的表须预先定义，且与查询结果有相同框架。

【例 8-18】将学生的姓名与年龄保存至表 $S^{\#}$ 中（注意：$S^{\#}$须已定义且具有 $S^{\#}$(sn,sa) 的表框架）。

```
SELECT  sn,sa
INTO  S#
FROM  S;
```

（8）分层结构查询——另一种多表查询。

实际上，在 SQL 中存在着另一种更为实用的多表查询方法，这就是 SQL 的分层结构查询。分层结构表示 SQL 中的 SELECT 语句可以嵌套 SELECT 语句，这种嵌套可以有多个层次，这就组成了 SELECT 语句的分层结构形式。在分层结构中，嵌套一般设置于 WHERE 子句中。

SELECT 的嵌套可以用 IN 谓词实现。它表示元素与集合间的"属于"关系（注意：此种元素是集合论中的元素），即其表中的列元素必须出现在另一张表的一个列元素集合中，这就建立了两表间的关联。这样就可用分层结构查询以实现两表（及多表）查询。在这种查询中，列元素是 SELECT 语句（称为主语句）中的某一个列值，而列元素集合则可用另一个 SELECT 语句（称为嵌套语句）表示。这样就组成了两个 SELECT 的嵌套。其形式如下：

```
SELECT 列名
FROM 表名
WHERE A IN(SELECT A
          FROM 表名
          WHERE 条件);
```

下面用一个例子来说明。

【例 8-19】将例 8-13 的查询改成为分层结构查询。

```
SELECT  sn
FROM  S
WHERE  sno  IN
          (SELECT sno
           FROM  SC
           WHERE  cno='C02');
```

在此例中可以看到：

① 这是由两个 SELECT 语句嵌套而成的语句，其中一个为主语句，另一个为嵌套语句。

② IN 谓词的形式是：

```
(元素)IN(集合)
```

在主 SELECT 语句中，它设置于 WHERE 子句内，具有的形式是：

```
(列名)IN(SELECT 语句)
```

它表示了主 SELECT 语句所应满足的条件。在此形式中，"列名"属于主语句，一般是外关键字，而嵌套 SELECT 语句：

```
SELECT  列名
FROM  表名
WHERE  条件
```

其中的（列名）与主语句的列名是一致的，而它的"表名"则为另一张表的表名，这个嵌套的 SELECT 语句可称为查询的子查询，其嵌套关系如图 8-15 所示。

【例 8-20】查询修读课程名为 Database 的所有学生姓名。

这是一个涉及三张表的查询，即为例 8-14 的查询，它可用分层结构查询表示如下，而它的嵌套关系如图 8-16 所示。

```
SELECT  sn
FROM  S
WHERE  sno IN
          (SELECT  sno
           FROM  SC
           WHERE cno IN
              (SELECT  cno
               FROM  C
               WHERE  cn='Database'));
```

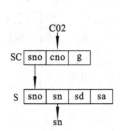

图 8-15 例 8-19 嵌套图

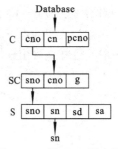

图 8-16 例 8-20 嵌套图

5）增、删、改的 SQL 语句

SQL 的增、删、改功能分别用 3 个语句完成，它们是：

（1）删除语句。SQL 的删除语句完成对指定表 R 中满足条件 F 的元组的删除，其语句形式为：

```
DELETE
FROM R
WHERE  F;
```

其中，DELETE 表明该语句为删除语句；FROM 与 WHERE 子句含义与 SELECT 语句相同。

【例 8-21】删除年龄为 18 岁的所有学生元组。

```
DELETE
FROM S
WHERE  sa=18;
```

（2）插入语句。SQL 的插入语句完成对指定表 R 中给定元组 T 的插入，其语句形式为：

```
INSERT
INTO  R
VALUES  T;
```

其中，INSERT 表明该语句为插入语句；INTO 子句给出了插入的表名； VALUES 则给出了插入的值。

【例 8-22】在 SC 中插入一个选课记录（98002，C02，S8）。

```
INSERT
INTO  SC
VALUES(98001,C02,S8);
```

（3）修改语句。SQL 的修改语句完成对指定表 R 中满足条件 F 的元组内指定列 A 中按指定值 V 修改，其语句形式为：

```
UPDATA R
SET  A=V
WHERE  F
```

其中，UPDATA 表明该语句为修改语句,并指出了修改的表名 R；WHERE 子句给出了所修改的元组应满足的条件；SET 子句则给出了元组中相应列 A 的修改值 V。这个 V 可以是数值，也可以是表达式。

【例 8-23】将表 S 中学生刘丽娟的系别更改为 cs。

```
UPDATA S
SET  sd='cs'
WHERE  sn='刘丽娟';
```

【例 8-24】将计算机系学生的年龄均加 1 岁。

```
DPDATA  S
SET  sa=sa+1
WHERE  sd='cs';
```

6）SQL 的计算功能

SQL 的计算功能包括统计、分类及简单四则运算 3 个部分。

（1）统计功能。在 SQL 的 SELECT 语句中可以插入一些常用统计性计算，它们能对集合中数值型元素进行下列计算：

COUNT：集合元素个数统计（元素不一定为数值型）；

SUM：集合元素求和；

AVG：集合元素求平均值；

MAX：集合中最大值；

MIN：集合中最小值。

以上 5 个函数称为总计函数（aggregate function）。它一般以数值型数据为元素的集合作为变域，而以数值型数据为值域的一种函数，其示意图如图 8-17 所示。

图 8-17　总计函数示意图

【例 8-25】给出全体学生数。

```
SELECT  COUNT(*)
FROM  S;
```

【例 8-26】给出学生 98002 修读的课程数。

```
SELECT  COUNT(*)
FROM  SC
WHERE  sno='98002';
```

【例 8-27】给出学生 98001 所修读课程的平均成绩。

```
SELECT  AVG(g)
FROM  SC
WHERE  sno='98001';
```

（2）四则运算。在 SQL 的 SELECT 语句中可以插入简单的算术表达式（四则运算）。

【例 8-28】给出计算机系下一年度的学生年龄。

```
SELECT  sn,sa+1
FROM  S
WHERE  sd='cs';
```

【例 8-29】扣去学生 98004 的课程 C01 的成绩 20 分并给出其最终成绩。

```
SELECT  g-20
FROM  SC
WHERE  sno='98004'AND cno='C01';
```

（3）分类功能。在 SQL 的 SELECT 语句中可以插入一些分类计算，包括两种分类：

① 按组分类，它可用 GROUP BY 子句实现。其形式为：

```
GROUP BY a
```

其中，a 为分组的列名。该子句一般置于 SELECT 语句后。

【例 8-30】给出每个学生的平均成绩。

此例即为成绩按学生分组统计。

```
SELECT sno,AVG(g)
FROM   SC
GROUP BY sno;
```

【例 8-31】给出每个学生修读课程门数。

```
SELECT sno,COUNT(cno)
FROM   SC
GROUP BY sno;
```

② 按逻辑条件分类，它可用 HAVING 子句实现，其形式为：

```
HAVING F
```

其中，F 为逻辑条件，此子句一般置于 GROUP BY 后以增强 GROUP BY 的分类语义。

【例 8-32】给出所有超过 5 个学生所修读课程的学生数。

```
SELECT cno,COUNT(sno)
FROM   SC
GROUP BY cno
HAVING COUNT(*)>5;
```

最后，一个 SELECT 语句少则仅含 2 个子句（即 SELECT 及 FROM），多则可含 7 个子句，包含赋值、分类、排序在内的复杂查询。下面可用一个例子来说明。

【例 8-33】按总平均值降序给出所学课程都及格但不包含 C03 的所有学生的总平均成绩，并存入新表 SAVG 中。

```
SELECT sno,AVG(g)
INTO   SAVG
FROM   SC
WHERE  cno!='C03'
GROUP BY sno
HAVING MIN(g)>='60'
ORDER BY AVG(g) DESC;
```

2. 数据控制功能

数据控制（data control）功能用于完成关系数据库中的数据约束，包括静态控制与动态控制两种。

1）安全性控制——静态控制之一

数据的安全性控制（security control）是保证对数据进行正确访问和防止对数据进行非法操作。数据库中的数据是共享资源，必须建立一套完整的使用规则，凡遵守规则的使用者就能访问数据库，而违反规则的使用者不能访问数据库，这就数据安全性控制。

在安全性控制中，其控制对象分主体（subject）与客体（object）两种。其中，主体是数据访问者，包括用户程序、进程、线程等；客体是数据体，包括基表、视图以及表中列等。而数据安全性控制则是主体访问客体时所设置的控制。

在数据库中，常用的安全性控制方法有两种：

（1）身份标识与鉴别。身份标识与鉴别是安全性控制的最基本、最常用的方法。首先需要对主体设置一个能标明其身份的标志，如常用的口令、指纹等，这个过程称为标识过程；其次，当主体访问客体时，RDBMS 的安全控制部分鉴别其标志，鉴别成功则允许访问，否则不允许，这个过程称为鉴别过程。

此方法是安全控制的第一道门槛，在主体进入数据库时，此控制部分即要求主体出示标志，并进行鉴别，因此称为入门控制。而主体标志是随着主体在数据库中登录时在数据库中登记注册的，此后供鉴别时使用。

身份标识与鉴别的功能大多由 RDBMS 中的软件模块实现，但当标志为指纹、语音及虹膜等人体生物组织时，就需有一定的物理设备参与。

（2）自主访问控制。自主访问控制 DAC（Discretionary Access Control）是主体访问客体的另一种常用的安全控制方法。它采用存取矩阵模型，该模型由主体、客体及操作三部分按矩阵形式组成。其中，矩阵列表示主体；行表示客体；而矩阵中的元素则表示操作。在这个模型中指定主体（列）与客体（行）后即可根据矩阵得到允许的操作，表 8-8 给出了访问控制矩阵模型的一个实例。

表 8-8　访问控制矩阵模型实例

客体	主体 1	主体 2	主体 3	…	主体 m
客体 1	Read	Write	Delete	…	Write
客体 2	Delete	Read	Write	…	Delete
…	…	…	…	…	…
客体 n	Read	Read	Write	…	Read

在自主访问控制中，主体按矩阵模型要求执行操作访问客体。凡不符合要求的操作一律禁止执行。

在自主访问控制中，矩阵中的操作元素是可以改变的，主体可将它自身拥有的操作权限授权给予其他主体。

自主访问控制是安全控制的第二道门槛，它是在主体执行访问操作时设置的控制，因此也称操作控制。

自主访问控制功能一般由 RDBMS 中的软件模块实现，而矩阵模型的设置与改变则用 SQL 语句由用户完成。

安全性控制一般就由这两道门槛组成，先用入门控制再用操作控制，从而完成主体访问客体的最基本的控制。

下面介绍安全性控制中的 SQL 语句。

2）SQL 的安全性控制语句

（1）身份标识与鉴别中的 SQL 语句。此部分功能没有单独的 SQL 语句，其中，身份标识是在用户登录（或授权）时随着用户一起进入数据库（如在下面角色授权中，用户授权时即赋以身份标识的口令）。而身份鉴别则在用户程序访问数据库时由系统自动完成。

（2）自主访问控制的 SQL 语句。在 SQL 中有自主访问控制的语句，共有两组。

① 授权语句。自主访问控制矩阵模型中的三部分在 SQL 中的具体内容为：

● 主体：即数据库中登录的用户。

● 客体：在 SQL 中称为数据域，包括基表、视图及表中列三种粒度。

● 操作：操作权限，一般有六种，分别为 SELECT 权（查询权）、INSERT 权（插入权）、DELETE 权（删除权）、UPDATA 权（修改权）、REFERENCE 权（定义新表时允许用它的关键字作为外关键字）以及 USAGE 权（允许用户使用已定义的属性），有时根据不同系统它可以有更多种操作权限。

可以通过 SQL 所提供的授权语句以建立矩阵模型。授权语句的形式如下：

GRANT <操作权限表> ON <数据域> TO <用户名表> [WITH GRANT OPTION]

该语句表示将指定数据域的指定操作权限授予指定的用户。其中，WITH GRANT OPTIAN 表示获得权限的用户还能获得传递权限，即允许将所获得的权限传授给其他用户。

【例 8-34】GRANT SELECT,UPDATA ON S TO XULIN WITH GRANT OPTION

表示将表 S 的查询权及修改权授予用户徐林（XULIN），同时还表示徐林可以将此权限传授给其他用户。

与授权语句相匹配的语句是回收语句，它表示用户可以将权限授予给其他用户，同时也可以将授予的权限收回，回收语句即完成此项任务。回收语句的形式如下：

REVOKE <操作权限表> ON <数据域> FROM <用户名表> [RESTRICT/CASCADE]

该语句表示从指定用户中收回指定数据域上的指定操作权限，其中，CASCADE 表示回收权限时引发连锁回收，而 RESTRICT 则表示不存在连锁回收时才能回收权限，否则拒绝回收。

【例 8-35】REVOKE SELECT ON S FROM XULIN CASCADE

表示从用户徐林中回收表 S 上的查询权，并且是连锁回收，它还表示此项加收保留了徐林在 S 上的修改权。

② 角色授权语句。上面的授权语句提供了自主访问控制的基本功能保证，但是目前常用的授权机制则是采用另一种名为角色授权的方法。那什么是角色（role）呢？角色是一组固定的操作权限，而角色授权则是以角色为单位授权的，而不是以操作为单位授权。引入角色的目的是简化授权管理，常用的角色有三种：CONNECT、RESOURCE 和 DBA，每个角色拥有一组固定的操作权限。

- CONNECT：拥有最基本的权限，每个登录用户都拥有此权限。它的操作权限包括查询及修改权，还包括创建视图或定义表的别名等权限。
- RESOURCE：是建立在 CONNECT 基础上的一种权限。它除了拥有 CONNECT 权限外，还拥有创建表及表上索引，以及在所创建表上的所有操作及对该表的所有操作的授权及回收权限。
- DBA：具有最高的操作权限，它除了拥有 CONNECT 及 RESOURCE 权限外，能对所有表的数据进行所有操作，并具有控制权限及管理数据库的操作权限，也可称为 SYSTEM。

这三种角色中，DBA 是系统生成时就定义好的，而其余两种角色则是由 DBA 通过下面的角色授权语句授予的：

GRANT <角色名> TO <用户名表> BY <口令表>

此语句表示将指定的角色授予指定的用户，同时并赋予用户指定的口令。

同样，DBA 可用 REVOKE 语句取消用户的角色，此语句的形式如下：

REVOKE <角色名> FROM <用户名>

此语句表示收回指定用户的指定角色。

【例 8-36】GRANT CONNECT TO XULIN BY TIGER;

此语句表示将 CONNECT 权授予用户徐林，其口令为 TIGER。

【例 8-37】REVOKE CONNECT FROM XULIN;

此语句表示从用户徐林处收回 CONNECT 权限。

3）完整性控制——静态控制之二

完整性控制（integrity control）是指数据库中数据正确性的维护。我们知道，在数据库中，众多数据间表面上互不相干，但是实际上存在着千丝万缕的语法、语义关联，从而构成了一种抽象的语法、语义网络。数据库中的一组正确数据，在网络中保持了一种正常平衡状态；而当出现错误数据时，此种平衡就会被打破，网络受到破坏而产生报警，这就是数据的完整性控制，用它可以发现数据的错误出现。

为实现完整性控制必须有三种功能：

（1）完整性语义网络的设置。完整性语义网络实际上是一组逻辑条件，又称完整性规则。它给出了数据自身及数据间的语义约束。完整性规则有三种：

① 实体完整性规则。它要求基表的主关键字中属性值不能为空值。这是对主关键字的基本约束要求。由于主关键字的重要性，因此此规则是完整性规则的首要约束条件。

② 参照完整性规则。它要求基表的外关键字必须在数据库中为另一基表的关键字，且存在有相应值。这是对外关键字的基本的约束。由于外关键字的重要性，因此此规则也是完整性规则之一。

以上两个有关主关键字、外关键字的规则是任何数据库所必须遵守的规则。此外，针对不同数据库的不同环境还可设置不同的语义约束，它一般由用户自行设置，称为用户定义的完整性规则。

③ 用户定义完整性规则。它包括域约束、表约束及断言的设置。其中，域约束可约束数据库中列域的范围与条件；表约束可定义表中主关键字及外关键字，同时还可定义表中列间约束；而断言则是一种表间列的约束。

（2）完整性规则的检查。在设置完整性规则后，DBMS 必须有能力检查数据库中数据是否符合规则要求。在数据正确时，此项检查必能通过；但当发现数据不正确时，此项检查不能通过，此时系统产生报警并调用相应处理程序进行处理或交由 DBA 处理。

（3）处理程序。一般 DBMS 都有规范的处理程序，用户也可根据需要自行设置。

在 DBMS 完整性规则的设置中，实体完整性规则及参照完整性规则仅需给出数据库中的主关键字与外关键字的基本约束条件，而它们的语义具有固定含义，由系统自动给出处理；用户定义完整性规则则由用户给出，而其检查由系统完成；处理程序一般是规范性的标准处理，由系统自动完成，而部分非规范性的处理则由用户给出。

4）SQL 的完整性控制语句

在关系数据库管理系统中，完整性中的主关键字、外关键字的确定和用户定义完整性规则的确定由 SQL 语句给出。

下面将介绍这部分的 SQL 语句。

（1）域约束。域约束可以限制列的范围与条件，它有如下几种表示方法：

① CHECK 短句。

CHECK 〈约束条件〉

其中，约束条件为一个逻辑表达式。

【例 8-38】在学生数据库中列 g 为一个从 0～100 的数字。它可用 CHECK 短句写为：

CHECK g>=0 AND g<=100;

② 默认值短句。

DEFAULT<常量表达式>

表示对应列的值，若为空，则选用常量表达式中的值。

③ UNIQUE 语句。

可在列后用 UNIQUE 表示该取值为唯一。

④ NOT NULL 语句。

可在列后用 NOT NULL 表示该列值为非空值。空值是数据库中的一种特殊的数据值，它表示未知或不存在的值。

域约束的 4 个短语一般用于 SQL 创建基表语句时有关列的描述中。它将在下面介绍。

（2）表约束。表约束用以确定表中主关键字及外关键字，此外还包括表内列间的约束，它可有下面几种表达方法。

① 主关键字定义子句：其表示形式为如下 SQL 子句。

PRIMARY KEY<列名表>

其列名表给出了主关键字。

【例 8-39】基表 S 的主关键字为 sno，它可表示为：

PRIMARY KEY sno

② 外关键字定义子句：其定义形式为如下 SQL 子句。

FOREIGN KEY<列名表>
REFERENCE<参照表>(<列名表>)
[ON DELETE<参照动作>]
[ON UPDATE<参照动作>]

其中，第一个<列名表>给出了外关键字，而<参照表>（<列名表>）则给出了外关键字所对应主关键字所在的表及相应的列。而参照动作共五种，分别是 NO ACTION、CASCADE、RESTRICT、SET NULL 及 SET DEFAULT 等，它们分别表示无动作、动作受牵连、动作受限、置空及置默认值。其中，动作受牵连表示为删除（或修改）元组时相应表中的相关元组一起删除（修改）；而动作受限制则表示在删除（或修改）时仅限于指定表中元组。

【例 8-40】定义学生数据库中表 SC 的主关键字与外关键字。

PRIMARY KEY sno,cno
FOREIGN KEY sno REFERENCE sno ON DELETE CASCADE
FOREIGN KEY cno REFERENCE cno ON DELETE RESTRICT;

约束设置子句：

CHECK <约束条件>

其中，约束条件表示表内列间的逻辑条件。

表约束的 3 个子句一般用于在创建基表语句中对表的描述。

（3）表间约束一断言。当约束涉及多个表（包括一个表）时，可用断言建立多表间列的约束条件。在 SQL 有两个断言的语句，分别是：

① 创建断言：

CREATE ASSERTION <断言名> CHECK <约束条件>

② 撤销断言：

DROP ASSEPTION <断言名>

其中，约束条件是一个逻辑表达式。

【例 8-41】在学生数据库建立如下约束：

① 计算机系学生必须修读"数理逻辑"课程。

② 学生年龄必须小于 30 岁。

CREATE ASSERTION student constraint CHECK(S.sd='cs'OR C.cn!='mathmatic logic') AND
S.sno=SC.sn AND C.cno=SC.cno AND S.sa<30;

在 SQL 的完整性控制语句中，只有断言语句是独立的，而其他都以短句或子句形式实现并依附于创建基表语句中。

5）并发控制——动态控制之一

在数据控制中，除了静态控制外，还有一种是在数据操纵执行过程中的动态约束，也称动作控制。动态控制有两种：一种称为并发控制，另一种称为故障恢复。下面先介绍并发控制。

数据库的数据是共享数据，因此多个应用可以访问它，这时可能会出现访问中的相互干扰，从而产生错误。如著名的"民航订票问题"就是一个例子。在此例中设有两个民航售票点，它们按下面次序订票：

(1) A 售票点执行订票程序 T_1，通过网络在数据库中读出某航班机票余额为 y=2。

(2) 接着，B 售票点执行订票程序 T_2，通过网络在数据库中也读出同一航班机票余额为 y=2。

(3) 接着，A 售票点执行订票程序 T_1，卖出一张机票并修改余额 y=y-1，即 y=1，并写回数据。

(4) 接着，B 售票点执行订票程序 T_2，卖出一张机票并修改余额 y=y-1，即 y=1，并写回数据。

在订票结束后发现，在数据库中余额为 1 张票，却卖出了 2 张，这样就产生了错误。其具体执行过程如图 8-18 (a) 所示。

在仔细分析错误后发现，其主要原因是由于多个应用"并行"（或称并发）执行所引发的，为从根本上解决此问题,必须对应用程序的并发执行加以一定的控制,称为并发控制(concurrent control)。

并发控制方法主要思考的是：在一个完整的订票程序执行期间它应该独占数据库资源，其他程序此时不能访问数据库，而只有当它使用完成后才能向其他程序开放。在图 8-18 (a) 所示的操作流程中，程序 T_1 与 T_2 相互交叉不断轮番访问数据库，才导致了错误的产生。但如果在操作流程中程序 T_1 与 T_2 是依照先后次序分别操作，即程序 T_1 先执行操作，在操作期间 T_2 不能打断它的工作，只有 T_1 执行完订票全部操作，T_2 才能执行订票操作，此时数据库才不会出错，这种操作流程可用图 8-18 (b) 所示的流程表示。

步　骤	T_1	T_2	数据库显示机票余额
1	Read y:y=2		2
2		Read y:y=2	2
3	y←y-1		2
4	Write y:y=1		1
5		y←y-1	1
6		Write y:y=1	1

（a）第一种流程

步　骤	T_1	T_2	数据库显示机票余额
1	Read y:y=2		2
2	y←y-1		2
3	Write y:y=1		1
4		Read y:y=1	1
5		y←y-1	1
6		Write y:y=0	0

（b）另一种流程

图 8-18　"民航订票"操作流程图

从这种操作流程图中可以显示，在程序 T_1 与 T_2 的某个执行期间是不能被其他程序打断的，在此执行期间要么全做，要么不做，它称为一个事务（transaction）。因此，在数据库的程序中需要设置一些事务，设置事务后就可避免因多个应用同时访问同一数据库而产生的数据错误。

在 SQL 中提供三条事务处理语句，它们是：

（1）置事务语句：SET TRANSACTION。

此语句表示事务从此语句开始执行：在此以后的事务执行期间它不被其他程序所打断。

（2）事务提交语句：COMMIT。

此语句表示事务正常结束，此后其他程序即可执行。

（3）事务回滚语句：ROLLBACK。

当事务非正常结束时，此语句用以通告系统。此时，系统将回滚至事务开始处重新开始执行。

在数据库程序中，一个事务往往由 SET TRANSACTION 开始执行，由 COMMIT 结束，而在事务执行中如出现非正常情况，则需重做事务执行，此时在结束处用 ROLLBACK。由于事务的执行是遵从"要么全做，要么全不做"原则，因此在执行中间结束时，前面所执行的结果全部作废，即着从事务开始处重新执行，这就称为事务回滚。

在"民航订票问题"中，一般的数据库程序应该是按下面方式书写：

```
SET TRANSACTION
Read y
y←y-1
Write y
COMMIT
```

只有这样书写后才可避免并发所引发的错误。

目前，并发控制的功能由数据库管理系统中的专门模块负责执行。

6）故障恢复——动态控制之二

在数据操作的执行过程中经常受内部或外部影响而产生故障，因而使数据受到破坏，如外部的 CPU 故障、磁盘损坏、内部程序出错等。此时，需有一种方法能使受到破坏的数据恢复，称为故障恢复（failures recovery）。

故障恢复是数据保护的一种方法，目前一般采用如下三项技术。

（1）数据转储。即是将数据库中的数据定期复制到另一存储设备中，称为后援副本称备份。

（2）日志。日志是系统所建的一个文件，该文件用于系统及时记录数据库中更改型操作（包括修改、增加及删除等）的数据更改情况。

（3）操作撤销与操作重做。操作撤销与操作重做是数据恢复时必须执行的两个操作。其中，操作撤销称为 UNDO，而操作重做称为 REDO。

当磁盘中的数据遭到破坏时，数据库的恢复通过如下两个步骤实现。

第一步：将新的备份加载到磁盘上，从而可以将数据恢复到复制时的面貌。

第二步：根据日志用 UNDO 与 REDO 两个操作修正数据，最终可将数据从复制时到破坏时的数据全部恢复。

在不同数据库系统间故障恢复的功能实施区别很大，其实施的手段也不一样。一般，日志是系统自动记录的，而复制及 UNDO、REDO 则用系统过程或函数实现。因此，故障恢复是不用 SQL 语句的。

3. 数据定义功能

在介绍了数据操纵功能及数据控制功能后，最后介绍数据定义功能。

数据定义（data definition）功能包括数据模式定义、基表定义（包括列定义）、视图定义及物理数据库定义。

1）数据模式定义

数据模式定义给出了一个关系数据库的标记，它是一个共享数据单位，可为多个应用所共享。在它的标记下，可以构建基表、视图、物理数据库等。

在 SQL 中，数据模式定义可有两个语句，它们是：

（1）创建模式，格式如下：

`CREATE SCHEMA <模式名> AUTHORIEATION <用户名>`

其中，"模式名"给出了该模式的标记；而"用户名"则给出了创建该模式的用户。

一般只有在创建模式后，基表、视图及物理数据库的才有可能建立。

【例 8-42】创建一个学生数据库 STUDENT，其创立者为 LIN。

`CREATE SCHEMA STUDENT AUTHORIEATION LIN;`

（2）删除模式，格式如下：

`DROP SCHEMA 〈模式名〉,〈删除方式〉`

其中，删除方式有 CASCADE 和 RESTRICT 两种。CASADE 表示删除与模式所关联的所有基表、视图及物理数据库，而 RESTRICT 则表示只有在模式中无任何关联的基表、视图及物理数据库删除时才能进行。

【例 8-43】删除 STUDENT 数据库，其删除方式为 CASCADE。

`DROP STUDENT,CASCADE;`

2）基表定义

在定义了数据模式后即可定义基表。基表是关系数据库的基本数据结构单位，基表定义给出了基表的结构框架，基表由列组成，因此基表定义只要给出基表名、列名及相应数据类型即可。基表定义还包括基表的删除与修改。它共有三条 SQL 语句。

（1）创建表。语句如下：

`CREATE TABLE <表名>(<列定义>,[<列定义>],…)`

其中，列定义形式如下：

`<列名> <数据类型>`

在 SQL 中提供了 15 种基本数据类型，具体类型可见表 8-9。

表 8-9　SQL 数据类型表

序　号	符　　号	数 据 类 型	备　　注
1	INT	整数	
2	SMALLINT	短整数	
3	DEC(m,n)	十进制数	m, n 分别表示小数点前，后位数
4	FLOAT	浮点数	
5	CHAR(n)	定长字符串	n 表字符串长度
6	VHRCHAR(n)	变长字符串	n 表最大变长数
7	NATIONAL CHAR	民族字符串	用于表示汉字
8	BIT(n)	位串	n 表位串长度
9	BIT VARYING(n)	变长位串	n 表最大变长数
10	NUMERIC	数字型	

续表

序　号	符　号	数 据 类 型	备　注
11	REAL	实型	
12	DATE	日期	
13	TIME	时间	
14	TIMESTAMP	时间戳	
15	INTERVAL	时间间隔	

【例 8-44】定义学生数据库中的 3 个基表：

```
CREATE TABLE S(sno CHAR(5)
               sn VARCHAR(20)
               sd CHAR(2)
               sa SMALLINT);
CREATE TABLE C(cno CHAR(4)
               cn VARCHAR(30)
               pcno CHAR(4));
CREATE TABLE SC(sno CHAR(5)
               cno CHAR(4)
               g SMALLINT));
```

以上语句创建了表的结构框架，但是在表中的列及列间还存在着语法、语义的完整性约束，它们同时依附于表结构中，包括域约束及表约束中的 CHECK 短句、默认值短句、UNIQUE、NOT NULL、主关键字定义子句、外关键字定义子句与约束设置子句。例 8-41 给出了带有完整性约束的学生数据库的 3 个基表的创建语句。这是一个完整的基表创建语句。

【例 8-45】带完整性约束的学生数据库的 3 个基表可定义如下：

```
CREATE TABLE S(sno CHAR(5)NOT NULL
               sn VARCHAR(20)
               sd CHAR(2)
               sa SMALLINT CHECK sa<50 AND sa>=15
               PRIMARY KEY(sno));
CREATE TABLE C(cno CHAR(4)NOT NULL
               cn VARCHAR(30)
               pcno CHAR(4)
               PRIMARY KEY(cno));
CREATE TABLE SC(sno CHAR(5)NOT NULL
               cno CHAR(4)NOT NULL
               g SMALLINT,CHECK g>=0 AND g<=100
               PRIMARY KEY (sno,cno)
               FOREIGN KEY sno REFERENCE S.sno
               FOREIGN KEY cno REFERENCE C.cno);
```

（2）修改表。语句如下：

```
ALTER TABLE <表名> ADD <列定义>
```

表示在指定表中增加新列。

【例 8-46】在表 S 中增加一个新列 sex CHAR(1)。

```
ALTER S ADD sex CHAR(1);
```

此外，也可通过语句

```
ALTER <表名> DROP <列名>
```

在指定表中删除指定的列。

（3）删除表。语句如下：

```
DROP TABLE <表名>
```

表示删除指定的表，包括表的结构连同该表的数据以及该表所表示的视图、该表所生成的物理数据库等。

3）视图

视图是建立在关系数据库上的一个部分数据库。如果说关系数据库是为多个应用服务的全局数据库，那么视图则是为每个应用服务的局部数据库。建立视图的主要目的是简化每个应用的数据范围，方便用户操作使用。

由于视图是关系数据库的一个部分，因此它无须重新构建，只须在基表上进行一些抽取。同时，一般视图只做查询操作，不能做增、删、改操作。因此，视图的 SQL 操作仅有视图的定义，而它的查询与基表查询是一致的。

（1）创建视图。语句如下：

```
CREATE VIEW <视图名>(<列名>,[<列名>],…)
        AS <SELECT 语句>
```

在创建视图中，给出了视图的结构，同时还用 SELECT 语句对已有关系数据库中的数据（包括基表）做抽取，从而得到一个局部数据库。

【例 8-47】定义一个计算机系学生的视图。

```
CREATE VIEW CS-S(CSSno,CSSn,CSSd,CSSa)
              AS(SELECT *
                 FROM  S
                 WHERE SD='CS');
```

【例 8-48】定义一个学生及其平均成绩的视图。

```
CREATE VIEW S-AVG(AVGSno,AVGSn,AVG)
              AS(SELECT S.sno,S.sn,AVG(SC.g)
                 FROM S,SC
                 WHERE S.sno=SC.sno
                 GROUP BY S.sno);
```

【例 8-49】定义一个学生姓名、修读的课程及其成绩的视图。

```
CREATE VIEW S-C-G(SCG-Sn,SCG-Cn,SCG-g)
              AS(SELECT S.sn,C.cn,SC.g
                 FROM S,SC,C
                 WHERE S.sno=SC.sno AND SC.cno=C.cno);
```

（2）删除视图。语句如下：

```
DROP <视图名>
```

删除一个指定的视图。在删除时还包括该视图及由它所导出的其他视图。

（3）视图查询。对视图的查询与对基表查询是一样的，同样可以对视图与基表做混合查询。

【例 8-50】对 CS-S 做查询，查询计算机系年龄小于 20 岁的学生姓名。

```
SELECT CSSn
FROM CS-S
WHERE CSSa<20;
```

【例 8-51】对 CS-S 及 SC 做查询，查询计算机系学生徐林所修读的课程号。

```
SELECT sc.cno
FROM CS-S,SC
WHERE CS-S.CSSno=SC.sno AND S.sn='徐林';
```

4）物理数据库定义

物理数据库是关系数据库物理装置的数据表示，它建立在磁盘或文件之上。物理数据库一般由系统根据 CREATE SCHEMA 及 CREATE TABLE 语句自动建立，但是为方便使用及提高效率，用户可以通过某些手段设置一些参数及建立数据物理关联。具体包括：

（1）设置参数。一般在关系数据库初始时设置，它没有独立的 SQL 语句，而是附属于某些语句中或以过程函数形式给出。

（2）建立数据物理关联。如索引及集簇等，可用 SQL 语句完成。一般以索引较为多见。

下面重点介绍索引。索引就像书中的目录，它可以加快查询速度，因此在一般的物理数据库中都设置索引。索引设置可用 SQL 中的 CREATE INDEX 实现，此外还有 DROP INDEX 以取消索引。

（1）创建索引。语句如下：

CREATE [UNIQUE] INDEX <索引名> ON <表名>([<列名>|<顺序>],[<列名>|<顺序>],…)

其中，UNIQUE 是任选项，表示不允许两个元组在给定索引中有相同的值；顺序有升序（ASC）及降序（DESC）两种，默认值为升序。

此语句表示按指定表中的指定列及顺序建立索引。

【例 8-52】在 S 的 sno 列上建立一个按升序排列的唯一索引。

CREATE UNIQUE INDEX XSNO ON S(sno);

【例 8-53】在 SC 的(sno,cno)上建立一个按升序排列的索引。

CREATE INDEX XSC ON SC(sno,cno);

（2）取消索引。语句如下：

DROP <索引名>

表示取消一个指定的索引。

【例 8-54】取消索引 XSC。

DROP XSC;

4. 数据交换功能

RDBMS 中的数据交换功能包括五种，分别是：

1）人机交互方式

目前的 RDBMS 中都有人机交互方式的数据交换功能，以使操作员与数据库间通过可视化形式做数据交换。人机交互方式因系统不同而有所不同，目前并无统一标准。

2）嵌入式方式

虽然目前的 RDBMS 中都有嵌入式方式的数据交换功能，在 SQL 中有统一的标准称 SQL/BD。但已很少有人使用。

3）自含式方式

目前的 RDBMS 中都有自含式的数据交换功能且使用较为普遍，较为常用的有 Oracle 中的 PL/SQL、Sybase 及 SQL Server 中的 T-SQL 等。此外，在 SQL 中有统一标准称 SQL/PSM。

4）调用层接口方式

在目前的网络应用中，调用层接口方式使用得最多，常用的有 ODBC、JDBC、ADO 及 ADO.NET 等。此外，在 SQL 中也有统一标准称 SQL/CLI。

5）Web 接口方式

Web 接口方式主要用于 Web 应用中，常用的工具是 ASP、ASP.NET 及 JSP 等。此外，在 SQL 中也有统一标准。

5．数据服务功能

"服务"是近代计算机应用的重点特色，在数据库中也是如此。通常情况下，RDBMS 中的服务包括操作服务与信息服务两种。

1）操作服务

在 RDBMS 中，操作服务一般以过程、函数或组件的形式出现，还可以工具包的形式出现。

（1）多种服务的函数，如数学计算函数、输入/输出函数及多媒体函数等。

（2）为 DBA 服务的工具，如复制、转储以及性能监测、数据监控等工具。

（3）为操作提供方便的工具，如可视化交互界面、导入/导出服务、上网服务等工具。

2）信息服务

信息服务提供相关数据信息，包括数据字典、系统示例、系统帮助等服务。

*8.4　主流数据库产品介绍

当前主流数据库产品都是关系数据库产品，按规模分为大型、小型及桌面式三种，其代表性产品分别是 Oracle、SQL Server 及 Access 等、下面分别介绍。

8.4.1　大型数据库产品 Oracle

Oracle 公司成立于 1977 年，是一家专营数据库产品的公司。其目前流行的版本是 Oracle 9i，它是一个面向互联网的 RDBMS，有完备的数据定义、数据操纵、数据控制及数据交换的功能，其中数据交换有：

（1）人机交互功能。

（2）嵌入式功能：能嵌入于 C、C#及 Java 等多种主语言中。

（3）自含式功能：有自含式语言 PL/SQL。

（4）调用层接口功能：有 ODBC、JDBC 等接口，能将 C、C++、Java 等与数据库相连，能在网络环境中运行。

（5）Web 接口功能：能与 ASP 及 JSP 接口相连，并最终与 HTML（或 XML）交互以实现其 Web 功能并能在 Web 中运行。

（6）XML 数据库：能与 XML 结合构成 XML 数据库。

此外，它还有较强的服务功能，能提供图形、报表、曲线、窗口等多种服务。

在 Oracle 中采用 SQL，以 SQL 99 为主并有所扩充。

在我国，Oracle 主要应用于银行、保险等金融领域及财务、公安等大型系统中。

8.4.2　小型数据库产品 SQL Server

SQL Server 是微软公司推出的数据库产品，目前流行的版本是 SQL Server 2007 及 2008。

SQL Server 是一种小型的 RDBMS，其核心功能是数据定义与数据操纵，并有一定的数据控制、数据交换及服务功能。其中，数据交换功能有：

（1）人机交互功能：通过企业管理器及查询分析器的可视化界面可完成人机间直接数据交换。

（2）嵌入式功能：有嵌入式功能，其主语言为 C，但目前使用者甚少。

（3）自含式功能：有自含式语言 T-SQL。

（4）调用层接口功能：有 ADO 及 ADO.NET 等接口。

（5）Web 接口功能：能通过 ASP 将 HTML 与数据库接口。

SQL Server 采用 SQL 语句，以 SQL92 为主，并有一定扩充。

SQL Server 是全球流行的小型数据库商品，它具有以下特点：

（1）在微软环境下能与多种软件的工具接口，具有极大的开放性。

（2）具有多种使用平台，包括单机集中式、网络分布式及互联网上的使用方式。

（3）适用于中、小型应用系统。

8.4.3 桌面数据库产品 Access

Access 数据库是微软公司 Office 软件包的一个组成部分，目前流行的是 Access 2010，它是一种桌面式的 RDBMS，适用于小型及微型应用。

Access 具有数据库的核心功能，但并不完备，其数据交换功能主要有两种：

（1）人机交互功能：可以通过"向导"等工具实现人机直接交互。

（2）自含式功能：Access 包含有自含式语言 VBA，它是一种简化的 VB 并能与数据库接口。

Access 的特点如下：

（1）它是在微软平台下的一种产品，能与微软中的软件有良好的接口。

（2）它适合在单机集中的环境下应用，不适用于网络分布式及互联网环境下的开发应用。

（3）它具有较强的服务功能及界面开发能力。

（4）它适用于小型、微型的应用开发。

小　结

本章主要介绍一种作为存储、管理共享、海量及持久数据的数据组织——数据库系统。

1．数据库系统基本面貌

数据库系统的基本面貌由所存储与管理的数据的 3 个特性决定。

（1）数据模式由全局模式与局部模式组成。

（2）数据有高集成性与低冗余性。

（3）数据控制与数据保护。

（4）一种独立组织，有严格数据操纵能力。

（5）有专门软件 DBMS 与专业人员 DBA 管理。

（6）其物理存储设备以磁盘为主。

2．数据库系统组成

数据库系统由四部分组成：

（1）数据库 DB。

（2）数据库管理系统 DBMS。

（3）数据库管理员 DBA。

（4）基础平台。

3．数据库应用系统

数据库应用系统由三部分组成：

（1）已设置的数据库系统。

（2）已选定的接口。

（3）应用程序。

4．数据模型

（1）数据库的抽象框架。

（2）纵向分为三层，横向分三部分：

- 概念层——E-R 模式；
- 逻辑层——关系模式、关系操纵、关系约束；
- 物理层——物理结构。

5．关系数据库管理系统及 SQL

（1）数据定义：关系模式、基表、视图、物理数据库。

（2）数据操纵：数据查询、数据修、删、改、计算、统计。

（3）数据控制：安全性控制、完整性控制、并发控制、故障恢复。

（4）数据交换。

（5）数据服务。

6．本章内容重点

（1）关系模型。

（2）SQL 基本操作。

习　题　八

名语解释

8.1　请解释下列名词：

　　（1）数据库；（2）数据库管理系统；（3）数据库管理员；（4）数据库系统。

8.2　Oracle 是一种（　　）。

　　A．数据库管理系统　　　　　　　　B．数据库

　　C．数据库系统　　　　　　　　　　D．数据库应用系统

8.3　E-R 模式是一种（　　）。

　　A．逻辑模式　　　　B．概念模式　　　　C．关系模式　　　D．子模式

问答题

8.4　请介绍数据库系统的基本面貌。

8.5　请介绍数据处理与数据库应用系统间的关系。

8.6　请介绍关系的概念。

8.7　请介绍关系模式与关系子模式间的关系。

8.8　请说明外关键字在关系模式中的重要性。

8.9　什么叫数据约束？请说明其含义。

应用题

8.10　设有图书管理数据库，它有如下的数据元素：

图书（书号，书名，作者姓名，出版社名，单价）

作者（姓名，性别，籍贯）

出版社（出版社名，所在城市，社长姓名）

请用 E-R 图构建其概念模式，同时再用关系作逻辑模式并用 SQL 定义其模式。最后，用 SQL 做如下查询：

(1) 由"科学出版社"出版发行的所有图书书号。

(2) 图书"软件工程基础"的作者籍贯及出版社所在城市。

(3) 由女性作者且在高教出版社所出版的图书名。

8.11 设有一关系数据库的关系模式如下：

顾客（编号，姓名，所在城市）

供应商（编号，公司名，所在城市）

商品（编号，商品名，单价，数量）

订单（订单号，月份，顾客号，供应商号，商品号，数量，金额）

请用 E-R 图表示，并用 SQL 做模式定义，最后用 SQL 做如下的查询：

(1) 查询购置过"P02"号商品的顾客所在的城市。

(2) 查询仅通过"A07"号供应商来购买商品顾客姓名。

思考题

8.12 请说明数据库系统与文件系统在开发应用中的异同。

实验三 数 据 库

一、实验目的

掌握数据库的基本使用及 SQL 基本操作。

二、实驯内容

3-1 设有实验二的表 1、表 2 及表 3，请画出它的 E-R 图，给出其关系模式并用 SQL 定义。

3-2 对 1 所定义的关系数据库做如下查询，写出与 SQL 查询语句并给出结果。

(1) 查询学生的所有情况。

(2) 查询学号为"12106"的学生情况。

(3) 查询年龄大于 20 岁的学生姓名与系别。

(4) 查询修读课程名为"操作系统"的学生姓名。

(5) 查询有成绩大于 76 分课程号为"C102"中所有成绩的学生学号。

(6) 查询每个学生的平均成绩及修读课程门数。

3-3 对 1 所定义的关系数据库做数据更新并写出 SQL 语句。

(1) 删除学生周诲杰的记录。

(2) "计算机应用系"学生年龄增加一岁。

(3) 插入一个选课记录：（1211，C102，78）。

3-4 在 1 所定义的关系数据库上构建一个计算机系的视图，并用 SQL 语句定义，同时给出结果。在这个视图上做查询，写出它的 SQL 语句与结果。

(1) 学生陈刚的年龄。

(2) 学生王强所修读的所有课程名。

第9章 支撑软件与应用软件系统

本章主要介绍计算机软件系统中的两大系统——支撑软件系统与应用软件系统，并介绍几个典型的应用软件。

9.1 支撑软件系统

支撑软件系统（简称支撑软件）是近年来发展起来的一类软件系统。在发展初期，它主要是一种用于支撑软件开发、维护与运行以及协助用户方便使用的软件，因此称为支撑软件。随着软件的发展，支撑软件还包括系统内各软件间的接口以及软件、硬件间的接口，它们统称为接口软件。近年来，中间件的出现与发展使得支撑软件的作用大为提升，从而形成了不同于系统软件与应用软件的第三种独立的软件系统。

初期的支撑软件主要用于单机集中式环境。随着计算机网络的出现与发展，支撑软件也得到快速发展，特别是在网络分布式环境中的接口软件与中间件已成为其中的必备软件。目前，支撑软件是网络分布式环境中的一种基础软件。

当前，支撑软件分为三类，分别是工具软件、接口软件及中间件。下面分别介绍。

1. 工具软件

工具软件主要用于辅助软件的开发、监督软件的运行、管理软件操作，此外，在软件产生故障时，工具软件可以辅助诊断与辅助恢复，同时还为用户提供各种使用上的方便。由于这种软件类似于使用工具为人们提供方便一样，因此称为工具软件。

2. 接口软件

由于计算机系统日益庞大，系统内往往会出现多种子系统、多种不同程序、不同数据体以及不同硬件、部件等，它们间需相互衔接，以形成一个统一整体，这时就需要有一种软件起接口作用，称为接口软件。接口软件的形式很多，具体有：

（1）软件间接口：如不同语言程序间的接口、程序与数据库接口、不同数据库间的接口等。

（2）软件与硬件间的接口：软件与硬件间的接口往往通过接口软件实现，如 AD/DA 转换、显示卡中的图像数据转换、网卡及设备控制卡中的数据信号转换等。

（3）硬件与硬件间的接口：有时硬件与硬件之间可以通过接口软件以实现它们间的接口，如 Modem 中的信号转换接口、广域网中路由转换接口等。

（4）系统间的接口：在一个大系统内各不同小系统间的接口，如网络中（数据库）服务器与客户机中程序间的接口、浏览器与服务器间的接口等。

此外，在一个系统与外部（系统）间也存在着接口，如电子商务网站与外部银行网络间的接口，它们也可有接口软件相连接。

目前的接口软件已遍布系统内外，成为"无处不在"的常见软件。对它的详细介绍将分散于软件各处，而不集中统一于一处介绍。

3．中间件

早期，中间件起源于接口软件，它是系统内应用软件与系统软件间的一种特殊接口。近年来，由于计算机网络的发展以及计算机系统日益庞大，往往在一个系统内有多种硬件平台与多种系统软件，这为开发应用带来困难，因此需要面向应用建立一个统一的平台。由于该平台处于应用软件与系统软件（及硬件）之间，因此称为中间件。目前，在大型应用（软件）系统中，特别是在网络分布式环境中都有中间件支撑。中间件已成为支撑软件的主要组成部分。

关于中间件的定义，国际数据组织 IDC 是这么说的：**中间件是一种独立的服务软件，分布式应用软件借助于它在不同技术间共享资源。中间件一般位于硬件和操作系统之上，管理网络通信及计算资源。**

中间件的作用与位置如图 9-1 所示。

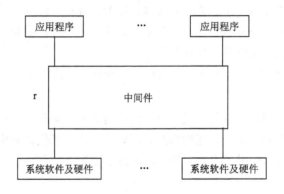

图 9-1　中间件示意图

中间件的功能主要如下：

（1）提供跨网络、跨硬件、跨 OS 的跨平台统一服务。

（2）提供标准的协议与接口。

（3）提供统一的协议，为建立互操作框架奠定基础。

（4）统一管理计算资源，支撑分布式计算。

目前，常用的中间件产品与标准有：

（1）对象管理组织 OMG 的标准 CORBA。

（2）基于 Java 的标准：J2EE，它的产品有 BEA 公司的 Weblogic 以及 IBM 公司的 Websphere。

（3）微软公司的产品.NET。

由于中间件大多应用于网络环境中，因此将在网络软件中予以详细阐述。

中间件的最终目的是让用户可以在任何地方、任何时间都能通过它使用平台上的所有资源（包括硬件与软件、程序与数据），而用户并不需要知道它们存在于何处以及如何使用等具体细节。

9.2　应用软件系统

9.2.1　概述

应用软件系统（也称应用软件）直接面向应用，专门用于解决各类应用问题的软件，此类软件目前是计算机软件中最大量使用的软件，它涉及面广、量大，是计算机应用的主要体现。

由于应用软件适用范围广、使用领域宽，它可分为通用应用软件与定制应用软件两类。

1．通用应用软件

通用应用软件可以在多个行业与部门共同使用的软件。如文字处理软件、排版软件、多媒体软件、绘图软件、电子表格软件等。

2．定制应用软件

定制应用软件是根据不同应用部门的要求而专门设计、开发的软件，它一般仅适用于特定单位而不具备通用性。如指定高校的教务管理系统、特定商场的商品销售系统等。近年来，还出现具有一定通用价值的定制应用软件，而根据特定单位的特定应用需求可对它们进行二次开发，从而形成的软件也称定制应用软件。

9.2.2　应用软件组成

应用软件一般由三部分 5 个内容组成：

1．应用软件主体

应用软件须有相应的应用程序，它刻画该软件的业务逻辑需求，此外，还须有相应的数据资源以支撑程序的运行，这两者的结合构成了应用软件的主体。

2．应用软件的基础软件

为支撑应用软件主体，需要有相应的系统软件（如操作系统、语言处理系统、数据库系统等）、支撑软件等软件作为基础软件，对应用软件起基础性支撑作用。

3．界面

应用软件是直接面向用户的，因此必须与用户有一个直接的接口，称它为界面。界面是应用软件必不可少的部分。

应用软件的三部分 5 个内容构成了应用软件的一个整体，它可以用图 9-2 表示。

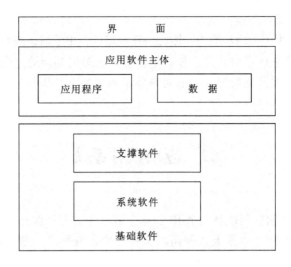

图 9-2 应用软件组成示意图

9.2.3 典型应用软件介绍

由于计算机技术不断发展，应用软件已逐渐渗透到各个方面与各个领域，在本节中，首先对目前常用的应用软件进行分类，在此基础上介绍几个典型性的应用软件。

1．应用软件分类

目前流行的应用软件按其功能与性质大致可分为两大类，分别是事务处理型（business processing）与分析处理型（analytical processing）。下面对这两种应用软件做简单介绍。

1）事务处理型应用

事务处理型应用又称联机事务处理 OLTP（OnLine Transaction Processing），它是计算机软件中的传统应用，其特点是以数据处理为主。目前流行的计算机信息系统 IS（Information System）即属于此类应用。

此类应用系统常用的有：

（1）管理信息系统 MIS（Management Information System）：是在管理领域中的应用软件系统。

（2）情报检索系统 IRS（Information Retrieve System）：是在图书、情报资料领域中的应用软件系统。

（3）办公自动化系统 OA（Office Automatic）：是在办公领域中的应用软件系统。

（4）客户关系管理 CRM（Customer Relationship Management）：是在市场领域中的应用软件系统。

（5）电子商务 EC（Electronic Commerce）：是在商务领域中的应用软件系统。

（6）电子政务 EG（Electronic Goverment）：是在政务领域中的应用软件系统。

（7）企业资源规划 ERP（Enterprise Resource Planning）：是在企业生产领域中的应用软件系统。

（8）嵌入式系统 ES（Embedded System）：是在控制领域中的应用软件系统。

在本章中将选取其中的电子商务、客户关系管理、企业资源规划以及嵌入式系统 4 个具体应用进行详细介绍。

2）分析处理型应用

分析处理型应用又称联机分析处理 OLAP（OnLine Analytical Processing），它是计算机软件中的最新应用，其特点是以智能型的演绎与归纳推理为主。

此类应用系统中常用的有：

（1）数据挖掘 DM（Data Mining）：是在数据归纳领域中的应用软件系统。

（2）专家系统 ES（Expert System）：是在数据演绎领域中的应用软件系统。

（3）决策支持系统 DSS（Decision Support System）：是在领导层决策领域中的应用软件系统。

（4）业务智能 BI（Business Intelligence）：是一种新的决策领域中的应用软件系统。

在本章中将选取其中的决策支持系统进行介绍。

2．电子商务介绍

电子商务是贸易过程中各阶段交易活动的电子化。电子商务源于英文的 Electronic Commerce，简称 EC，它的内容包括两方面，一个是电子方式，一个是商贸活动。下面对这两方面做简单介绍。

1）电子方式

电子方式是电子商务所采用的手段，所谓电子方式，主要包括如下一些内容：

（1）计算机网络技术。电子商务中广泛采用计算机网络技术，特别是采用互联网技术及 Web 技术，通过计算机网络可以使买卖双方在网上建立联系并进行操作。

（2）数据库技术。电子商务中需要进行大量的数据处理，因此需要使用数据库技术，特别是基于互联网上的 Web 数据库技术以利于进行数据的集成与共享。

2）商贸活动

商贸活动是电子商务的目标，商贸活动可以有两种含义：一种是狭义的商贸活动，它的内容仅限于商品的买卖活动；另一种则是广义的商贸活动，它包括从广告宣传、资料搜索、业务洽谈，到商品订购、买卖交易，最后到商品调配、客户服务等一系列与商品交易有关活动。

在目前的电子商务中，常用的有两种商贸活动模式：

（1）B2C 模式。这是一种直接面向客户的商贸活动，即所谓的零售商业模式，在此模式中所建立的是零售商与多个客户间的直接商业活动关系，如图 9-3（a）所示。

（2）B2B 模式。这是一种企业间以批发为主的商贸活动，即所谓的批发或订单式商业模式，在此模式中所建立的是供应商与采购商间的商业活动关系，如图 9-3（b）所示。

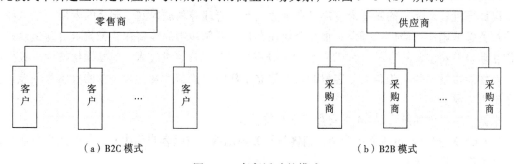

（a）B2C 模式　　　　　　　　　　　（b）B2B 模式

图 9-3　商贸活动的模式

3）电子商务的再解释

经过上面的介绍，我们可以看出，所谓电子商务，是指以网络技术与数据库技术为代表的现代计算机技术应用于商贸领域，实现以 B2C 与 B2B 为主要模式的商贸活动。

3. 客户关系管理介绍

客户关系管理 CRM 是 1999 年由美国 Gartner Group Inc 公司首先提出，CRM 是一个以客户为中心的信息系统。它可为企业提供全方位的管理视角，赋予企业完善的客户交流能力，最大化客户收益率。

CRM 一经提出立即受到广泛响应，并迅速发展到全球。在我国，CRM 自 21 世纪初开始已有介绍，相关的系统（包括国外引进以及国内开发）也陆续出现，有关应用也逐渐推广。

CRM 出现至今发展速度很快，究其原因主要有以下几方面：

1）新的思想与理念

CRM 不仅是一种计算机的信息系统，它更主要的是反映企业的一种新思想与理念，而这种理念在此以前是被忽视的，这种理念即是客户在企业中的占有主导地位与作用。

在企业中，市场是决定一切的，有了市场企业就能生存、发展，这是一个极其简单、人人皆知的道理，但是在市场经济发展中，有时由于市场对企业的制约不明显而未引起企业足够注意和重视，但到了市场经济充分发展的今天，市场竞争加剧，企业为获取市场中的一份蛋糕要进行殊死的拼搏，这样就使客户成了企业争取的对象，了解客户的需求，提供客户个性化服务，引导客户的消费成为企业的重要工作。这样，研究企业与客户间的关系就成为企业日常工作，而客户关系管理的出现正是适应企业发展的这种趋势的要求，为企业研究客户提供了有力的工具。

2）新的应用领域

在计算机信息系统发展过程中，与企业的结合以及为企业服务一直是它的重要方向。在国际上，自 20 世纪 60 年代开始至今出现了诸如 MIS、MRP、MRPⅡ以及 ERP 等多种以企业管理为核心的系统。自 20 世纪 70 年代开始至今出现的如 CAD/CAM、CIMS 等以企业产品自动化为目的系统以及自 20 世纪 80 年代开始至今出现的如 OA、EC 等以增强企业办事效率为目的系统，所有这些系统的出现均为企业发展提供了有力的保证，但是遗憾的是，在 40 余年企业信息化中所出现这些众多的系统中，从未有过在企业中以客户为中心的系统（当然，在前面所提系统中也有过与客户有关的内容，但均仅起辅助作用），因此，CRM 的出现是以前所有其他系统所不能替代的。

3）新的技术

以计算机技术为主的新技术应用已在企业生产、管理等领域得到了充分的发展，但是在与客户相关领域则相对滞后，至今，很多企业在客户关系领域中尚停留在手工或半自动化阶段，它们在期盼着新技术的应用，而 CRM 中充分应用了当代计算机技术、包括网络技术、数据库技术及智能化技术等，为企业与客户的联系建立了新的手段与工具，为企业的市场竞争能力提供了新的支撑。

根据以上三种理解，CRM 具有如下 3 个特性：

（1）CRM 的内容包括企业营销、销售与服务等范围，应以客户为中心，并以建立企业与客户良好关系为目的建立。

（2）CRM 的构架应是集成客户相关信息，提供服务与分析为一体的集成系统。

（3）CRM 是以数据库技术、网络技术以及人工智能技术为核心的计算机信息系统，它具有当代最新的技术的支撑。

4．企业资源规划介绍

企业资源规划是目前最为流行的一种企业信息化构建的方式。企业资源规划 ERP 是 20 世纪 90 年代由美国加特纳公司提出的一种企业信息化管理理念，它也是用计算机技术管理现代企业的一种方法，其主要思想是：

（1）企业的主要任务是生产产品，而其目标是所生产的产品质量好、成本低及时间短。

（2）产品生产是按供应链（supply chain）的方式进行的。企业生产从原料加工成半成品再进一步加工成产品的过程是一种"流"的过程，而驱动该"流"的是"供应"，这种"供应"包括物料供应、资金供应、信息供应、人力供应等，它们间一环套一环构成一种"供应链"的关系。

（3）在供应链中起主导作用的是三种流，分别是物流、资金流与信息流。

① 物流：企业是生产产品的场所，而产品的生产需要各种不同物料，从原材料起，包括各种生产工具、零配件、辅助工具、消耗性器材等，在生产的不同阶段需要不同的物料，因此物料供应是整个生产流程的主要供应流。

② 资金流：企业生产过程也是一种不断资金投入的过程，包括物资采购、人力资源保证、生产场所保证以及生产中的损耗等都需要有资金的不断投入，因此资金供应流是整个生产流程的重要保证。

③ 信息流：企业生产过程也是一种不断提供信息的过程，它包括生产计划、产品规格、要求、数量、品种、质量、技术规范、操作要求等，因此信息供应流也构成了整个生产流程中的不可缺少的部分。

除了上面三种流以外，ERP 还包括了人力资源流、工作流及增值流等内容。

ERP 的发展经历了 3 个不同阶段，其初期阶段（在 20 世纪 90 年代）称为 MRP，即物料资源规划，它是一个以物流为主的系统。在进入 20 世纪 90 年代中期发展到 MRP Ⅱ，即以物流与资金流为主的系统，最后到 21 世纪初出现了融合多种流的 ERP。

实际上，ERP 是一种以管理企业为目标的特定应用系统，目前著名的系统有德国的 SAP 等。

5．嵌入式系统

在众多的应用系统（如军事应用系统、工业应用系统）及民用系统（如军事导航系统，工厂自动流水线，民用的电冰箱、空调、移动电话以及仪器仪表）中都需要有一种部件来实现对整个系统的控制与管理，这种部件目前是用一种计算机实现，将它嵌入到应用系统中去以实现控制与管理系统的功能，这种计算机称为嵌入式系统。

嵌入式系统一般由一个（或多个）计算机及相应设备以及一组软件组成，其主要部分是：

1）嵌入式计算机

嵌入式计算机是一种特定的计算机，目前以单片机及单板机为主，它一般嵌入至应用系统（注意：该应用系统与前面所提到的计算机应用系统及应用软件系统完全无关）之中，一般不单独运行，也不暴露在现场操作人员视野之内。此类计算机在功能与外形结构上要能符合应用系统的要求。

2）嵌入式操作系统

嵌入式操作系统是一种符合嵌入式系统要求的小型、专用操作系统。该操作系统一般要求尺寸小、功能专一、可靠性高、实时性强和外界接口丰富。目前常见的嵌入式操作系统有两类，一类是相对通用的如 Windows CE、嵌入式 Linux、Vxworks 等以及用于移动电话上的 Windows mobile 及 Symbian 等，近来流行的是著名的安卓（Android）操作系统以及 iOS 等；另一类则是根据应用的具体需求而自行组装、开发的系统。

3）嵌入式数据库

嵌入式数据库是一种符合嵌入式系统要求的小型、专用数据库系统。该数据库系统一般也要求尺寸小、功能专一且可靠性高、实时性强和外界接口丰富。目前常见的嵌入式数据库系统有 Ultye Light、EXtreme DB 及 SQLite 等。

4）程序设计语言

在嵌入式系统中，常用的程序设计语言是 C++ 与 C，一般不常用汇编语言。近年来，Java 也开始流行。所有这些语言都带有嵌入式系统所需的一些特殊成分。

5）嵌入式支撑软件

在嵌入式系统中有一些支撑软件，如嵌入式中间件、接口软件（嵌入式系统与外界接口及内部接口）以及辅助开发的软件等。

6）嵌入式应用软件

嵌入式应用软件是完成嵌入式系统功能的主要软件，它是根据应用系统的需求所开发完成的，其主要功能是控制、管理以及数据处理等。

嵌入式应用软件所开发的要求是短小、精炼、节省内存、效率高、响应时间快以及可靠性高，这些软件一经开发完成即以固化形式存入嵌入式计算机中。一般不做修改。

整个嵌入式系统是由上面六部分所组成。它们是以层次结构形式所组成的特殊应用软件系统，其具体结构图如图 9-4 所示。

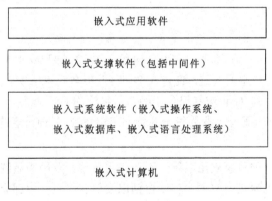

图 9-4 嵌入式系统结构示意图

嵌入式系统中是以嵌入式应用软件为核心的系统，它在整个应用系统中起着骨干与灵魂的作用。

6. 决策支持系统

决策支持系统（DSS）是 20 世纪 70 年代发展起来的一种计算机应用，它可以协助单位（enterprise）领导人员做辅助性决策。

一般而言，决策支持系统由三部分内容组成：

（1）数据：数据是决策的基础。大量、有效的数据是 DSS 的重要与基本内容。DSS 中的数据一般存放于相应的数据组织中，如文件、数据库以及将要介绍的数据仓库中。

（2）算法与模型：DSS 中的决策是由相应的算法以及由算法所组成的模型来完成，模型一般用数学方式表示并用软件实现，这是一种对数据做演绎分析的模型，用它可模拟决策思维过程。

（3）展示：由数据及模型所得到的决策结果最终以各种不同的形式在计算机中显示（如图示、曲线等），这是 DSS 中的最后一部分，称为结果展示。

传统的 DSS 决策模型在 20 世纪 70 年代末与 80 年代初形成，其典型的表示为图 9-5 所示的三库结构模型。

在这种三库结构模型中，由数据库存放数据，由方法库存放算法，模型库由若干方法组成，而展示则由若干种计算机的表示形式组成（如表格、图示、图形、曲线等），它接收来自模型计算结果的输出信息，将其转换成计算机中合适的表示形式，并最终输出。

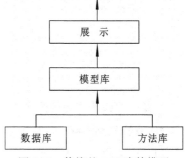

图 9-5　传统的 DSS 决策模型

传统的 DSS 决策结构模型到 20 世纪 80 年代中期已趋成熟与完善，并已涌现出大量有效的应用系统，同时还出现了不少相应的开发工具。

但是，随着应用的不断扩充，初期的传统决策结构模型已逐渐暴露其不足，主要表现在如下三方面：

（1）对数据的认识不足：传统数据库中的数据无法满足 DSS 中对数据的要求，特别是对分析型数据的要求以及对多数据源的要求。

（2）对算法与模型的认识不足：传统的算法以演绎型数学算法为主，其所构成的模型也以数学模型为主，已无法满足 DSS 中复杂模型的要求。它们包括演绎型模型、归纳型模型以及各种混合型模型，其中特别是对归纳型模型的要求。

（3）对展示的认识不足：传统 DSS 模型的展示能力差，在可视化技术与网络技术发展的今日已远远不能适应应用的要求。

到 20 世纪 90 年代初期，DSS 领域出现了重大变革，其标志性的成果是：

（1）1990 年，美国 W.H.Inmon 所提出的数据仓库 DW（Data Warehouse）概念。

（2）20 世纪 90 年代中提出联机分析处理 OLAP 与数据挖掘 DM 概念。

（3）20 世纪 90 年代以来，网络技术及可视化技术的发展为展示技术提供了新的支撑。

将它们综合在一起，使 DSS 的技术水平提高到一个新的阶段。

到目前为止，DSS 已形成一种新的结构模型，它们由如下几部分组成：

（1）以数据仓库为核心的数据支持系统，其特点是以统计、决策型数据为主。

（2）以数据挖掘为核心的算法支持系统，其特点是算法中不仅包括演绎型算法，更主要的是包括归纳型算法。此外，还包括以 OLAP 为核心的分析方法。

（3）以现代可视化技术与网络技术为核心的展示支持系统，其特点是多种形式的展示方法。

（4）由数据仓库 DW 与数据挖掘 DM、OLAP 为核心所组成的 DSS 模式。

以上四部分构成了 DSS 的新的结构模型，如图 9-6 所示。

新的 DSS 结构模型具有较为优越的特性：

（1）新的结构模型能较好反映 DSS 对数据的真实要求。

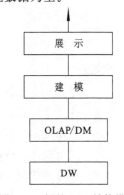

图 9-6　新的 DSS 结构模型

（2）新的结构模型能较好反映 DSS 的更为深刻的建模能力。

（3）新的结构模型能较好反映 DSS 的有效展示能力。

（4）新的结构模型具有多种学科的集成性，它将 DSS 与 OLAP、DW、DM 等新学科集成于一起，构成了一门更具活力新学科。

（5）新的结构模型具有更为广泛的应用性与适用性，它使 DSS 成为当代最具生命力的学科。

小　　结

本章介绍软件系统中的两大系统——支撑软件系统与应用软件系统。

1．支撑软件系统

（1）支撑软件系统主要用于支撑软件的开发、维护与运行的软件。

（2）支撑软件主要用于：

① 工具——为开发、维护与运行软件所提供的工具性软件。

② 接口——软件间接口及软硬件间接口。

③ 中间件——在应用软件与系统软件间起中间接口作用的软件。

2．应用软件系统

（1）应用软件系统直接面向应用，专门用于解决应用问题的软件。

（2）应用软件系统由三部分 5 个内容组成：

① 应用软件主体——应用程与数据。

② 基础软件——系统软件与支撑软件。

③ 界面。

（3）典型应用软件：

① 电子商务。

② 客户关系管理。

③ 企业资源规划。

④ 嵌入式系统。

⑤ 决策支持系统。

习　题　九

问答题

9.1　什么是支撑软件？请说明。

9.2　什么是应用软件？请说明。

9.3　支撑软件分哪三类？

9.4　应用软件分哪两类？

9.5　请介绍常用的两种中间件软件。

9.6　请介绍应用软件组成的 5 个内容。

9.7　请介绍典型的 5 个应用软件系统。

9.8　请说明支撑软件与应用软件的区别。

9.9　请说明系统软件与支撑软件的区别。

9.10　请说明下面 10 个软件分别属于何种软件分类（即系统软件、应用软件及支撑软件）。

(1) WindowsXP；　(2) ADO.Net；　　(3) Excel；　　　　(4) 沃尔玛全球销售软件；

(5) Word；　　　(6) 金蝶财务软件；　(7) Power Point；　(8) 工行储蓄软件；

(9) Web 软件；　　(10) ODBC 接口软件。

第10章 计算机网络软件与互联网软件

计算机网络及互联网出现以后，建立在它们之上的软件也迅速出现并蓬勃发展，同时相应的应用软件系统也逐渐代替单机集中式的应用软件系统，目前已成为应用主流。

在本章中主要介绍计算机网络软件及互联网软件（以下统称网络软件），它包括网络软件的分布式结构、计算机网络的介绍、网络软件中的系统软件、支撑软件以及网络软件中的应用软件等。

网络软件是以网络作为支撑的一种软件，它具有软件的全部特性，但它又是网络的延伸，因此，它是软件与网络的交叉学科。但奇怪的是，在目前的学科体系或是课程体系中都将它排挤于外，在网络领域中将其看成是"软件"，而在软件领域这则将它视为"网络"，因此，网络软件就成为一个"三不管学科"。但是，网络软件非常重要，因为目前的网络应用与软件应用实际上就是网络软件应用。因此，我们将为其正名并专设一章，作为单独学科专门介绍。

10.1 网络软件的分布式结构

网络软件建立在计算机网络及互联网上，它一般按一定结构方式组成，称为分布式结构（distributed structure）。在这种结构中有两种不同类型的计算机，一种是专为网络中的用户服务的，称为服务器（server），如提供文件服务的文件服务器、提供打印服务的打印服务器、提供数据库服务的数据库服务器以及提供 Web 服务的 Web 服务器等；另一种为网络中用户使用的计算机，称为客户机（client）。装有浏览器软件的并使用 Web 网页的客户机称为浏览器（browser）。这两种计算机按不同方式构建可组成不同的分布式结构。目前常用的结构有两种：C/S 结构（客户机/服务器结构）与 B/S（浏览器/服务器结构）结构。

1. C/S 结构

C/S 结构是建立在计算机网络上的一种分布式结构，这个结构由一个服务器及若干个客户机组成并按图 10-1（a）所示的方式相连。在此结构中，常见的是服务器存放共享数据，而客户机则存放用户的应用程序及用户界面等。另有一种 C/S 结构的扩充方式，即将服务器分成数据库服务器及应用服务器两层，其中数据库服务器存放数据，而应用服务器则存放共享的应用程序。

2. B/S 结构

B/S 结构是建立在互联网上的一种分布式结构，主要用于 Web 应用中。该结构通常由 3 个层次组成，分别是数据库服务器、Web 服务器及浏览器，它们之间按图 10-1（b）所示的结构相连。其中，数据库服务器存储共享数据，Web 服务器存储 Web 及相关应用，浏览器是用户直接操作 Web 的接口部分，它一般可有多个，分别与多个用户相接。同样，也有一种 B/S 结构的扩充，即将 Web 服务器分成应用服务器与 Web 服务器两层，原 Web 服务器中的应用程序改存于应用服务器内，从而构成一个四层的 B/S 结构方式。

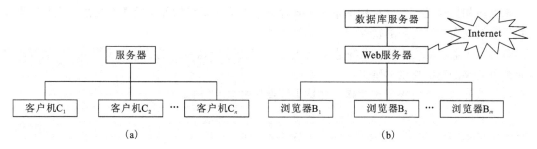

图 10-1　两种网络软件的分布式结构示意图

目前，计算机网络中大多采用 C/S 结构，而在 Web 应用中则以采用 B/S 结构为主。

网络软件的分布式结构为构建网络上的软件系统提供了结构上的基础。

10.2　网络软件的分层构造

网络软件是建立在计算机网络及互联网上的软件，这种软件可以分为若干个层次。

1．计算机网络与互联网

计算机网络与互联网（也称计算机网络）是由计算机、数据通信网络及相关协议组成，而在其实现中需要用到软件，特别是协议的实现是需要软件参与的，因此，可以说计算机网络实际上是一种软/硬件的结合，而并非是一种纯粹的硬件。

另外，在计算机网络协议中明确地规范了网络软件所应遵循的一些基本规则与约束，如在 TCP/IP 中的应用层有 SMTP 规范了电子邮件使用方法，FTP 规范了远程文件存取使用方法，又如 TCP/IP 中的传输层有 TCP 规范了操作系统进程间通信的方式等。

2．网络中的系统软件

传统计算机中的系统软件是建立在单机环境下的，但是在网络中的计算机则是建立在网络环境下的，为适应此种环境，必须对系统软件进行一定改造，这就是网络软件中的系统软件，它包括如下的一些内容：

（1）网络操作系统：是一种适应在网络上运行的操作系统。

（2）网络环境上的数据库管理系统：能适应在 C/S 及 B/S 结构上运行的数据库管理系统。

（3）网络程序设计语言：能适应网络环境的程序设计语言，如 Java、C＃等语言。

（4）网络专用开发工具：专门用于开发网上应用的软件工具，特别是 Web 开发工具，如 HTML、脚本语言及动态服务器页面等。

网络中系统软件构成网络软件中的第二个层次。

3．网络中的支撑软件

网络中的支撑软件主要包括网络中的众多工具软件、接口软件以及中间件。

在计算机网络与互联网中，为方便开发网络中应用软件所提供的集中、统一的软件平台称为中间件，由于这种平台是在网络系统软件之上，而又在网络应用软件之下的一种中间层次软件，中间件由此得名。中间件因网络而走红，它目前已成为网络软件中的重要支柱。

支撑软件构成了网络软件中的第三个层次。

4．网络应用软件

网络应用软件是网络软件中的最上层软件，它构成了网络软件中第四个层次。它是在网络环境下直接面向用户应用的软件。

目前，网络应用软件最著名的是 Web 应用。Web 是互联网上的共享数据平台，它为互联网用户获取共享的数据提供支持。

网络软件的 4 个层次互相关联，其整体结构如图 10-2 所示。

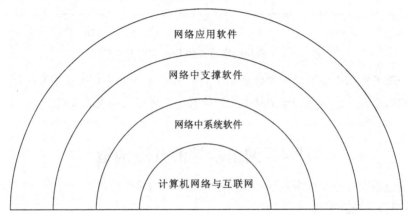

图 10-2　网络软件分层结构示意图

在这个分层构造中共有四层，下面对它们做详细介绍。

10.3　计算机网络层

计算机网络层是这个层次的最低层，它是以硬件为主，软硬件相结合的一种结构。

我们知道，计算机网络是计算机与数据通信的结合，其结合的接口是网络协议。计算机网络实现了计算机间的数据传输，实现了计算机网络上的资源共享，还实现了计算机间为完成共同目标的协同工作。

下面介绍计算机网络层的 3 个组成部分。

10.3.1　计算机网络层中的计算机

在计算机网络中的计算机称为主机，它在网络中的目标定位是：组织发送数据及接收数据。这种计算机即为第 1 章所介绍的由软硬件所联合组成的计算机，而它的发送与接收数据的功能一般由软件完成。

10.3.2　计算机网络层中的数据通信网

数据通信网是计算机网络中传递数据的物理实体，它在网络中的目标定位是：在网络中的主机间传递数据。

数据通信网是由数据通信线路及相应的数据通信设备组成，主要包括：

（1）网卡：主要用做计算机与数据通信网的接口。

（2）调制解调器：主要用于远距离数据传输中。

（3）集线器：是一种线路共享设备。

（4）交换机：是一种统一分配线路资源的设备。

（5）数据通信线路：是数据传递的物理介质，包括有同轴电缆、光缆及双绞线等。

数据通信网主要是一种硬件装置，但在其中有少部分软件，如在网卡及交换机中都有。

10.3.3　计算机网络协议

1．计算机网络协议介绍

在计算机网络中，计算机属于计算机学科，数据通信网络属于电信学科，而通过网络协议将它们结合在一起组成一个新的交叉学科——计算机网络。在其中，网络协议起到了至关重要的作用。网络协议规范了网络中数据组织与传递的方法，其具体的内容有很多，总体来说，横向有 3 个部分，纵向有 4 个层次，分别是：

（1）横向 3 个部分给出了网络协议内容的组成：

① 语法规范：规范了传递数据及控制信息的结构格式。

② 语义规范：规范了控制信息的语义解释，包括完成控制的动作及反馈信息等。

③ 时序规范：规范了数据传递的操作次序。

（2）纵向 4 个层次：由于网络协议的复杂性，因此需有多个协议规范，将它们划分成多个层次。目前，这种划分的标准有两种，国际化标准组织 ISO 的"开放系统互连参考模型"（OSI-RM）的七层标准以及美国所制定的 TCP/IP 参考模型的四层标准。在实际应用中以 TCP/IP 标准为主，因此在这里就介绍这种四层标准。

第一层：网络接口层。它是网络中最基础的物理层协议，规定了网络中物理链接方式及物理帧的结构格式。它包括数据通信网以及与网络的接口。

第二层：互联层。它建立在网络接口层上，给出了网络中数据传输的基本规范，包括主机编址方法、数据报文格式及数据寻址过程与方式。在该层中有多个协议，其主要的是 IP 协议，因此也称 IP 层。

第三层：传输层。它建立在互联层上，它给出了主机进程间的数据传输方式，包括数据报文格式及传输控制方式。在该层中也有多个协议，其主要的是 TCP 协议，因此也称 TCP 层。

第四层：应用层。它建立在传输层上，它给出了网络内各应用程序间的数据传输规范。在该层中也有多个协议，如简单邮件传送协议 SMTP、文件传输协议 FTP 等。

在该协议的各层中，应用层是最上层，而网络接口层是最底层，它们间上一层的实现依赖于下一层，而最终的物理实现都是由网络接口层完成的。因此，每一层都向下一层提供一个访问接口，而最重要的接口即是传输层向应用层提供的接口，它叫套接字（socket），所有应用程序（它属应用层）使用网络传递数据都是通过套接字实现的。

2．计算机网络协议的实现

（1）网络接口层的实现。网络接口层是数据传输的物理层，它是数据通信的实体以及与网络的接口。该层主要由硬件实现，其中少部分接口由软件实现。

（2）互联层的实现。互联层主要由软件实现，部分功能由硬件完成，其主要的设备是实现路由转接的路由器。

（3）传输层及应用层的实现。这两层是完全由软件实现的。

这样就可以说：**计算机网络协议的实现是由软硬件联合完成的，这种软件一般称为网络通信软件或协议软件，而硬件则是由一些网络设备组成。**

10.4 网络中的系统软件

网络中的系统软件包括网络操作系统、网络数据库管理系统、网络程序设计语言以及网络专用开发工具四部分，其中前三部分是传统系统软件在网络上的扩充，第四部分则是专门用于网络开发中的系统软件。下面对它们做介绍。

10.4.1 网络操作系统

传统操作系统是单机操作系统，它仅管理一台机器内的资源并建立一台机器内的软硬件接口。而在网络环境下有多台计算机，此时需要建立多台计算机间的接口，并通过接口实现网络内的资源共享，而这项任务主要由网络操作系统完成。

网络操作系统主要完成网络中计算机与数据通信网的接口，具体来说，即计算机发送数据或接收数据。由于这些操作必须按协议进行，因此网络操作系统一般包括 TCP/IP 协议软件。此外还包括应用程序向网络发送与接收数据的接口为套接字，它提供建立连接、关闭、连接、发送数据、接收数据等多项服务。因此，网络操作系统在传统操作系统功能之上扩充了 TCP/IP 协议软件及提供套接字两大功能。下面对这两种功能做介绍。

1. TCP/IP 协议软件

前面已经介绍，TCP/IP 协议的实现是需要软件参与的，这种软件就是协议软件，因此，网络操作系统必定包括 TCP/IP 协议软件中的内容，具体来说，即包括传输层和应用层协议的全部以及互联层的部分协议内容。这样就可以认为，网络操作系统是传统操作系统加上 TCP/IP 协议软件。

从另一角度看，网络操作系统参与了计算机网络的组建，它是计算机网络的一个重要组成部分。

2. 套接字

套接字提供了应用程序发送、接收数据的接口，它也是网络操作系统向外开放的接口。任何程序在网络中发送、接收数据都必须使用套接字。

发送与接收数据是计算机网络的最基本功能，通过该功能可以实现网络内所有计算机间的进程通信，从而实现网络内资源共享。同时，通过数据传递可以实现网络内的协同工作。

目前，在传统的三大操作系统（Windows、UNIX 及 Linux）中均有按 TCP/IP 协议中的规范所编制的 TCP/IP 通信软件以及实现应用层与传输层间收发数据的套接字，因此它们都是网络操作系统。此外，目前流行的 iOS、Android 等操作系统也都是网络操作系统。

在网络分布式结构中，不管是 C/S 还是 B/S 中，服务器及客户机（浏览器）中均须安装网络操作系统，但由于它们的作用不同，因此所安装的操作系统也有所不同。一般在服务器中安装服务器操作系统，而在客户机中安装个人网络操作系统。例如在 Windows 中，服务器上可安装 Windows Server 2012，而在客户机上则安装普通的 Windows XP 等。

10.4.2 网络数据库管理系统

传统数据库管理系统是建立在集中式单机环境下的，它的数据交换方式一般有三种：人机交互方式、嵌入式方式及自含式方式。而在网络环境下，这三种方式已不能适应，这就出现了调用层接口方式与 Web 方式，它们基本上能满足 C/S 与 B/S 结构中的网络数据管理的要求。

1. 调用层接口方式

调用层接口方式主要是为 C/S 结构设置的数据交换方式。在该结构中，共享数据存储于服务器中，而多个应用程序则分布于不同的客户机中，它们可以共享服务器中的数据，而 C/S 结构中的服务器及多个客户机构分布于网络的不同结点，因而某个客户机结点中的应用程序需要访问数据时，必须通过网络与服务器结点建立起数据传输通路，然后才能进行数据交换（即数据访问），在数据交换结束后还要撤销该条数据通路，因此，此种数据交换与传统方式大不一样，且操作复杂、过程烦琐，因此需要有一种专用的软件来实现，这是一种接口程序，应用程序在使用此接口程序时是通过语言中的调用方式实现的，因此称为调用层接口方式。

目前常用的接口工具有 ODBC、JDBC、ADO 及 ADO.NET 等。其中，ODBC 接口应用范围最广，适合用 C、C++书写的应用程序；JDBC 则适合于用 Java 书写的应用程序；ADO 是微软公司在 ODBC 上开发的一种工具，功能强且使用方便；ADO.NET 则是在.NET 上的一种数据库接口软件。这些接口工具大多以函数、组件或对象形式表示，它们在处理过程中都需要用到套接字，从而可实现网络上的数据传输。

2. Web 方式

Web 方式主要是为互联网中 Web 应用服务的一种数据交换方式，它能满足 B/S 结构中的 Web 应用的数据交换。

我们知道，Web 是以网页为基本单位的，而书写网页的基本工具是 HTML。网页一般存储于 Web 服务器中，当 HTML 在 Web 服务器中书写网页时需要经常访问数据，但数据存储于数据库服务器中，因此就出现了在网络中两个结点间数据交换的问题。另一个问题是 HTML 是一种置标语言，它无法表示与执行网络中结点间的数据交换，因此需要通过嵌入其内的某种特殊工具（如 ASP）以实现数据交换，这样看来，Web 中 HTML 访问数据的方式比计算机网络 C/S 结构下的访问方式还要复杂，一般需要经过几个步骤：

（1）HTML 提出数据访问要求。

（2）使用嵌入于 HTML 中的特定工具（如 ASP）调用相关的数据接口工具（如 ADO）。

（3）数据接口工具实现时网中数据库结点的数据访问。

例如在微软公司所开发的系统中，其 Web 方式的具体步骤是：HTML 提出访问数据要求，接着用 ASP 调用 ADO 以实现数据访问。

基于以上两种接口方式所实现的数据库管理系统可称为网络数据库管理系统。目前人们常用的数据库管理系统产品（如 Oracle、DB2，SQL Server 等）均具有这两种接口方式，因此都是网络数据库管理系统。

10.4.3　网络程序设计语言

传统的程序设计语言（如 PASCAL、C、C++等）都是建立在单机环境中，它们无法在网络环境下运行。如果要在网络上运行，必须满足两个条件：

（1）要能在网络上传递数据，必须有按协议进行数据通信的能力，这是网络程序设计语言的基本条件。

（2）所编写的程序能在网络中的任一个结点运行，即具有跨网络、跨平台的运行能力。我们知道，网络中具有不同的子网，不同的结点计算机，因此有不同平台，不同网络，而一个网络程序设计语言所编写的程序应能在不同子网、不同计算机上运行才能真正体现网络程序设计语言的威力。

一般而言，具备第一个条件的程序设计语言可称基本网络程序设计语言，而只有同时具有两个条件的程序设计语言才能称得上真正的网络程序设计语言。

目前，Java、C#等可称为真正的网络程序设计语言，而像 C、C++中增加一些有关满足协议的数据传输的库函数（或类或 API）以后，它们也可称为基本的网络程序设计语言，如 VC 6.0 中通过 API——WinPcap 可以实现网络中数据传递功能，亦即是说，在这个 API 的处理中使用了套接字，而传统的 C、C++则不是网络程序设计语言。如 Turbo C、Borland C 等都不是网络程序设计语言。

下面以 Java 为例，对真正的网络程序设计语言做介绍。

（1）Java 是一种面向对象程序设计语言，它有丰富的类库，在类库（如 socket 类）中提供了实现网络中数据通信的相关协议（TCP/IP）的功能。

（2）Java 具有能在网络中不同结点间移植的能力，其主要实现方法是在 Java 翻译时首先建立一个 Java 的虚拟机 JVM，Java 的编译针对 JVM，经编译后所生成的基于 JVM 的 Java 程序是一种中间代码，而每个网络结点自身带有一个解释器，接着就可以用 JVM 的程序与每个机器间的解释器完成最后的翻译，图 10-3 给出了整个翻译的全过程。这种方式使得 Java 在网络中的移植能力很强，可以做到"Java 在手，到处可走"的效果。

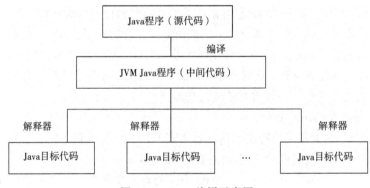

图 10-3　Java 编译示意图

（3）Java 的类库（如 URL 类）还具有依据 Web 中 URL 的地址在网络中访问 Web 数据的能力。

因此可以说 Java 是一种真正的网络程序设计语言。

10.4.4　网络专用开发工具

在网络中的专用开发工具主要是 Web 开发工具。Web 是互联网中最大的数据平台之一，为开发这种平台，需要具备一些专用的开发工具，这就是 Web 软件开发工具。它主要有如下三种：

1. HTML

Web 中的主要开发工具是 HTML。通过 HTML 可以编写网页，有关 HTML 的功能将在 10.7 节中介绍。

2．脚本语言

脚本语言是一种 Web 开发中的编程语言，它能与 HTML 混合编程。目前常用的脚本语言有 JavaScript 及 VBScript 等，有关脚本语言的介绍可见 10.8 节。

3．动态服务器页面

动态服务器页面是一种 Web 服务器中网页开发的工具，主要用于网页的动态处理及与 Web 数据库的交互。目前常用的服务器页面是 ASP，有关动态服务器页面的介绍可见 10.8 节。

上面介绍的 HTML、脚本语言及服务器页面等为在互联网中的 Web 应用开发提供了基本的开发工具，三者的有机结合使得网页的编制及 Web 站点建设成为可能。

10.5　网络中的支撑软件

在网络中的支撑软件主要有网络中的工具软件、接口软件及中间件。

1．网络中的工具软件

网络中的工具软件是为辅助软件开发以及监督、管理网络运行的软件，如网络管理软件、网页制作软件 FrontPage 及 Dreamweaver 等。

2．网络接口软件

目前一般所指的接口软件大多是网络接口软件，这主要是因为在网络环境中硬件设备与软件众多，为建立软件与软件、硬件与软件间的接口须有大量的接口软件。典型的接口软件有 ADO、交换机软件、路由器软件等。

3．中间件

目前，中间件主要用于网络环境中。自从计算机网络出现后，网络中有众多不同的子网，众多不同计算机，更重要的是有众多不同的软件，这些异构的软件使得网络中的应用软件开发以及网络中软、硬件资源的共享变得非常困难，因此需要建立一个公共的（软件）平台，为网上的应用软件开发、部署、运行及管理提供支撑，它就是中间件。只有加上中间件后，应用软件开发才成为可能，因此在网络中开发应用软件一般均需要中间件的支撑。

有关中间件的详细介绍将在 10.7 节中说明。

10.6　网络应用软件

目前，网络应用软件已成为计算机应用的主要角色，它们在各应用中都起到主要作用，其典型的应用有：

（1）运程医疗。

（2）运程教育。

（3）电子商务。

（4）电子政务。

（5）数字图书馆。

（6）网上娱乐。

（7）互联网通信。

（8）Web 应用。

下面介绍目前应用比较广泛的互联网通信与 Web 应用。

1. 互联网通信

互联网起源于电话网，通信功能是互联网的天然应用，它是电话通信的一种扩充。

互联网的通信服务一般分为两种，一种是异步通信（即非实时通信），其代表性应用是电子邮件；另一种是同步通信（即实时通信），其代表性应用是 QQ。

1）异步通信

异步通信是指凡参加通信的成员不一定必须在线（On-Line）的通信方式。目前流行的异步通信有电子邮件（E-mail）、新闻组（newsgroup）、博客（web log）、微博（microlog）以及近期出现在智能手机中的微信（wechat）等。

互联网中的异步通信实际上就是网络中的数据传输功能的应用，由于它传输速度快、表现形式丰富多彩，因此目前使用极为普遍。

2）同步通信

同步通信又称实时通信，是指凡参与通信的成员必须在线的通信方式。同步通信是电话通信的扩展，具有通信速度快、表示形式多等优点。目前流行的同步通信有即时通信（Instant Messaging）、IP 电话等。其中，即时通信具有高效、便捷和低成本的优点，它允许多人在网络中实时传递文字、声音及视频信息，向手机发送短信，传递文件，收听广播，在线游戏，且具有信息管理功能及保存聊天记录等功能。目前的即时通信工具有 ICQ、微软公司的 MSN Messager 以及腾讯公司的 QQ 等，在我国以 QQ 使用最为普遍，其注册用户数已超过 2 亿。

同步通信的原理与电话通信类似，不同的是在互联网环境中且有计算机支撑，因此具有比电话通信更大优势。

2. Web 应用

Web 是 WWW（World Wide Web）的简写，又称 3W 或万维网。Web 是建立在互联网上的一种数据应用，因此有时也称 Web 应用。

在互联网中 Web 向用户提供多种信息服务。人们可以通过 Web 查阅资料、观看视频、聆听音乐，了解全球新闻等等。

由于 Web 在网络中非常重要，因此将在 10.8 节专门介绍 Web 组成与应用。

*10.7　两种重要的网络软件之一——中间件

网络软件一般分为两类，一类是传统软件的扩充，另一类是网络专用的软件。在本节及 10.8 节中将对网络专用软件的两个主要软件（中间件及 Web）做介绍。在本节中介绍两个常用的中间件：J2EE 与.NET。

10.7.1　J2EE

J2EE 是 JCP 组织发布的一种中间件标准，J2EE（Java2 Platform Enterprise Edition）即是 Java2 平台企业版，它是 Java 的一种扩充。

1. J2EE 的主要内容

J2EE 是为基于 Java 语言的企业级网络应用而推出的平台标准。J2EE 是一种位于应用与系统软件间的软件标准，其主要功能是为应用服务，屏蔽了包括系统软件及网络等大量底层软、硬件细节，将它们抽象成为虚拟、统一的网络平台，从而方便了应用软件的开发、部署、运行与管理。

J2EE 的主要内容是：

(1) 建立互操作框架：对底层网络间的通信建立了统一的协议。

(2) 组件：J2EE 是以组件为单位进行构建的。组件是一个有规范化的接口和有确定的语义关联的组装单元，它能独立部署并被应用组装。

(3) 支撑工具：J2EE 提供若干个工具供应用使用。

(4) 公共服务：J2EE 提供多种公共服务，如消息服务、安全服务及接口服务等。

(5) 容器：容器 EJB 是 J2EE 的一个重要部分，它定义了一个用于开发应用程序的标准组件，开发人员用它可以像搭积木一样构建网络应用软件。EJB 的所有装配与运行都在 EJB 容器中，EJB 容器为开发人员提供了如安全性、远程连接、全程装配、运行等系统级服务。

J2EE 提供的服务主要有如下九种：

(1) JMS (Java Message Service)：Java 消息服务，用于平台内的通信服务。

(2) Java Mail：Java 邮件，用于平台内的邮件服务。

(3) Java IDL (Java Interface Definition Language)：Java 接口定义语言，用于 Java 与其他语言接口中。

(4) RMI (Remote Method Invocation)：远程方法调用，进程间通信与调用的一种方法。

(5) JSP (Java Server Page)：Java 服务页面，主要用于 Web 中动态页面生成。

(6) Servlet (Java Servlet)：Java 感知对象，用于实现 Web 页面，属于 Java 表示层。

(7) JAXP (Java API for XML Parsing)：解析 XML 的 Java 应用接口。

(8) JDBC (Java DataBase Connectivity Extension)：Java 数据库连接扩充，是 Java 访问数据库的连接接口。

(9) EJB (Enterprise Java Bean)：企业级 Java Bean，用于封装应用程序，属于 Java 业务层。

2．J2EE 的 4 个层次

J2EE 的应用体系结构是分层的，共有四层，分别是：

(1) 客户端表现层：是应用程序与客户交互的界面，主要包括应用客户端程序和 Java 小程序 (applet) 等，它的实体一般在浏览器或特定的客户端中。

(2) Web 表现层：也称服务器端表现层，主要包括用 Servlet 及 JSP 开发的程序，它的实体在 Web 服务器中。

(3) 业务层：主要用于处理应用程序组件，在 J2EE 中提供多种不同的 EJB。此外，该层还包括 EJB 与数据库的接口 JDBC 等。

(4) 资源层：主要用于存储应用中所需的数据资源，包括数据库及文件等。

如果用 B/S 结构实现 J2EE 中的四层结构，那么 J2EE 的四层结构相当于：

客户表现层——浏览器；

Web 表现层——Web 服务器；

业务层——应用服务器；

资源层——数据库服务器。

图 10-4 给出了 J2EE 的四层结构图。

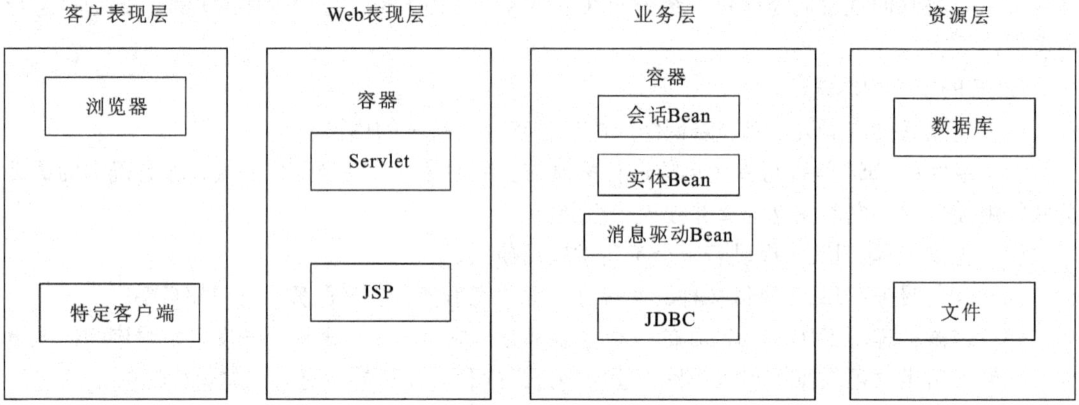

图 10-4 Java EE 四层结构图

J2EE 是一种中间件标准而不是产品，目前根据该标准开发的产品有多种，但常用的有两种，BEA 公司的 Weblogic 及 IBM 公司的 Websphere。

10.7.2 .NET

.NET 是微软公司于 2002 年推出的一种中间件产品，它适用于以 Windows 为操作系统的网络平台。它是微软公司为网络应用软件开发、部署、运行及管理的一种中间件产品，目前已流行于 Windows 网络平台中，并为应用开发提供了有力的支撑。

.NET 由三部分内容组成，分别是 .NET 框架、.NET 产品及 .NET 服务。下面对这三部分做简单介绍。

1．.NET 框架

.NET 框架是 .NET 的核心，它提供了一个网络开发与运行的环境，开发人员可以在此基础上生成网络应用程序与相关服务。.NET 框架由两部分组成：

1）通用语言运行时 CLR（Common Language Runtime）

CLR 是 .NET 的最底层，它是一种将底层平台差异进行抽象的运行时基础软件，它提供了一套公共语言的统一规范。CLR 支持所有能用公共中间语言 CIL（Common Intermediate Language）表示的编程语言，从而为多种语言提供了一种统一的运行环境。

2）基础类库

.NET 框架提供一套广泛的基础类库，它涵盖了用户需要的大多数基本功能。

.NET 框架的初意是为 Web 应用提供一个完善的开发环境，即为微软的 Web Service 提供底层开发平台。但这种目标在以后的实际使用时将扩充到微软的所有应用中。

2．.NET 产品

在 .NET 框架之上提供了一系列的 .NET 工具软件，如 ADO.NET、ASP.NET、VB.NET 及 Visual Studio.NET 等。

3．.NET 服务

.NET 还提供网络应用软件中的基础服务，如进程的远程操作服务、进程的远程通信服务等。

.NET 是建立在 Windows 之上的一种层次性的软件集成系统，共分四层，它们自底向上构成一个完整的系统。

第一层：CLR。

第二层：类库。

第三层：.NET 工具（即 .NET 产品）、Web Service 及 .NET 服务。

第四层：.NET 应用，包括浏览器应用、Web 应用、本地应用及其他应用等。

图 10-5 给出了 .NET 的结构示意图。

图 10-5　.NET 结构示意图

10.8　两个重要的网络软件之二——Web 组成与开发

下面介绍 Web 的相关知识，具体是 Web 组成、Web 操作、Web 开发与 Web 工作作原理，最后对 Web 作为数据组织进行介绍。

10.8.1　Web 组成

1. Web 结构

Web 是由互联网中的 Web 服务器及安装了浏览器软件的浏览器计算机组成。其中，Web 服务器中存放着大量的网页（Web Page），网页是 Web 的基本数据存储单位。内容相关的网页在 Web 服务器中组成的集合称为网站或 Web 站点（Web Site）。网站中的网页总是由一个主页及若干个页面组成。在访问网络时，总是先进入主页。在互联网中存在着数以百万计的站点及数以亿计的网页，而且其数量还在不断增加。在网页之间存在着逻辑的联系，它们通过超链接(Hyperlink)互相连接，构成了一个全球性的相互关联的信息共同体。而 Word Wide Web 由"布满全球的蜘蛛网"一词而来。

Web 用户可以通过浏览器查询 Web 信息，称为浏览与搜索，Web 用户也可以创立网页并动态修改网页。Web 一般按 B/S 方式结构组织，在 B/S 中的 Web 服务器存储网页，在浏览器中安装浏览器软件。

2. 网页与网页制作

网页是 Web 的基本数据单位，一个网页构成一个文档，称为 Web 文档，它可由文字、表格、图像、声音、视频等组成。网页一般可由超文本置标语言 HTML（或扩展置标语言 XML）编写，它们组成了超文本文档，同时，通过超链接将它们连接起来。

在 HTML 中还可以嵌入一些小程序（applet），它可用脚本语言编写，此外，还可用动态页面方式（ASP、JSP 或 PHP 等）增强网页的对话能力、动态修改网页以及建立与数据库的关联等。

　　网页是指 Web 服务器上的一个个超文本文件，或是浏览器上的显示屏幕，分为普通 htm 页面和服务器页面（Server Page）两种。含有服务器脚本程序的页面称为服务器页面，不含服务器脚本程序的页面称为普通 htm 页面。普通 htm 页面可包含客户端脚本程序。根据程序的语言类型，网页文件扩展名为.html、.htm、.asp、.aspx、.php、.jsp 等。

　　网页制作要能充分吸引访问者的注意力，让访问者产生视觉上的愉悦感。网页制作通常就是将网页设计师设计出来的设计稿用 HTML、JavaScript 等语言制作成网页，也可以选定一种网页制作软件，高效地进行网页制作。

　　在 Web 中的每个网页都有一个唯一的地址，称为统一资源定位器 URL（Uniform Resource Locator），它由三部分组成，分别为：所使用的协议（一般为 HTTP）、主机域名（网络中提供网页的 Web 服务器名）、文件路径/文件名（Web 服务器的网页所在的文件名或文件路径，它有时可以省略）。其格式为：http//主机域名/文件路径/文件名。

3．超文本与超链接

　　互联网中的网页按超文本方式组织。什么是超文本方式呢？我们先从传统的文本组成方式谈起。传统文本（如书籍）一般按顺序方式，一页接着一页阅读，从头（首页）到尾（末页）形成一种线性结构。这种结构方式从组织上比较死板，不利于在网上查阅。而超文本（HyperText）方式则是对传统方式的颠覆，它通过超链接，可以进行跳转、回溯及导航等操作，实现了对文本内容灵活、自由、随意的访问。

　　超文本采用网状结构组织方式，即呈有向图结构方式。文本中每个部分按其内容间的关系进行链接，构成了超链接。图 10-6 给出了超文本的一个结构例图，图 10-7 则给出了它的有向图结构。

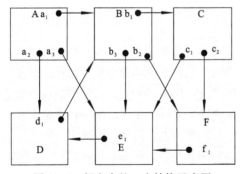
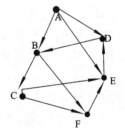

图 10-6　超文本的一个结构示意图　　　　　　图 10-7　超文本有向图结构

　　在 Web 中的网页组织是一种超文本结构，而它们的连接关系则可通过 HTML 表示。

10.8.2　Web 使用

1．Web 浏览

　　浏览、查看和下载网页的软件称为浏览器软件，简称浏览器（browser）。浏览器软件安装在浏览器中。当用户通过浏览器软件输入 URL 或单击超链接时，浏览器执行 HTTP 并与 URL 所在的 Web 服务器进行通信，下载网页，然后启动 HTML 解释器向用户显示网页。

　　目前常用的浏览器软件是微软的 IE（Internet Explorer）浏览器，它是与 Windows 捆绑的一种软件，具有使用方便、操作简单等优点。

2. Web 检索

除了用浏览方式查看网页数据外，还可以通过搜索工具以获取所需的数据，这种方式称为 Web 检索。常用的 Web 检索有两种：一种是主题目录，另一种是搜索引擎。

（1）主题目录。主题目录是由网站收集信息后对它进行评估、分类并给出简要描述，然后按主题分类并以树状目录结构形式对 Web 信息资源进行组织。主题目录按主题分类排列，通过树状结构从树根开始自顶向下一层一层地单击超链接以查找相关信息。

（2）搜索引擎。搜索引擎是通过与搜索主题有关的关键字以获得 Web 中网页的方法。它适合于查找困难的或模糊的 Web 数据。当用户提出检索要求后，搜索引擎中的检索器找出相匹配的网页，然后由评估程序计算其相关度后将相关网页的摘要及 URL 发送给用户。

10.8.3　Web 开发及其开发工具

Web 是需要开发的，Web 开发需要有一整套的开发工具。用开发工具可以创建 Web 站点、制作网页、动态维护网页以及管理站点等。

Web 开发工具主要有下面几种：

1. HTML

超文本置标语言 HTML（HyperText Markup Language）是一种制作网页的主要工具。下面对 HTML 做介绍。

HTML 是使用特殊标记来描述文档结构和表现形式的一种语言，由万维网联盟 W3C(World Wide Web Consortium) 制定和更新。HTML 文件可以用任何文本编辑器或网页专用编辑器编辑。HTML 文件是由 HTML 命令组成的描述性文本，HTML 命令可以说明文字、图形、动画、声音、表格、超链接等。HTML 的结构包括头部（Head）和主体（Body）两大部分，其中头部描述浏览器所需的信息，主体则包含所要说明的具体内容。HTML 文件以 .htm 或 .html 为文件扩展名，通过浏览器即可打开该文件并显示网页内容。

HTML 的版本由 HTML1.0 发展到 HTML5，HTML5 仍处于完善之中。然而，大部分现代浏览器已经具备了某些 HTML5 的支持。HTML5 为 Web 设计和应用开发打开了一扇全新的门，支持了以前只能使用 JavaScript 或 Flash 实现的功能。HTML5 提供了一些新的元素和属性，如<nav>（网站导航块）和<footer>等。这种标签有利于搜索引擎的索引整理，同时能更好地帮助小屏幕装置和视障人士使用。一些过时的 HTML4 标记将被取消，其中包括纯粹显示效果的标记，如<font>和<center>等，它们已被 CSS 取代。HTML5 浏览器将在错误语法的处理上更加灵活。与 HTML4 相比，HTML5 给出了解析的详细规则，力图让不同的浏览器即使在发生语法错误时也能返回相同的结果。

超文本置标语言 HTML 有三大特色：

（1）HTML 是一种书写文档的语言，这种文档可以包括文本、表格及图片等内容。

（2）HTML 组织文档使用一些特殊标记实现。它既不像文件那样用记录方式组织数据，也不像（关系）数据库那样用表格形式组织数据。

（3）用 HTML 所写成的文档，最终均可通过浏览器在屏幕上显示出来。因此，在 HTML 中不但要组织数据，还要给出数据显示的格式，包括位置、大小、色彩及样式等多个方面。

HTML 文档属于纯文本文件，可以使用任意的文本编辑器书写，文件扩展名用 .htm 或 .html。下面介绍 HTML 的主要内容：

1）标记

标记是 HTML 的基本元素，标记又分为单一标记和成对标记两类。

（1）单一标记：如\<hr\>和\<br\>，前者可以产生一条水平分隔线，后者可产生一个换行。

（2）成对标记：如\<html\>...\</html\>，前一个标记代表 HTML 文档的开始，后一个标记代表 HTML 文档的结束。

每个标记都用"\<"和"\>"围住，表示这是 HTML 代码而非普通文本。"\<"和"\>"与标记名之间不能留有空格或其他字符。建议标记字母用小写。

当多个标记共同作用于一个对象时，多个标记不需要按顺序书写，也不需要严格嵌套。例如：

```
<p><b> 多个标记的示例文本 </p></b>
```

2）标记的属性

标记只是规定这是什么信息，或是文本，或是图片，但是如何显示或控制这些信息，就需要在标记后加上相关的属性来表示。大部分标记是有属性的，属性值都用双引号括起来。根据需要可以在标记中使用一个或多个属性，属性之间没有先后顺序的要求。格式为如下：

```
<标记 属性名 1="属性值 1" 属性名 2="属性值 2"...> 标记属性的示例文本 </标记>
```

例如，在字体\<font\>标记中可加上表示文字大小的属性 size 和表示文字颜色的属性 color。格式如下：

```
<font size="6" color="red"> 文字大小及颜色的属性举例 </font>
```

3）HTML 的基本结构

HTML 文件以\<html\>开头，以\</html\>结束，分为头部和主体两部分。头部以\<head\>开始，以\</head\>结束，主要用来说明与文件相关的一些信息，如该文档的网页标题、作者、关键字、所用字符集等。主体以\<body\>开始，以\</body\>结束，主要定义要在浏览器中显示的网页内容。

下面举例说明 HTML 文档的基本结构。

【例 10-1】简单的 HTML 文档（一）。在浏览器中的显示效果如图 10-8 所示。代码如下：

```
<html>
    <head>
        <title> 我的第一个网页 </title>
    </head>
    <body>
        在浏览器中显示的网页内容
    </body>
</html>
```

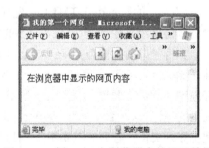

图 10-8 例 10-1 在浏览器中的显示效果

网页标题\<title\>...\</title\>显示在浏览器窗口的标题栏中。很多网页设计者不注意正确定义网页的标题，这会给网页浏览者带来不便。标题应正确概括网页的内容，如果浏览者喜欢该网页，可将它加入收藏夹或保存在磁盘中，标题就作为在收藏夹中的标志或磁盘上的文件名。

定义网页标题的格式如下所示。注意应将标题放在网页的头部，即位于\<head\>和\</head\>之间。

```
<head><title> 在浏览器标题栏中显示的标题名 </title></head>
```

4）主要 HTML 标记

主要 HTML 标记名称及功能说明如表 10-1 所示。

表 10-1 主要 HTML 标记

标 记 名 称	功 能 说 明	示 例
<!--...-->	注释:注释的目的是在文档中加上说明，方便以后阅读和修改	<!--注释的具体内容-->
<html>...</html>	标记网页的开始与结束	见例 10-1
<head>...</head>	标记头部的开始与结束	见例 10-1
<title>...</ title >	标记标题的开始与结束	见例 10-1
<body>...</body>	标记页面正文的开始与结束	见例 10-1
<h#>...</h#>	标记标题文字，"#"可取 1～6 的整数，<h1>文字最大，<h6>文字最小。属性值有：left、center、right，按顺序分别为左对齐、居中对齐和右对齐。默认为左对齐	<h1 align="center"> 最大的标题 </h1> <h6 align="center"> 最小的标题 </h6>
 	强制换行标记	新闻 <!--多个空格只保留了一个--> 报 导 <!-- 在文字之间加入 4 个空格 -->
<nobr>...</nobr>	不换行标记，作用是使文字不能因为太长导致浏览器无法显示而换行，它对数学公式、一行数字等尤其有用	<nobr>请改变你的浏览器窗口的宽度，使之小于这一行的宽度，看看这个标记的效果！</nobr>
<p>...</p>	标记段落的开始和结束	<p align="center">这是一个居中对齐的段落</p> <p>这是一个左对齐的段落。注意这段与上段之间的间距。</p>
<img>	在网页中插入图像标记，src 属性用于指定图像源，此属性是必须具备。其他属性在此不做介绍	<img src="peter.jpg" width="200" height="150"> height 属性指定图像的高度，width 属性指定图像的宽度。单位是像素，可省略
<a href="URL">...</a>	标记超链接，标记之间的内容为链源，即为网页上的超链接。href 属性的值是一个 URL，是目标资源的有效地址	<a href="http://www.microsoft.com">微软</a>
<table>...</table>	标记表格开始和结束，通常与<tr>、<td>组合使用	见例 10-2
<th>...</th>	标记表格标题的开始和结束，通常是黑体居中文字	见例 10-2
<tr>...</tr>	标记表格行的开始和结束	见例 10-2
<td>...</td>	标记表格数据列的开始和结束	见例 10-2

5）HTML 文件示例

【例 10-2】简单的 HTML 文档（二）。在浏览器中的显示效果如图 10-9 所示。代码如下：

```
<html>
  <head><title>HTML 文件示例</title></head>
  <body>
   <table width="400" border="1">
    <tr>
      <th align="left">消费支出项目</th>
      <th align="right">一月</th>
```

```
  <th align="right">二月</th>
 </tr>
 <tr>
  <td align="left">服装</td>
  <td align="right">￥321.10</td>
  <td align="right">￥55.20</td>
 </tr>
 <tr>
  <td align="left">书籍</td>
  <td align="right">￥40.00</td>
  <td align="right">￥66.45</td>
 </tr>
 <tr>
  <td align="left">食物</td>
  <td align="right">￥330.40</td>
  <td align="right">￥420.00</td>
 </tr>
 <tr>
 <th align="left">总计</th>
 <th align="right">￥691.50</th>
 <th align="right">￥541.65</th>
 </tr>
 </table>
 </body>
</html>
```

将上面的代码输入到记事本中，并保存为.html 文件。双击 exam1.html 文件，在浏览器中打开此文件，显示效果如图 10-9 所示。

2. 脚本语言

HTML 是编写网页的主要工具，但它们是置标语言且不具有编程能力。在网页制作中经常需要做数据或过程的处理，因此需要编程，而脚本语言正是这种语言，它是一种结构简单、使用方便的编程语言。脚本语言能直接嵌

图 10-9　例 10-2 在浏览器中的显示效果

入至置标语言中，置标语言与脚本语言的有效结合使得网页开发真正成为可能。

脚本语言又被称为扩建的语言，或者动态语言，是一种编程语言，用来编写应用程序。脚本通常以文本形成（如 ASCII）保存，只在被调用时进行解释。

（1）脚本语言介于 HTML 和 C、C++、Java、C#等编程语言之间。HTML 通常用于书写格式化文本和超链接文本，而编程语言通常用于数据的处理。

（2）脚本语言与编程语言在编程形式上有很多相似地方，其函数与编程语言也类似。与编程语言最大的区别是编程语言的语法和规则更为严格和复杂。

（3）脚本语言是一种解释性的语言，脚本语言一般都是以文本形式存在，类似于一种命令。它不像 C、C++等可以编译成二进制代码，以可执行文件的形式存在。脚本语言不需要编译，可以直接使用，由解释器来负责解释。

（4）相对于编译型计算机编程语言而言，用脚本语言开发的程序在执行时由其所对应的解

释器解释执行。而编译型程序设计语言是被预先编译成机器语言而执行的。脚本语言的主要特征是：程序代码既是脚本程序，也是最终可执行文件。脚本语言可分为独立型和嵌入型两种，独立型脚本语言在其执行时完全依赖于解释器，而嵌入型脚本语言通常在编程语言中（如 C、C++、VB、Java 等）被嵌入使用。

目前常用的脚本语言有 JavaScript 与 VBScript 等。JavaScript 是一种简化的 Java，而 VBScript 则是一种简化的 VB。

3. 动态服务器页面

在 Web 中有了置标语言与脚本语言后就能方便地开发网页了。所开发的网页是一种静态网页，即网页内容是不能变化的。但实际上这是不现实的，在实际应用中，网页内容是需要变化的，如查看股市行情，这种行情是经常会动态变化的，因此在股市行情的网页中需经常动态修改相关数据以便及时了解股市情况。为此，需要有开发工具进行网页的动态修改，这就是动态服务器页面（Active Server Pages，ASP）。由于网页动态修改是在 Web 服务器上进行的，动态服务器页面由此而得名。

动态服务器页面是一种 Web 服务器上的开发工具，主要用于处理动态页面，而其处理的数据往往来源于数据库，因此它应具备访问数据库的能力（即 Web 数据库）。这样，它将置标语言、脚本语言、Web 数据库中的接口、自身的 6 个对象以及一些组件有机地组合在一起，构成一种软件技术框架，为动态修改网页提供环境。

目前常用的动态服务器页面有：

（1）ASP：主要用于 Windows 中的网页开发。

（2）ASP.NET：主要用于中间件.NET 中的网页开发。

（3）JSP：主要用于 Java 应用中的网页开发。

（4）PHP：主要用于 UNIX 应用中的网页开发。

以 ASP 为例，ASP 是由 VBScript、HTML、ADO 以及用于动态修改网页功能的一些组件所组成一个技术框架，它主要用于 Windows 中的动态页面开发。

4. Web 站点开发工具

虽然有了开发工具可以制作 Web 站点，但是要掌握与开发并不容易，为简化开发、方便制作，在上面的开发工具之上进一步简化与方便开发，Web 站点开发的工具就诞生了。它是一种 Web 集成开发环境（IDE），用于提供程序开发环境的支撑软件，一般包括代码编辑器、编译器、调试器和图形用户界面工具。它集成了代码编写功能、分析功能、编译功能、调试功能等一体化的开发软件服务包。

Web 站点开发工具一般应具有下面的几种功能：

（1）能编辑、制作网页。

（2）能建立站点内网页间的超链接。

（3）能创建 Web 站点，并建立站点与外界 Web 站间的互联网链接关系。

（4）具有管理站点的能力。

目前常用的 Web 站点开发工具有微软公司的 Phpdesigner 以及 Dreamweaver CS6 等。近来流行的是 Dreamweaver CS6，它应用其可视化编辑功能可以无须编写任何代码创立网页并查询与管理网站。现以某大学二级教学网站的首页设计为例，介绍 Dreamweaver CS6 软件的功能。通过学习，可以对网站设计的整个流程有一个初步认识。

Dreamweaver CS6 是世界顶级软件厂商 Adobe 公司推出的一套拥有可视化编辑界面、用于制作并编辑网站和应用程序的网页设计软件。使用该软件，无须编写任何代码即可快速创建 Web 页面。CS6 新版本使用了自适应网格版面创建页面，在发布前使用多屏幕预览设计效果，可大大提高工作效率。

1）Dreamweaver CS6 的操作界面

（1）启动界面。启动 Dreamweaver CS6，在图 10-10 所示的启动界面中，可以方便打开最近使用过的文件，新建各类网页文档，也可以快速查看 Dreamweaver CS6 的主要功能。

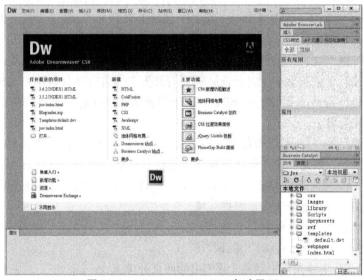

图 10-10 Dreamweaver CS6 启动界面

（2）工作界面。在启动界面中，单击"新建"选项组中的 HTML 超链接，即可进入 Dreamweaver CS6 的工作界面，如图 10-11 所示。Dreamweaver CS6 的工作界面由菜单栏、"插入"工具栏、文档窗口、"属性"面板及浮动面板组成，界面布局紧凑、操作简单，能够快捷高速地制作各类网站。

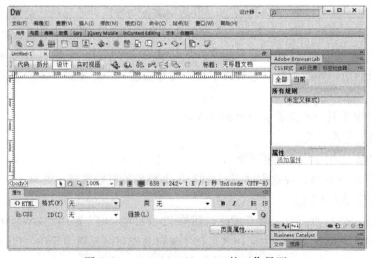

图 10-11 Dreamweaver CS6 的工作界面

① 菜单栏：包括"文件"、"编辑"、"查看"、"插入"、"修改"、"格式"、"命令"、"站点"、"窗口"和"帮助"菜单选项。Dreamweaver CS6 中的所有命令都可以从这些菜单中找到。

② "插入"工具栏：包括用于将各种对象（如表格、图像等）插入到文档中的按钮，如"常用"、"布局"、"表单"等。将"插入"工具栏拖动到菜单栏的下方，即可如图 10-12 所示，选择相应的选项卡可以打开相应的子工具栏。

图 10-12　"插入"工具栏

③ 文档窗口：主要用于文档的编辑，可同时打开多个文档进行编辑，如图 10-13 所示。在"代码"视图中可以编辑代码；在"设计"视图中可以查看文档的设计效果；在"实时视图"中可以查看文档发布成网页时的实际效果；在"拆分"视图中可同时查看文档的源代码及设计效果。

④ "属性"面板：用来查看和更改所选对象的属性，所选对象不相同，"属性"面板包含的属性也不同。在 CS6 版本中，"属性"面板分为两种选项：HTML 和 CSS。在 CSS 选项中，可以设置 CSS 各种样式属性，如图 10-14 所示。

图 10-13　文档窗口

图 10-14　"属性"面板

⑤ 浮动面板：位于工作界面的右侧，这些面板集中起来组成面板组，包含了网页编辑和站点管理的常用工具按钮。选择"窗口"菜单中的相应命令可以打开或关闭某个面板，如图 10-15 所示。

2）实例说明

（1）实例制作目标。首页是一个网站的门户，网站的首页要反映整个网站的主题、整体风格及主要栏目。因此，网站的首页设计制作是整个网站设计的重点。下面利用网页制作工具 Dreamweaver CS6，完成大学教学网的首页设计制作。

（2）实例设计制作前期工作。网页是技术与艺术的结合体，要想制作出精美的网页，前期工作是不可或缺的，网页设计制作的前期工作通常包含以下四方面内容。

① 创意构思。具有特色的创意构思是网站设计制作成功的良好开端。本实例是大学的教学网，力求通过网站内各栏目展现与教学相关的部门介绍、规章制度、办事指南、教学通知和新闻、相关下载等方面的

图 10-15　浮动面板

信息。

　　此网站属于高校的门户网站，因此，在网站风格上应是严谨和严肃的，页面色彩搭配上应避免大红大紫过于艳丽，以均匀分布、适当突出为宜；在页面元素组成上，以静态图片和文字为主，以动态 Flash 动画及活动字幕为辅。

　　② 布局设计。网页内容布局种类有很多，常见的有"国"字型、"同"字型、"匡"字型等。本实例使用"国"字型，可将首页内容分为"顶部导航区"、"相关链接区"、"内容区"、"动态交互区"、"版权说明区"5 个部分，如图 10-16 所示。其中，顶部导航区主要放置网站的 Logo、主题宣传 Flash、加入收藏工具条及导航栏，动态交互区将网站内医药社区论坛的登录窗口、社区广播活动字幕集中于一体。

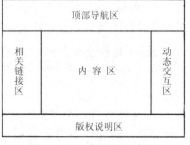

图 10-16　实例网页布局

　　经过创意构思、布局设计的网页效果如图 10-17 所示。

图 10-17　实例网页效果图

　　③ 站点规划。站点规划包括站点结构规划和内容规划。就网页制作而言，站点规划侧重于站点的目录结构和链接结构的规划。

　　对于目录结构的规划，为了确保网页浏览正常，不宜使用中文名称来命名站点内的文件夹及网页文件名，建议选择有一定含义的文件或文件夹名称，如文件夹名称可取为 Images、CSS、SWF、JavaScript 等，同时，不宜使用过长的目录名称及过多的目录层次。一般情况下，首页可命名为 Index.html 或 Default.html。为了便于进行站点内网页文件的管理，不要将所有文件都集中在站点根目录下，通常可按栏目内容建立子目录，同一级目录中可将各种制作素材分类存放于不同目录下。

对于链接结构的规划，应本着能够让浏览者快捷方便地到达其所需页面，同时又可明确自己所处站点位置的原则进行设计。因此，可考虑在首页和一级页面之间用星状链接结构，一级和二级页面之间用树状链接结构。

④ 素材准备。所有与页面相关的文字、图片、音频、视频、动画素材原则上应在页面制作之前完成搜集、整理及处理，尽量避免出现制作过程中反复修整素材的情况。制作本实例需要准备的非文字类素材包括网站的 Logo、主题宣传 Flash 及各个区域中的装饰性图片等。素材准备好后按素材文件的类型分别存储于不同的文件夹中。

（3）实例制作技术要点。本实例制作所涉及的技术包括网页表格的布局设计、页面属性、应用 CSS 样式、图像及 Flash 动画的编辑制作、表单制作等。其中，网页表格的布局设计和 CSS 样式的设定是首页设计的难点。

3）实例制作过程

（1）创建站点。制作网站必须定义一个本地站点，本地站点可以定义在本地计算机的任意位置。定义它的目的是告知 Dreamweaver 用户文件的存放位置，Dreamweaver 会将所有的设置针对该地址进行调整。

在 Dreamweaver 中指定本地站点后，还可以为站点指定远程服务器。远程服务器（通常称为 Web 服务器）是用于发布站点文件以便人们可以联机查看的地方。远程服务器不过是另一台计算机，就像本地计算机一样，其中包含许多文件和文件夹。需要在远程服务器上为站点指定文件夹，就像在本地计算机上为本地站点指定文件夹一样。

在设置远程文件夹时，必须为 Dreamweaver 选择连接方法，以将文件上传和下载到 Web 服务器。最典型的连接方法是 FTP，但 Dreamweaver 还支持本地/网络、FTPS、SFTP、WebDav 和 RDS 连接方法。如果不知道该使用哪种连接方法，可以咨询 ISP 或服务器管理员。

在 Dreamweaver CS6 中，选择"站点"→"新建站点"命令，在弹出的"站点设置对象"对话框中，选择"站点"选项卡，新建一个名为"jxw"的站点，设置本地站点文件夹为"D:\jxw\"；选择"高级设置"选项卡，设置"本地信息"，输入默认图像文件夹为"D:\jxw\images\"，如图 10-18 所示。

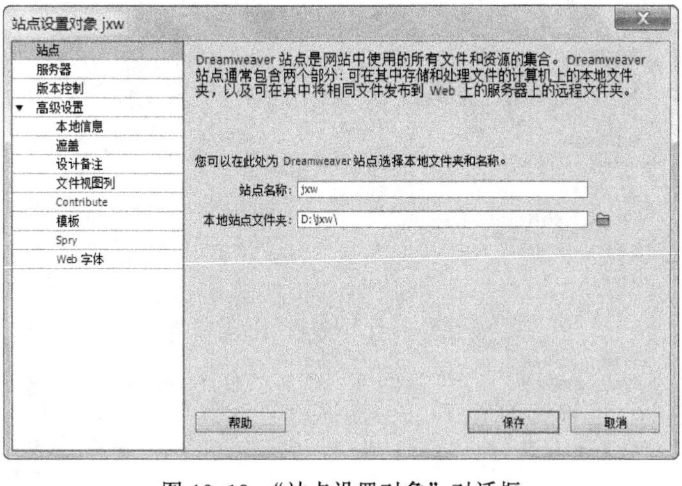

图 10-18　"站点设置对象"对话框

样式表 css 文件存放在 css 文件夹中，Flash 动画文件存放在 swf 文件夹中。在"文件"面板中，右击站点的名称，在弹出的快捷菜单中选择"新建文件"命令，建立文件 index.html 作为站点首页。右击站点名称，在弹出的快捷菜单中选择"新建文件夹"命令，分别建立 css、swf 文件夹，如图 10-19 所示。

图 10-19　站点文件

（2）制作站点 CSS 样式。CSS 是 Cascading Style Sheet 的简写，译为层叠样式表单，简称样式表。使用 CSS 样式表，可以避免对站点网页中一些样式相同的对象进行重复设置。在网站制作之初，可以对站点中使用的网页文字风格、链接等样式进行统一定制，并在每一个页面中引用该 CSS 样式表。

① 样式表简介。CSS 是一组样式，样式中的属性在 HTML 元素中出现，并且在浏览器端显示。样式可以定义在 HTML 文档中，也可以作为外部附加文件被引用。同一个样式表可用于多个页面，因此，CSS 具有良好的易用性和可扩展性。

CSS 一般由三部分组成，分别是"选择符"、"属性"和"值"。

CSS 的格式如下：

选择符{属性1:值1；属性2:值2

例如：

p{font-size: x-large; color: red}。

样式表的类型分为三种：

- 标签选择符。标签选择符可以是多种形式，一般是需要定义样式的 HTML 标记，例如 <body>、<p>、<table>等。例如：p {text-align：center；color：red}。
- 类选择符。在<style>标记内定义一个".类名"，在 HTML 的标记里使用 class＝"类名"就可以引用样式。
- ID 选择符。定义"ID 选择符"要在 ID 名称前加上一个＃。ID 选择符的应用和类选择符类似，只要把"class"换成"ID"即可。

② 制作样式表。要制作站点的 CSS 样式表文件，可以选择"格式"→"CSS 样式"→"新建"命令，弹出"新建 CSS 规则"对话框，也可以在"CSS 样式"面板中单击"新建 CSS 规则"按钮弹出"新建 CSS 规则"对话框，如图 10-20 所示。

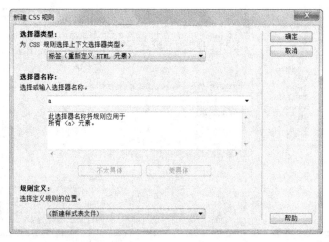

图 10-20　"新建 CSS 规则"对话框

　　新建样式表文件 style.css。单击"确定"按钮，分别定义超链接、单元格、段落、列表、字体等样式。在样式表文件中定义.table2表格类，边框样式设置为实线，边框粗细定义为1像素，颜色定义为#BCBCBC。

　　定制好的本实例站点的样式表 style.css 内容如图 10-21 所示。

　　（3）设置页面属性。选择"修改"→"页面属性"命令，在弹出的"页面属性"对话框中，选择"分类"列表框中的"外观"选项，输入页面字体的字型和颜色，在该实例中页面字体设置为"宋体"，大小为"9pt"，文本颜色为"#000000"（黑色）。为了使页面排版紧凑，需要将页面的上、下、左、右边距都设置为 0，如图 10-22 所示。

图 10-21　站点 CSS 样式表

图 10-22　页面属性的"外观"设置

　　在"页面属性"对话框中，选择"分类"列表框中的"标题/编码"选项，输入标题"教务教学网"，编码方式设定为"简体中文（GB2312）"，如图 10-23 所示。

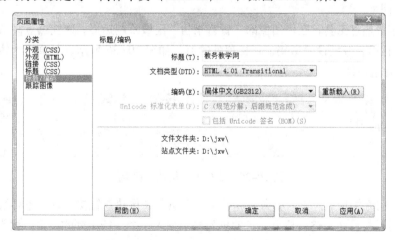

图 10-23　页面属性的"标题/编码"设置

（4）制作顶部导航区。制作页面可采取从上到下，从左至右的顺序进行。利用表格的行、列显示性质可以精确地定位网页中各种元素的位置及相互关系，使网页显得美观大方、错落有致。本实例中所有页面元素的布局均采用表格定位。

① 制作"网站 logo"工具条。顶部导航区的第一部分是含有网站 logo、网站名称、"加入收藏"、"网站地图"、"联系我们"等内容的工具条。制作该工具条的操作步骤如下：

a．在新建的首页文件 index.html 页面的顶端插入一个宽度为 1 000 像素、2 行 1 列、边框为 0 的表格。为了使页面布局更加紧凑，消除表格之间默认出现的空白分隔区域，可将表格的"单元格边框"和"单元格间距"值设置为 0，本实例中的表格如无特别说明这两项均设置为 0，如图 10-24 所示。

b．在"拆分视图"中，设置表格高度为 80 像素，对齐方式为"居中对齐"。在第一行单元格的属性面板中，行高设为 50 像素；第二行单元格的属性面板中，行高设置为 30 像素，背景颜色为"＃820000"，如图 10-25 所示。

图 10-24　插入表格及属性设置

图 10-25　单元格的"属性"面板

c．在表格第一行的单元格中插入 images 文件夹中的名为 jxw_banner.jpg 的图像。

d．选中图像 jxw_banner.jpg，利用该图像的属性面板，为"留言来信"、"加入收藏"和"学校首页"。网页中的超链接一般分为文字的超链接、图像的超链接和电子邮件链接。其中，图像中的超链接既可以单独作为一个超链接对象，也可以将图像分成若干热点区域，分别建立超链接，通常将这些热点区域称为图像热点。当单击图像中的不同热点区域时，将会跳转到不同的链接网址。

e．选择矩形热点工具，在该图像的"留言来信"区域绘制矩形，建立热点区域，在该矩形热点区域的属性面板分别设置链接、目标属性的值，如图 10-26 所示。当单击此热点时，打开 Outlook 即可发送邮件。

图 10-26　表格的"属性"面板

f．使用相同方法创建"加入收藏"和"学校首页"图像热点链接，这里不再赘述。

② 制作导航栏。在上述表格第二行的单元格中插入一个 1 行 1 列的表格，放置导航栏。设置表格宽度 1 000 像素，高度 30 像素，水平左对齐。

在新插入表格的单元格中输入导航链接文字，设置文字大小为"12 像素"，文本颜色为"白色"。

逐一选择文字，添加相应的超链接，完成后的网页效果如图 10-27 所示。

图 10-27　导航栏的效果

（5）页面主体制作。

① 主体内容区框架制作。在顶部导航区表格下方的空白区域插入一个 1 行 3 列的放置主体内容的表格，表格宽度设为 1 000 像素，其他值均为 0。在代码的拆分视图中，将该表格的 height 属性设置为 550 像素。

将光标分别定位在 3 个单元格中，设置宽度为"210 像素"、"580 像素"和"210 像素"，并将各单元格的对齐方式设为水平"靠左对齐"，垂直"顶端对齐"，效果如图 10-28 所示。

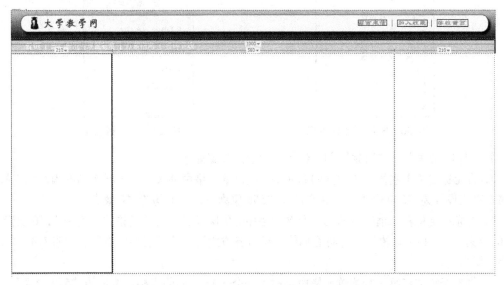

图 10-28　主体内容区表格效果

② 常用服务区制作。步骤如下：

a. 将光标移到主体框架表格的第一个单元格中，在拆分视图中将背景图像属性 background 设为"images\jxw_cyfwlxwm.jpg"。

b. 选择"插入"→"布局对象"→AP DIV 命令，插入一个图层，设置该图层的方框属性为：宽度 150 像素、高度 200 像素。margin 属性设置为：上"50 像素"，右"20 像素"，下"20 像素"，左"30 像素"。将该图层的定位属性面板的位置属性设置为 relative，如图 10-29 所示。

c. 在这个单元格中再插入一个 6 行 1 列的常用服务区表格，设置该表格的宽度为 150 像素，其他值均为 0。选取刚插入的相关链接区表格，在其"属性"面板中设置水平对齐方式为"左

图 10-29　图层 apDiv1 的属性

对齐"，垂直对齐方式为"顶端对齐"。

在相关链接区表格的第一个单元格中插入 images 文件夹中的 jxw_black.jpg 图片，在其"属性"面板中的"链接"文本框中插入相应的超链接地址。同理分别在第二个、第三个、第四个、第五个、第六个单元格中插入 images 文件夹中的 jxw_dmt.jpg、jxw_jpkc.jpg、jxw_kjfw.jpg、jxw_rcpy.jpg 和 jxw_sjjx.jpg 并设置相应链接，效果如图 10-30 所示。

③ 联系区制作。将光标定位在常用服务区图层外面，然后选择"插入"→"布局对象"→AP DIV 命令，插入一个图层，设置该图层的方框属性为：宽度 150 像素、130 高度像素。margin 属性设置为：上"120 像素"，右"0 像素"，下"20 像素"，左"30 像素"。将该图层的定位属性面板的位置属性设置为 relative。

最后输入联系电话、地址、E-mail 和邮编，如图 10-31 所示。

图 10-30　常用服务区效果

图 10-31　联系区效果

④ 制作"动画"、"通知"和"新闻"专栏。步骤如下：

a．将光标定位于主体表格中间的单元格，在该单元格中插入一个 3 行 1 列的内容填充框架表格，宽度设置为"580 像素"，高度设置"550 像素"，其他均为"0 像素"。

b．将光标定位在该框架表格的 3 个单元格中，依次设置每行单元格的高度为"210 像素"、"170 像素"、"170 像素"，并将它们的水平对齐方式设置为"居中对齐"，垂直对齐方式设置为"居中"。

c．将光标定位在第一行的单元格中，插入一个 1 行 1 列的表格，宽度为"570 像素"，高度为"200 像素"，其他均为"0 像素"。选中此表格，选择"插入"→"媒体"→SWF 命令，插入一个 Flash 文件 jxw_flash1.swf。

d．在"通知"专栏的空白单元格中插入一个 2 行 1 列的表格，应用表格样式 .table2。第一行单元格的高度设置为"30 像素"，并将第一行单元格拆分成 2 列，第一列宽度为 102 像素，插入图像 jxw_tongzhi.jpg，第二列单元格的背景图像设置为 jxw_foot.jpg。在第二行的单元格中插入一个 6 行两列的表格，宽度设置"565 像素"，高度设置为"130 像素"。第一列的宽度设置为"465 像素"，第二列宽度设置为"100 像素"。分别在第一列单元格中插入图标文件 arrow-22.jpg 及文字，在第二列中插入日期信息。

e．在"新闻"专栏的空白单元格中插入一个 2 行 1 列的表格，应用表格样式 .table2。其他设置和"通知"专栏相同，在第一行的图像中插入图像 jxw_news.jpg，效果如图 10-32 所示。

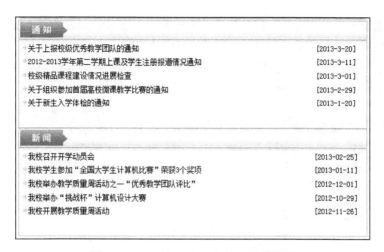

図 10-32 "通知"和"新闻"专栏效果

⑤ 制作"教务系统"登录表单。步骤如下：

a. 将光标定位于页面主体框架表格右侧的单元格中，在其"属性"面板中设置其宽为"210像素"，水平对齐方式为"左对齐"，垂直对齐方式为"顶端"。

b. 插入一个 3 行 1 列的动态交互区表格，宽设为"210 像素"，高度设置为"550 像素"。

c. 将光标移到表格的第一行中，设置其高为"210 像素"，水平对齐方式设置为"右对齐"，垂直对齐方式设置"居中"。在第一行单元格中，并插入一个 2 行 1 列的表格，宽度设置为"205像素"，高度设置为"202 像素"，背景图片设置为 jxw_xtdl.jpg。第一行的高度为"60 像素"，第二行的高度为"142 像素"，水平和垂直对齐方式都设置为"居中对齐"。在该嵌套表格的第二行中，选择"插入"→"表单"→"表单"命令，插入一个表单。

d. 将光标定位在表单中，选择"插入"→"表单"→"文本域"命令，插入一个文本框，设置其标签为用户名，并在其属性面板中设置字符宽度属性为 10。再用相同方法在下一行插入一个密码文本框。选中下一行，选择"插入"→"表单"→"按钮"命令，插入一个"登录"按钮，并在其属性面板中设置动作属性为"提交表单"，值属性设置为"登 录"。再用相同方法插入一个"清空"按钮，并在其属性面板中设置动作属性为"重置表单"，值属性设置为"清 空"。

登录表单效果如图 10-33 所示。

⑥ "日程"安排区制作。将光标移到动态交互区的第 图 10-33 "教务系统登录"表单制作
二行，在其"属性"面板中设置水平对齐方式为"右对齐"，垂直对齐方式为"居中"，宽度为"205 像素"，高度为"170 像素"。选择"插入"→"表格"命令，插入一个 2 行 1 列的表格。将第一行的单元格拆分成 2 列，设置高度为"30 像素"，第一个单元格宽度为"39 像素"，插入图像 jxw_richeng.jpg；第二个单元格宽度为"166 像素"，并将背景图像设置为 jxw_foot.jpg，水平对齐方式为"右对齐"，输入文字。

在表格的第二行单元格中制作日程安排滚动效果。

插入 marquee 标签的步骤如下：

a. 单击"插入"工具栏"常用"标签中的"标签选择器"按钮，弹出"标签选择器"对

话框，在该对话框中选择"HTML 标签"的"页元素"中的 marquee 代码，如图 10-34 所示。单击"插入"按钮将该代码插入表格中，然后关闭该对话框。

b. 在"标签"面板的"属性"选项卡中，分别将 direction、height、scrollamount、scrolldelay、width 设为 up、110、1、10、100%，如图 10-35 所示。

图 10-34　"标签选择器"对话框　　　　图 10-35　设置页元素 marquee 的属性

c. 在"标签"面板的"行为"选项卡中单击"显示所有事件"按钮，将 onMouseOut 设为 this.start()，将 onMouseOver 设为 this.stop()，如图 10-36 所示。而后在表格中插入图标 images/t_002.gif，并输入相应文字。

"日程"区的效果如图 10-37 所示。

图 10-36　设置页元素 marquee 的行为　　　　图 10-37　"日程"区效果

⑦　"友情链接"区制作。将光标移到动态交互区的第三行，在其"属性"面板中设置水平对齐方式为"右对齐"，垂直对齐方式为"居中"，宽度为"205 像素"，高度为"170 像素"。选择"插入"→"表格"命令，插入一个 2 行 1 列的表格。将第一行的单元格拆分成 2 列，设置高度为"30 像素"，第一个单元格宽度为"39 像素"，插入图像 jxw_yqlj.jpg；第二个单元格宽度为"166 像素"，并将背景图像设置为 jxw_foot.jpg，水平对齐方式为"右对齐"，输入文字。将光标定位在表格的第二行单元格，设置其水平和垂直对齐方式都为"居中对齐"，插入一个 6 行 1 列的表格，宽度为"180 像素"，高度为"130 像素"，输入友情链接的文字和相应的超链接。效果如图 10-38 所示。

图 10-38　"友情链接"区效果

（6）版权说明区制作。在页面主体框架下方插入一个 2 行 1 列的版权说明区框架表格，设置表格宽度为"1000 像素"，对齐方式为"居中对齐"，边框宽度为"0"，间距为"2 像素"。设置两行单元格的背景颜色为"＃CCCCCC"，单元格对齐方式为"居中对齐"。将版权说明区网页版权说明文字插入对应单元格，制作完成的"教学网"首页效果如图 10–39 所示。

图 10–39　实例网页的浏览效果

10.8.4　Web 使用的工作流程

在互联网中 Web 在 B/S 方式下使用：它按静态页面与动态页面两种不同操作方法，其使用的工作流程具体如下。

1. 静态页面

Web 的静态页面使用工作流程可按下面几个步骤进行：

（1）用户在浏览器中指定 URL，并向相应 Web 服务器发出浏览请求。

（2）Web 服务器在接到请求后，把 URL 转换成页面所在的服务器上的文件（路径）名，并调出相应 HTML 文档（包括嵌入的应用程序）。

（3）Web 服务器将 HTML 文档返回发送至浏览器。

（4）客户端浏览器解释执行 HTML 文档并最后显示页面。

这 4 个步骤可用图 10–40 表示。

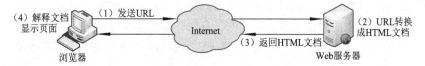

图 10–40　静态页面使用的工作流程图

2．动态页面

Web 的动态页面使用工作流程比较复杂，它可按下面 7 个步骤进行：

（1）用户在浏览器中指定 URL，并向相应 Web 服务器发出浏览请求。

（2）Web 服务器在接到请求后将 URL 转换成页面所在的服务器上的文件（路径）名，并调出相应 HTML 文档。

（3）Web 服务器执行 Web 应用程序的服务端代码，对数据库进行操作。

（4）数据库服务器返回操作结果给 Web 服务器。

（5）Web 服务器将数据嵌入至请求文档中。

（6）Web 服务器向浏览器发送 HTML 文档。

（7）客户端浏览器解释执行 HTML 文档最后显示页面。

这 7 个步骤可用图 10-41 表示。

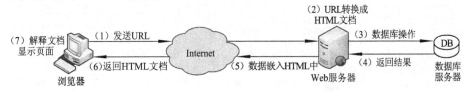

图 10-41　动态页面工作流程图

10.8.5　Web 数据组织

1．Web 是一种数据组织

从数据观点看，Web 是一种数据组织。它是一种超共享、超海量的数据组织，同时还是持久的数据组织。根据这些特性，可以对 Web 数据组织的大致面貌做一个勾画：

（1）Web 是必须管理的——超海量性质决定。

（2）Web 数据必须得到保护——超共享性质及持久性性质决定。

（3）Web 有全面、灵活的结构模式与统一的操纵形式与约束机制——超共享性质决定。

（4）Web 的物理基础是互联网及大型海量及持久性存储设备——超共享、超海量及持久性性质决定。

2．Web 数据模型

Web 作为一种数据组织是有模型的，首先，它有一种全局而灵活的模式，这是它的超共享性质能决定的；其次，在全局、灵活的模式之上有统一的操纵方式；最后，它还有一定的约束要求。

1）Web 模式

Web 的基本数据单位是网页，网页是不同类型数据（字符串、图像、表格等）的组合。它是 Web 中的数据元素。这个数据元素的名是它的 URL。

Web 中的所有网页组成了它的数据对象。

网页间通过超链接相连，它们组成了（有向）图形式的数据结构。

这样，由网页所组成的数据对象上构成的（有向）图数据结构，即是 Web 数据模式。而由这种数据结构所组成的数据即是 Web 的数据单元。这种数据单元有最明显的特色是：

（1）整个 Web 组成一个数据单元，它是一种超共享数据体，具有全球一体的全局性。

（2）通过超链接建立网页间的关联，具有高度的灵活性。

2）Web 数据操纵

Web 中的数据操纵可有如下的一些操作：

（1）查询网页操作：在 Web 中称为 Web 浏览或 Web 检索，通过超链接浏览，通过主题目录或搜索引擎进行检索。

（2）增加网页操作：在 Web 中称为 Web 开发，通过 Web 开发工具实现。

（3）修改网页操作：在 Web 中也称 Web 开发，通过动态服务器页面等工具实现。

这样，Web 中的数据操纵是通过 Web 浏览、Web 检索及 Web 开发工具实现。

3）Web 中的约束

由于 Web 的超共享、超海量性质决定了 Web 这种组织的灵活性与自由性，但必须有一定的约束性。它主要表现在：

（1）由于 Web 数据的可视化特性，因此 Web 数据有格式上的约束要求。

（2）Web 数据中的某些操作，如动态修改操作是受一定约束的。

（3）Web 的安全性一般是与互联网安全性捆绑在一起的。

3．Web 管理软件

Web 管理软件是一种实现数据组织的软件，用于存储与管理 Web 数据。它由 Web 数据、Web 操纵及 Web 约束等部分组成。

（1）Web 数据：是存储于互联网上各 Web 服务器网站中的网页，通过超链接而连接于一起，组成一个全球性相关联的数据集合体。

（2）Web 操纵：是一组软件，它分布接互联网上各个结点中，用户通过 Web 管理中的不同软件，操纵使用 Web 数据，如：

① 使用浏览器软件浏览 Web 数据。

② 使用搜索引擎检索 Web 数据。

③ 使用 Web 开发工具如 HTML、XML、ASP、JavaScript、VBScript 等进行 Web 增、删、改操作。

（3）Web 约束：是一组实现 Web 数据约束的软件。

小　　结

本章介绍建立在计算机网络及互联网上的软件，称为网络软件。

1．三种网络软件

（1）网络软件中系统软件。

（2）网络软件中支撑软件。

（3）网络软件中应用软件。

2．两种分布式结构

（1）C/S 结构。

（2）B/S 结构。

3．网络软件中系统软件

（1）网络操作系统：能在网上运行的操作系统，是计算机与网络间的接口。

（2）基于网络环境的数据库管理系统：能在网上运行的数据库管理系统。常用有调用层接口方式与 Web 方式等两种。

（3）网络程序设计语言：能在网上运行的语言。主要是有按协议作数据通信的能力以及跨平台运行能力。

（4）网络专用开发工具：主要用于作 Web 应用开发的软件。

4．网络软件中的支撑软件

（1）工具软件。

（2）接口软件。

（3）中间件——J2EE 与 .NET。

5．网络应用软件

网络应用软件是目前计算机软件的主角，主要介绍：

（1）网络通信软件。

- 异步通信——E-mail、博客等。
- 同步通信——IP 电话等。

（2）Web 应用。

- 网页制作与 Web 站点建立。
- 网页浏览。
- Web 检索。

6．网络软件的层次结构

7．本章内容重点

（1）网络分布式结构。

（2）Web 应用。

习　题　十

选择题

10.1　B/S 结构方式一般用于（　　）中。

　　A．局域网　　　　　　B．互联网　　　　　　C．广域网　　　　　　D．任意网络

10.2　Front Page 是一种（　　）。

　　A．网络支撑软件　　B．网络应用软件　　C．网络系统软件　　D．中间件

10.3　Java EE 是一种（　　）。

　　A．中间件产品　　　B．支撑软件产品　　C．中间件标准　　　D．应用软件

10.4　Oracle 9i 是一种（　　）。

　　A．基于单机上的数据库管理系统　　　　B．基于互联网上的数据库管理系统

　　C．基于局域网上的数据库管理系统　　　D．基于广域网上的数据库管理系统

10.5　.NET 是一种在（　　）上的中间件。

　　A．UNIX　　　　　　B．Windows　　　　　C．Java　　　　　　　D．C#

问答题

10.6　什么叫网络软件？请说明。

10.7　请给出网络软件中两种分布式结构。

10.8　请给出网络软件的层次结构。

10.9　网络软件中的系统软件包括哪些内容？请说明。

10.10　网络软件中的支撑软件包括哪些内容？请说明。

10.11　什么叫中间件？目前常用有哪几种？请分别说明。

10.12　网络通信目前有哪些？请介绍。

10.13　什么叫 Web 应用？请说明。

10.14　请解释 Web 应用中的下列名词：

（1）网页；（2）Web 站点；（3）超文本；（4）超链接；（5）浏览器；（6）URL。

10.15　请介绍 Web 浏览内容。

10.16　请介绍 Web 检索内容。

10.17　请介绍网络的专用软件。

10.18　请介绍 HTML 的结构与功能。

思考题

10.19　网络软件与传统软件有什么本质上的区别？请思考并回答。

10.20　在网络软件中中间件是一种必要的软件吗？请思考并回答。

10.21　请阐明网络软件与网络协议的关系，并举若干例子说明。

10.22　为什么目前计算机应用以网络软件为主角，请思考并说明理由。

10.23　试比较 Web 与数据库的异同。

10.24　请思考：HTML 所书写的数据结构有什么特点？请回答。

10.25　请思考智能手机中短信与微信的区别。为什么短信收费而微信可以不收费？请回答。

实验四　Web 开发

一、实验目的

掌握用 HTML 及 DreamweaverCS6 开发网页的操作。

二、实验内容

4-1　写出实现图 10-42 所示表格的 HTML 代码。

图 10-42　HTML 练习效果

4-2　制作一个图 10-43 所示的表单页面，要求如下：

（1）可以设置适合的背景颜色，也可选择一个自己喜欢的图片做背景。

（2）插入一个表单，表单内包含一个"姓名"文本框、"所属部门"列表框（初始选定"广告部"，其他部门可自己添加）、"出差事由"文本域（初始值为"此项必须填写"，可多行显示）、"差旅费明细"表格（表格中的内容按样张设计）、"上交发票了吗？"单选按钮（初始状态勾选"是"），两个命令按钮。

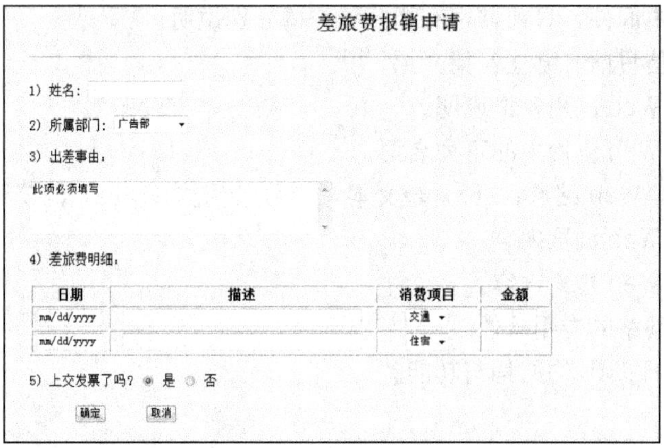

图 10-43　表单页面效果

4-3　用 Dreamweaver CS6 建立一个本地硬盘上的网站，并制作一个个人主页。

第四篇

计算机软件开发

在计算机软件中，所有软件系统都是通过开发而实现的，因此开发是计算机软件中的最实用部分。本篇主要介绍软件系统的开发原理、组成与步骤，并最终以一个实例来说明。

本篇共由三部分组成：软件工程、应用系统开发以及一个完整的实例。其中，软件工程给出了软件系统开发原理；应用系统开发主要介绍应用软件开发，它给出了应用系统组成及开发步骤；最后，用一个完整实例表示开发的全过程。它不仅是一个开发的例子，同时也是对前面 10 章内容的具体应用与总结。下图给出了本篇 3 个内容的组成。

本篇共分两章，分别是软件工程与应用系统开发（包括应用系统开发实例）。

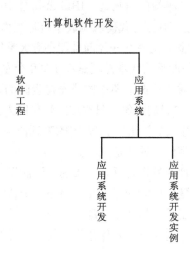

第11章 软件工程

软件工程即是用工程化方法开发软件，内容包括：
- 软件开发方法。
- 软件开发工具。
- 软件开发过程。
- 软件产品文档与标准。
- 软件质量保证。
- 软件项目管理。

本章主要介绍软件的结构化开发方法及软件文档等内容。

11.1 软件工程概述

11.1.1 软件危机与软件工程

随着计算机的出现与发展，计算机软件在经历了 20 世纪 50 年代到 20 世纪 60 年代的发展后，软件规模越来越大，软件复杂性越来越高，但人们对软件的认识还停留在 20 世纪 50 年代初期的原始、简单的阶段。那时，人们将软件编制看成是个人发挥天才与技能的场所，而软件产品则是一种凭想象随意制作的艺术品。直到 20 世纪 60 年代中期，IBM 公司所开发的 IBM 360 操作系统出现灾难性后果后，人们惊奇地发现，原来软件并不是人们所能任意塑造的产品，必须对软件有一个重新的认识。事情的由来是：IBM 公司自 1963 年到 1966 年共花了三年时间及5000 人/年的工作量，写了近 100 万行代码编制成了当时规模最大、也最为复杂的软件产品——360/OS 操作系统。但遗憾的是，此系统一经问世即存有大量错误，在其版本 V1.0 中就有 1 000 个错误，几经修改后，每次修改后的版本总还是有 1 000 个左右的错误，它在改正了原有错误的同时又产生了新的错误，这种永远改之不去的错误使当时的人们大为惊恐，当时该项目的负责人 F.D.Brooks 恐慌地说："我们正像一只逃亡的野兽陷入泥坑中做垂死挣扎，越是挣扎，陷得越深，最后无法逃脱灭顶之灾。"IBM 360/OS 的教训使当时人们认为软件开发已陷入泥坑中而不能自拔，这就产生了所谓的"软件危机"。

软件危机促使人们对软件开发进行反思，人们终于认识到：

（1）软件产品不是一件随心所欲的艺术品，而是一个结构严密的逻辑产品。

（2）软件产品必须遵循工程化的开发方法。

这样就出现了软件工程，它为摆脱软件危机提供了正确的方法。

11.1.2　软件工程的基本概念

软件工程（software engineering）一词出现在 1968 年北大西洋公约组织（NATO）的一次会议上，人们试图在软件开发领域中应用工程科学行之有效的方法（如建筑工程、水利工程及机械工程中的方法），并结合软件开发的实际适当加以改造，形成一整套开发的思想、方法及体系。简而言之，软件工程即是采用工程化方法开发软件。那么，什么是工程化方法呢？工程化方法提供了"如何做"的技术，按照此种做法必定能产生合格的产品，否则就有可能产生不合格产品。工程化方法包括了如下内容。

（1）软件开发方法。软件开发方法给出了软件工程化的具体做法。

（2）软件开发工具。软件开发工具提供了工程化软件开发的必要辅助工具，以利于开发的有效进行。

（3）软件开发过程。软件开发过程给出了工程化中的软件开发步骤。

（4）软件产品文档与标准。它给出了软件开发、使用与管理中的各种标准规范以及软件开发、使用及管理的文档及其规范。

（5）软件质量保证。它给出了保证软件产品质量的办法。

（6）软件项目管理。软件开发是需管理的，它是管理科学的一种特殊门类，只有科学、有效地管理才能产生出合格的软件产品。

软件工程化的目标是：

（1）能产生出符合质量要求的产品。

（2）能提高产品生产效率。

（3）能降低产品生产成本。

11.1.3　软件开发的方法

软件开发可以有多种方法，不同的方法可有不同的开发过程与开发工具，因此，开发方法是整个软件开发的核心。目前，常用的开发方法有结构化开发方法、面向对象开发方法以及其后出现的以 UML 为工具的开发方法，此外还有近期出现的敏捷开发方法等。它们各有利弊并适合于不同的环境与不同的目标。

从发展的历史来看，首先出现的是结构化方法，它来源于 20 世纪 60 年代的结构化程序设计，并在 20 世纪 70 年代形成了结构化的开发方法，这种方法将原先软件开发的无序现象改变成按模块结构组织而成的软件系统，这种方法流行于 20 世纪 70 年代至 20 世纪 90 年代初。此后出现的是面向对象方法，此方法能较为真实的反映客观世界需求，它流行于 20 世纪 90 年代。在其后的过程中将此种方法进行不断改造而形成了一种以规范化的统一表示为目的且具可视化形式的语言（称为 UML 语言）为工具的开发方法，简称 UML 开发方法。在本世纪初又出现一种简便的开发方法，称为敏捷开发方法。下面简单介绍这四种方法。

1．结构化方法

结构化方法起源于 20 世纪 60 年代的结构化程序设计，其目的是提供一组约定的规范以提高程序质量，将此种方法应用于软件的开发即是有组织、有规律的安排与规范软件的结构，使整个软件建立在一个可控制与可理解的基础上。具体来说，结构化方法的基本原则是：

（1）自顶向下的开发原则。这个方法的基本思想是，对一个复杂系统从上到下逐层分解成若干个简单、小规模的个体，从而减少和控制了系统的复杂性。

（2）模块化开发原则。这种方法将分解结果的基本单位按规范化要求组织成模块，以模块为单位进行软件开发。

（3）由底向上的综合原则。将开发完成的模块由底向上进行组装，最后构建成一个软件系统。

结构化方法主要分为结构化分析方法与结构化设计方法两种。其中，结构化分析方法包括处理需求（或称业务需求）、数据需求以及它们之间的相互关系。它们可用数据流图及数据字典表示。而在结构化设计方法中采用模块化方式与 E–R 图等方法分别表示处理与数据的需求。

结构化方法具有很好的优点，它将一个软件按一定的规划构造成一个逻辑实体，使其便于分析、设计、实现与测试，但是它也存在一些不足，主要是在结构化方法中反映客观世界需求能力较差，同时在分析与设计中采用了不同的表示法，而在处理与数据中也采用了不同的表示方法，这样使得这种方法在表示上的统一性较差。

此处，结构化方法还包括结构化系统开发（或称系统实现），它是用结构化开发工具对结构化设计方案进行开发并最终实现系统。

2．面向对象方法

面向对象方法是 20 世纪 80 年代兴起的一种方法，它起源于 20 世纪 70 年代的面向对象程序设计，这种方法是一种能较好反映客观世界实际并且能通过有效步骤用计算机加以实现的方法。它的主要思想是：

（1）从客观世界的事物出发构建系统，用对象（object）作为这些事物的抽象表示，并作为系统的基本结构单位。

（2）对象有两种特性：一种是静态特性，称为属性，用来刻画对象的性质；另一种是动态特性，称为行为（或称方法或操作），用来刻画对象的动作。这两种特性一起构成一个独立实体即对象。

（3）对象对外屏蔽其内部细节，称为封装。

（4）对象的分类：将具有相同属性与方法的对象归并成类。类是这些对象统一的抽象描述体，类中的对象称为实例。

（5）类与类之间存在着关系，其中最紧密的关系是继承关系。所谓继承关系就是一般与特殊的关系。

（6）类与类之间还存在着另一种关系，称为组成关系。所谓组成关系就是全体与部分的关系。

（7）类与类之间还存在着一种松散的通讯关系，这种关系称为消息。

（8）以类为单位通过"一般特殊结构"、"整体部分结构"以及"消息"连接可以构成一个基于面向对象的结构图，此种图称为类层次结构图。

面向对象方法即是以客观世界为注视点并应用上述 8 种手段，最终构成一种层次结构形式。这种形式反映了客观世界的一种抽象模型，称为面向对象模型。

按照这种方法开发软件的具体步骤如下：

（1）对象是数据与程序的结合体。其中，属性组合反映了对象的数据部分，而行为组合则是对象的程序部分。

（2）类是具有相同结构数据与相同程序的对象所组成的软件。

（3）类间的继承与组成关系反映了类这种软件实体间所存在的数据与程序的共享和重用关系。

（4）类间消息反映了软件间的数据交互能力。消息一般也用程序表示。

（5）类层次结构反映了一个软件系统的整体。

目前，在面向对象方法的基础上，已发展出多种开发方法，著名的有 Coad-yourdon 方法、Booch 方法及 Jacobson 方法等，常用的是 Coad-yourdon 方法。

3. UML 开发方法

UML 开发方法是在面向对象方法基础上发展而成的。在众多面向对象开发方法中也存在一些不足，主要是：

（1）面向对象方法中需求分析手段不足。

（2）面向对象方法中缺少统一的表示手段。

（3）面向对象方法中缺少工具的支撑。

基于以上的不足，在 20 世纪 90 年代末，经多个面向对象方法专家的不懈努力，终于设计与建立了一种用于系统分析、设计的语言，称为统一建模语言（UML），用该语言可以进行面向对象系统分析与设计。

UML 提供了在概念与表示上统一标准的方法，它统一了内部接口与外部交流，可以最大限度地表示面向对象中的静态特征与动态行为，既能表示系统的抽象逻辑特征，又能表示需求功能特征与物理结构特征。UML 的统一性与标准性可为开发软件提供方便，目前已有多种工具可供使用，其中最著名的是 Rational Rose。

UML 开发方法是目前开发效果较好的方法之一，其优点是：

（1）表示统一，使用简单。

（2）能适用于软件系统开发中的需求分析、设计及实现等所有阶段。

（3）它统一了内部的表示，使软件开发过程中各阶段做到无缝接口，统一了外部表示，便于与外界交流。

（4）可以提供统一工具进行分析与设计，方便与提高了开发效率。

但是，UML 较复杂，掌握与使用起来相对困难，较为适合大型复杂系统的开发。

4. 敏捷开发方法

软件工程的开发方法自 20 世纪 60 年代发展至今近半个世纪，为软件的开发和发展立下不朽功绩。这些开发方法都是针对 60 年前的无序化、无规则的开发而言的，强调的是有序、有规则的，它着重于如下特点：

（1）软件开发的计划性与正规性。

（2）软件开发的专业化分工。

（3）软件开发的文档化。

这些特点将软件开发引入了正规化的道路，但是经过了数十年的实践后发现，过度的正规化与规范化对开发带来了很多副作用与反作用，这主要是因为：

（1）在强调了开发的计划性与正规性同时忽略了开发的灵活性与可变性。

（2）在强调了开发的专业化分工的同时忽略了开发中团队的合作精神。

（3）在强调了开发中文档重要性的同时忽略了向用户提供可工作软件的重要性。

基于这种认识，在传统软件工程开发方法的基础上出现了一种新的开发方法，称为敏捷开发方法。这是对传统方法某些"过分性"的否定。敏捷开发方法出现于 21 世纪初，在 2001 年 2 月由欧洲 IT 各著名的软件工程专家联合宣布的一种新的开发方法。敏捷开发方法的基本观点是：

(1) 在开发中开发团队合作与交流是至关重要的，它胜过有效的开发工具与开发过程。

(2) 软件开发目标是向用户提供可以工作的软件，而并不是向用户提交一大堆"分析透彻"的文档。

(3) 开发者与客户间的密切合作是开发软件成功的关键。

(4) 客户的需求是不断变化的，一个好的开发方法应该能够响应这些变化，而不是拒绝或害怕这些变化。软件开发计划需要有足够的灵活性，并能适应需求的改变。

根据这些基本观点，敏捷开发方法的基本原则是：

(1) 不断向用户交付可以工作的软件，间隔时间越短越好。

(2) 要欢迎用户的需求变化。

(3) 开发人员与业务人员（即用户）在项目开发的整个过程中必须一起工作。

(4) 开发过程中最有效的沟通方式是面对面的交谈。

(5) 可以工作的软件是度量进度的主要标准。

(6) 追求卓越的技术和优良的设计。

(7) 最好的架构、需求和设计来自于团队的内部。

总体来说，敏捷开发方法是一种灵活、动态可变、简便的开发方法，它是对传统开发方法的一种补充与拓展。

11.1.4　软件开发过程

软件工程中的软件开发过程称为软件生存周期 (life cycle)，分为 6 个阶段，即计划制定、需求分析、软件设计、编码、测试及运行维护。下面对其做简单介绍。

1. 计划制定 (planning)

软件的开发首先要确定一个明确的目标与边界，给出它的功能、性能、接口等要求，同时要对系统可行性进行论证，并制定开发进度、人员安排、经费筹措等实施计划，报上级管理部门审批。

这个阶段是软件开发的初期阶段，其主要工作由开发主管单位负责，参加人员有管理人员与技术人员，以管理人员为主。

2. 需求分析 (requirement analysis)

需求分析阶段是对计划制定阶段中提出的要求进行业务调查分析并做出明确定义，通过相关的方法构建分析模型，最后编写软件需求说明书。此阶段的工作由软件开发人员（系统分析员）负责完成。

3. 软件设计 (software design)

软件设计阶段的任务是将需求分析阶段确定的分析模型转换成软件的结构模型与模型描述，为系统编码提供基础，最后编写出软件设计说明书。此阶段的工作由软件开发人员（系统分析员）负责完成。

4. 编码 (codding)

编码是指将软件设计中的模型转换成计算机所能接受的程序代码，一般用特定程序设计语言编写，此项工作一般由程序员负责完成。其最终的提交形式是源代码清单，在清单中还应包括相应的注释。

5．测试（testing）

测试的目的是保证所编代码的正确性。测试包括单元测试、组装测试及最终的确认测试。测试时需要编制测试用例，通过测试用例来检查软件的正确性。测试中通过来单元测试来检查程序模块的正确性，通过组装测试来检查与设计方案的一致性，通过确认测试检查与需求分析方案的一致性。测试一般由测试人员负责完成。

6．运行与维护（running and maintenance）

在通过测试后软件系统即能进行正常运行，在运行过程中可能会进行不断地修改，这些修改包括软件中错误的订正、因环境改变所需进行的调整以及某些功能性的增添与删改等，这些修改称为软件的维护。

上面所述软件生存周期的 6 个阶段在不同环境、不同领域中可以有少量调整，但是其总体思路是不变的。

11.1.5　软件开发过程中的生存周期模型

软件生存周期给出了软件开发的全部阶段，但是每个阶段如何组织、衔接与构建还有若干种方式，它们称为软件生存周期的模型。到目前为止，常用的模型有五种，分别是：

（1）瀑布模型（water falling model）。

（2）快速原型模型（fast prototype model）。

（3）螺旋模型（spiral model）。

（4）Rational 统一过程 RUP（Rational Unified Process）。

（5）极限编程 XP（eXtreme Programming）。

在这 5 个模型中，开发者可以根据不同环境、不同需求与不同开发方法选择不同模型进行开发，但不管采用何种方法，其生存周期中的 6 个阶段是不会改变的，同时，对不同的模型一般也会有不同的开发工具。

下面对这五种模型做简单介绍。

1．瀑布模型

瀑布模型是目前最常用的模型之一，也是最早流行的模型。瀑布模型的构造特点是各阶段按顺序自上而下呈线性图式，它们互相衔接，逐级下落，像瀑布流水，因此称为瀑布模型。

瀑布模型反映了正常情况下软件开发过程的规律，即由制定计划开始顺序经需求分析、软件设计、编码、测试，最后至运行与维护而结束。其中每个阶段均以前个阶段作为前提，严格按照从上到下的顺序进行，次序不允许改变，这是瀑布模型的最大特点，图 11-1 给出了瀑布模型的示意图。

瀑布模型适合于需求较为稳定的领域，在开发过程中需求不会有重大改变，如操作系统、编译系统等系统软件领域以及工业控制系统、交通管理系统，或者成熟的企业管理系统等应用软件领域。

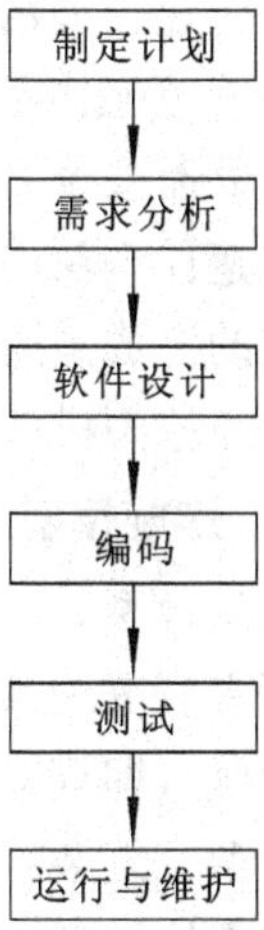

2．快速原型模型

图 11-1　瀑布模型示意图

瀑布模型反映了正常情况下软件开发过程的规律，即需求为固定环境下的开发规律。但是在很多情况下会出现非正常现象，其主要表现为需求模糊或需求不稳定，如行政机关的管理信息系统、新设立机构的信息系统。在此种情况下，需要有一种新的模型以适应此种环境。行政机关由于职能转变、机构调整等因素会影响需要的改变，而新设立的机构涉及其本身职能与工作性质界定尚未完善，因此也会影响需求，使需求模型极不稳定。针对这种情况需要建立新的模型，此种模型称为**快速原型**或**快速原型法**。

快速原型法的基本思想是：

（1）在需求变化的环境中，首先选取其中相对稳定与不变部分（称为基本需求）作为其需求模型，以此为基础构建一个原型系统。

（2）试用原型系统，在使用过程中，不断积累经验，探索进一步的需求，并进行不断修改与扩充。

（3）经过不断修改与逐步扩充，最终可以形成一个实用的软件系统。

快速原型法的工作过程可用图 11-2 表示。

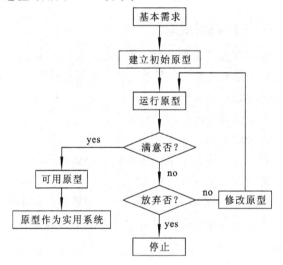

图 11-2　快速原型法的工作过程

在快速原型法的开发过程中，"建立初始原型"及"修改原型"中均需按生存周期中的 6 个阶段规范操作。在这个过程中，由于每个原型均较简单且可以用工具协助，因此具有快速的特点，故而整个方法称为快速原型法。

快速原型法的基本特征是原型与迭代，其中原型是该方法的基本开发单位，而自原型至实用系统的完成是通过迭代实现的。

快速原型模型也是目前常用的模型之一。

3．螺旋模型

螺旋模型是另一种非正常现象的模型。它是一种瀑布模型与快速原型相结合的模型，其开发的语义背景为系统需求明确但有风险性因素存在，因此它既有需求上的明确性，又有风险上的不明确（即模糊性），故而其模型是将需求明确的瀑布模型与不明确的快速原型的结合，适合于大型、复杂、有一定风险的软件开发过程。

在螺旋模型中沿着螺旋的 4 个象限分别表示四方面的活动，分别是：

（1）制定计划：确定软件的边界与目标，选定实施方案，明确开发的限制条件。

（2）风险分析：分析所选的方案的风险性以及消除风险的方法。

（3）工程实施：进行软件开发（包括需求分析、软件设计、编码、测试、运行等阶段）。

（4）评估：评价开发工作，提出改进意见与建议。

在开始时，首先选定一个风险较小的方案，在通过风险分析后可进入生存周期进行开发，在完成开发后对软件做评估并给出修改建议，作为进一步的计划参考，此时模型进入第二个螺旋。在重新制定计划的基础上，再进行风险分析，如果通过，则形成第二个原型；如无法通过，则表明风险过大，此时开发就会停止。如此循环，构成一个自内至外的螺旋曲线，直至形成一个实用的软件为止。

图 11-3 是螺旋模型的工作过程示意图。

为了更加形象，也可将图 11-3 用一个螺旋形曲线图表示，图中有 4 个象限，其中每个象限分别为制定计划、风险分析、软件开发与评估 4 个部分，其开发过程按螺旋曲线顺时针进行直至曲线结束，图 11-4 是螺旋模型的螺旋曲线示意图。

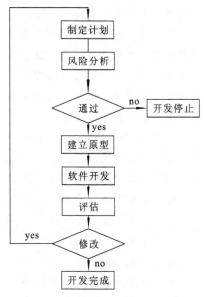

图 11-3　螺旋模型工作过程示意图

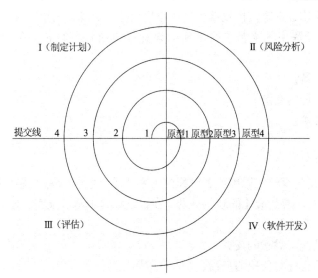

图 11-4　螺旋模型的螺旋曲线示意图

在软件开发中一般都存在风险性，特别是对大型、复杂的系统，由于它们的开发投资大、周期长，因此风险性特别高，而螺旋模型为高风险软件开发提供了一个合适的模型。

螺旋模型的基本特征也是原型与迭代，从这点讲，它与快速原型相同，但其不同的是，它的原型是风险少的原型，而其迭代过程也是对风险程度进行迭代。在快速原型中，原型按需求的稳定性设置，而其迭代过程则是按需求稳定程度设置，这是两者之主要区别所在。

4．RUP 模型

RUP 模型也称 Rational 统一过程，它与 UML 开发方法同生共长，两者有机结合可使开发更为方便、有效。

RUP 模型的开发前提是：不管需求是固定还是可变的，人对客观需求的认识是一个逐步渐进的过程，不可能仅通过一次调查就能对需求全部完全与彻底的认识。

基于这个前提，在 RUP 模型中，一个软件的完成是不断使用迭代与递增的过程。所谓迭代，就是反复、重复之意。在开发中，每个阶段或多个阶段都可以不断反复地进行，对构建模型进行修改。而递增表示功能的增加，它也可以在开发的整个过程中不断进行功能的扩充与增添。不仅对需求如此，对软件的分析、设计与开发实现也是如此，即对整个开发过程的每个阶段均存在着不断扩充功能的过程。

RUP 模型的开发分 4 个阶段，分别是：

（1）初始阶段。初始阶段是提供需求的阶段。

（2）细化阶段。细化阶段是构建系统架构的阶段。

（3）构造阶段。构造阶段是开发初始软件产品的阶段。

（4）过渡阶段。过渡阶段是将软件系统经过修改而形成或产生的阶段。

一般来说，RUP 模型适合大型、复杂软件的开发。

5．极限编程

极限编程是敏捷开发方法的一种具体实现的过程。它由 K.Beck 提出，并在近年来兴起的。所谓"极限"编程，是指它能将好的开发实践运用到极致。

（1）极限编程的核心思想。极限编程的核心思想是：交流、简单、反馈、勇气。

① 交流：极限编程中的交流包含丰富的含义，包括人员间的多种形式交流以及多种方式交流。

- 程序员间的交流。
- 程序员与客户间的交流。

它还包括交流形式：

- 文档交流。
- 面对面口头交流。

② 简单：简单是贯穿于极限编程各阶段的基本要求，它包括需求简单明了、设计简便。

③ 反馈：不断的反馈是最佳的软件开发。在极限编程中需有反复、不断的反馈。反馈的含义也很多，它可以包含：

- 来自用户的功能与需求的反馈。
- 来自开发者的设计与代码的反馈。

④ 勇气：面对不断变化的需求、面对用户的苛刻要求，面对不断发展的技术，开发者充分利用极限编程手段，及时有勇气地做出抉择，开发出符合要求的软件。

（2）极限编程开发过程的大致思路。在用极限编程开发时，其过程的大致思路是：

① 规划的需求：首先须对开发有一个规划。而规划的基础是项目的需求。在极限编程中，需求是由用户以故事的形式告知开发人员，称为"用户故事"，同时由开发者与现场用户不断面对面对话以充实、丰富故事内容，最终形成一个系统的全局视图（称为隐喻）。同时，在隐喻的指导下，将系统开发分解成若干个版本，并提示不同版本的交付计划，同时要注意的是，需求是随时进行的，它由宏观到微观不断细化，通过与现场用户交流来实现。

② 简单设计：在极限编程中设计不作为一个单独的开发阶段，它贯穿在整个开发过程中，因需求动态变化而不断进行持续而简单的设计。

③ 编程：在极限编程中往往采用结对编程、代码共享及编码标准等方法。所谓结对编程，是要求在编程时两个程序员结对一起共同编程；所谓代码共享，是表示任何代码均为集体所有，不专属于某个人，每个人都有权对其进行修改、更新与重构；编码标准则表示由于代码共享，必须有一种团体内每个程序员能应同守的编码标准，以利于阅读、讨论及共同修改代码。

④ 测试：在极限编程中，测试须随时进行，即在开发中每编写一段程序须立即进行相应测试以确保程序代码质量，它称为测试驱动开发。

⑤ 迭代：在极限编程中必须不断的进行迭代，即反复的需求变化、反复的设计、编程以及反复不断的测试等。

⑥ 小版本：经过一个若干个迭代过程，不断发布小版本供用户使用，并从用户处获得反馈并不断吸取意见，总结得失，进一步开发下一个版本。在极限编程中，一个系统的实现是由若干个不断发布的小版本组成。

(3) 极限编程的整体开发过程。极限编程的整体开发过程可用图 11-5 所示的流程图表示，大致可分如下几个步骤：

第一步：首先是用户提示用户故事，开发者与他进行交流，在此基础上提出系统全局视图，即隐喻。

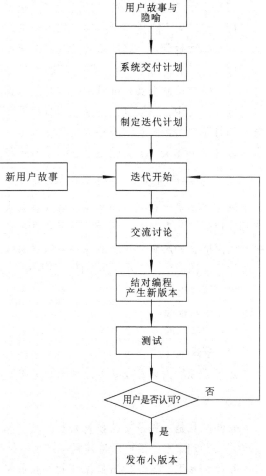

图 11-5　极限编程开发流程图

第二步：在隐喻的指导下提出系统交付计划。

第三步：进入版本的迭代计划，开始迭代过程（要反复迭代若干次）。

第四步：交流讨论，讨论本次迭代的故事编排，在此基础上制定本次迭代工作计划。

第五步：结对编程，并产生一个新版本。

第六步：新版本经测试通过并须经用户认可后发布一个小版本，若用户不认同则进入新的迭代。

11.1.6　软件开发工具

软件工程中的一个重要内容是工具的利用。俗话说："工欲善其事，必先利其器"，在软件开发中充分使用软件工具，可以达到事半功倍的效果。

在传统的软件开发中，其使用的工具主要是在编码阶段中应用程序设计语言，将软件中的设计模型变成程序代码，经过语言处理系统最终生成能在计算机中运行的目标代码。

但是实际上，软件开发整个过程中的所有阶段都是可以借助工具实现的，它们包括：

（1）需求分析阶段：可以用分析工具来实现需求分析模型。

（2）软件设计阶段：可以用设计工具来实现软件设计模型。

（3）代码生产阶段：可以用代码生成工具来实现从设计模型到目标代码的过程。

（4）测试阶段：可以用测试工具来实现代码测试。

（5）文档生成工具：可以用文档生成工具来制作需求分析说明书及软件设计说明书等文档。

（6）版本控制工具：可以用版本控制工具来实现软件开发中的复杂的版本管理。

软件开发中，不同开发方法的过程模型可以使用不同的工具，因此开发工具的种类繁多。著名的有面向对象方法中的开发工具 Purify、微软公司的开发工具 Virtual Studio、数据库开发工具 E-Rwin 及 UML 的 Rational Rose 等。

11.1.7　软件产品文档与标准

软件产品是一种抽象的产品，因此在开发、使用及管理中都需要做必要的图文描述以利于指导、说明，协助开发、使用和管理这些描述称为软件产品文档，它是软件必不可少的一个部分。为保证文档质量，一般来说，文档都需规范化，即编写文档必须按一定的标准书写。

除了文档规范化之外，为保证质量与相互交流，在软件产品中还需要多种标准，具体如下：

（1）基础标准。

（2）开发标准。

（3）文档标准。

（4）管理标准。

这些标准均由政府或权威性组织制定并推广实施。

11.1.8　软件质量保证

软件产品是一种逻辑关系复杂的产品，同时它的投资大、使用广，因此它的质量问题既不易发现又影响重大，故而软件质量保证是软件工程中的一个极为重要的问题。

目前大多采用的软件质量保证的方法是制定相应的质量保证规范，同时通过规范的认证以达到质量保证的目的，其中最为通用的规范是 ISO 9000-3 标准以及 ISO 9000-8203 标准，它们详细说明了软件质量保证具体的可操作方法，特别是对软件开发中供需双方（即软件开发与使用双方）应遵守的质量保证责任的明确规定，同时为强调开发方的重要性，在软件质量保证中还对软件开发商的开发资质做了明确规范，这就是著名的 CMM 规范。有了这两种规范即可制度上保证了软件质量。

此外，软件质量保证还包括软件的评审与软件的测试等内容。

11.1.9　软件项目管理

在软件工程中，除了前面介绍的技术上和制度上的一些措施外，从管理上加强对软件开发的控制也是很重要的，这就是软件开发管理。

软件项目管理一般包括如下内容：

（1）软件项目工作量及时间的估算，在此基础上做项目的成本估算。

（2）软件项目的计划制定及进度安排。

（3）软件项目的组织及人员的安排。

（4）软件配置管理：在软件开发中会不断产生多种信息项，如程序、文档及数据等，它们可称为软件配置项。随着开发的不断深入，这些配置项会越来越多，相互间关系会越来越复杂，因此，必须对它们进行有效管理以保证开发的顺利进行。

11.2　结构化开发方法

本节主要介绍目前使用较广泛的结构化开发方法，包括结构化分析方法、结构化设计方法以及结构化系统实现。其中，重点介绍结构化分析方法与结构化设计方法。

11.2.1　结构化开发方法介绍

结构化开发方法是最早引入软件开发中的一种方法，在此之前，软件开发呈无序、无组织结构状态，这对于小型、微型软件开发而言虽然没有问题，但对于中、大型软件开发而言，就会出现混乱。并且在 20 世纪 60 年代出现了"软件危机"，这种现象的出现促进了人们对软件开发的"方法学"研究，而首先出现的方法即是结构化方法。该方法出现于 20 世纪 70 年代初，其主要思想内容是：

（1）软件是一个有组织、有结构的逻辑实体，软件开发的首要任务是构建其结构。

（2）整个软件由程序与数据两部分组成，以程序为核心。

（3）软件结构中的各部分既具独立性的又相互关联，它们构成一个目标明确的软件实体。

软件开发的结构化方法为软件进入工程性开发提供了方法论基础，它具有明显的技术特性，主要有：

（1）抽象性：在结构化方法中大量采用了抽象的手段。所谓抽象，是指在软件开发的每一阶段中仅描述其本质的内容而抛弃其细节部分，通过结构化分析、结构化设计及结构化编程等多个阶段的抽象，将客观世界的需求逐步转化到计算机世界。

（2）面向过程：在软件的整体构造中有"过程"与"数据"两部分，它们相互独立又相互关联，而在结构化方法中是以"过程"为关注焦点，这种方式称为过程驱动（process-driven）式或面向过程式。此方式的开发中以"过程"作为关注点，而数据仅作为过程中的附属品。但是近年来由于数据的重要性及数据的特殊性使得结构化方法中的此种特性已有所改变。

（3）结构化、模块化与层次性。结构化方法的基本特征是：分而治之，由分到合的过程。首先，在问题求解时自顶向下将复杂问题分解成若干个小型、易解的问题，每个问题相对独立，称为模块；然后，将模块通过一定构造方式进行组装，综合成复杂问题的解。这是一种由底向上的组合过程，所构成的是一种层次形式的结构。

在结构化方法中一般采用瀑布模型，可以图 11-6 详细表示。

在图 11-6 所示的结构化分析与结构化设计两个阶段中，结构化分析阶段按不同的数据需求与处理需求分别提出。在结构化设计阶段也须按不同的数据与处理方面分别提出几种不同模式或模型。其中，数据部分分为概念模式、逻辑模式与物理模式等；而处理部分则是结构转换与模块结构图两种。

下面分别介绍结构化分析、结构化设计、编码、测试以及运行与维护等几个阶段内容，而系统规划部分因涉及技术内容不多而予以省略。

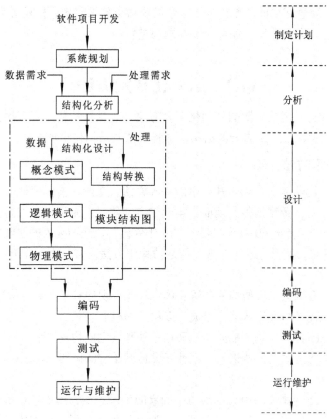

图 11-6　结构化方法生存周期图

11.2.2　结构化分析方法

结构化分析（Structured Analysis）方法简称 SA 方法，它采用面向过程的方法从上层入手，自顶向下逐层分解，采用形式化或半形式化的描述来表示过程中的处理和数据以及它们之间的关系。结构化分析包括如下内容：

（1）需求调查。

（2）数据流程图。

（3）数据字典。

（4）系统分析说明书。

下面分别介绍。

1. 需求调查

为建立软件系统，需要对分析对象做一个基础性调查，称为需求调查。需求调查大致有如下几方面：

1）需求调查内容

（1）系统目标与边界 。首先需要了解整个软件系统要求实现的宏观目标，包括业务范围、功能大小、外部环境以及接口等内容，最终确定整个系统的目标以及系统边界，为系统实现给出一个核心框架。

（2）业务流程调查。调查系统的业务流程，全面了解各流程间的关系。此外，还要了解各种信息的输入、输出、处理以及处理速度、处理量等内容。

（3）单据、报表及台账等数据源调查。调查单据、报表及台账等信息载体，包括它们的基本结构、数据量以及其处理方式、处理手段。此外，还要调查这些数据间的关系。

（4）约束条件调查。调查系统中各种业务自身的限制以及相互间的约束，如时间、地点、范围、速度、精度、安全性等约束要求。

（5）薄弱环节调查。调查系统薄弱环节，并注意在软件开发中予以足够关注，使在计算机系统中产生的问题得到解决。

2）调查方式

在需求调查中一般可以采取多种调查方式，其常用的方式有：

（1）查阅书面材料。需求调查可先从最容易获取到的书面资料入手，包括各类文档、职能规范、各种规章制度、各类报告、各种收/发文档以及相关的报表、记录、手册、台账等，从这些资料中可以得到系统的宏观及微观的功能、性能、流程以及数据结构、约束等初步信息。

（2）实地调查。在阅读书面材料后可以进行实地调查，实地调查可以获得第一手的材料以及直观、感性的知识以弥补书面材料的不足，还可获得书面材料中所无法得到的东西。

（3）面谈。对通过上面两种方法后尚未了解的或某些重点内容尚须进一步了解，可通过面谈方式完成。面谈可以有问卷及漫谈两种方式，前一种是目的十分明确的面谈，后一种则是深入探究式面谈。面谈需要做记录，记录内容要简明扼要，切忌长篇大论、泛泛而谈。

3）软件需求说明书

在需求调整结束后须编写"软件需求说明书"，内容包括需求调查中有关系统目标、边界、业务流程、数据要求、约束与受限条件等，此外，有关需求调查的相关记录与资料均须作为附件列于文档后，该说明书须按一定规范编写，它是需求调查的最终文档，是该阶段的里程碑。

2. 数据流图

在需求调查基础上做一个抽象的模型，称为数据流图 DFD（DataFlow Digram）。数据流图是一种抽象的反映业务过程的流程图，在该图中有 4 个基本成分，分别是：

1）数据端点

数据端点是指不受系统控制，在系统以外的客体，它表示了系统处理的外部源头，一般可分起始端点（或称起点）与终止端点（或称终点）两种，可用矩形表示并在矩形内标出其名。其具体表示可见图 11-7（a）。

2）数据流

数据流表示系统中数据的流动方向及其名称。它是单向的，一般可用一个带箭头的线段表示，并在线段边标出其名。数据流可来自数据端点（起点）并最终流向某些端点（终点），中间可经过数据处理与数据存储。数据流的图形表示可见图 11-7（b）。

3）数据处理

数据处理是整个流程中的处理场所，它接收数据流中的数据输入并经其处理后将结果以数据流方式输出。数据处理是整个流程中的主要部分，它可用椭圆形表示，并在椭圆形内给出其名。其图形可见图 11-7（c）。

4）数据存储

在数据流中可以用数据存储以保存数据。在整个流程中，数据流是数据动态活动形式，而数据存储则是数据静态表示形式。它一般接收外部数据流作为其输入，在输入后保留数据，在需要时可随时通过数据流输出，供其他成分使用。数据存储可用双线段表示，并在其边上标出其名。其图形表示可见图 11-7（d）。

(a)数据端点表示　　(b)数据流表示　　(c)数据处理表示　　(d)数据存储表示

图 11-7　DFD 中的 4 个基本成分表示

在 DFD 中所表示的是以数据流动为主要标记的分析方法，在其中给出了数据存储与数据处理两个关键部分，同时也给出了系统的外部接口，它能全面反映整个业务过程。

【例 11-1】图 11-8 所示的是一个学生考试成绩批改与发送的流程，它用 DFD 表示。在图中试卷由教师批改后将成绩登录在成绩登记表然后传递至教务处，其中用虚线构建的框内表流程内部，而"教师"与"教务处"则表流程外部，分别是流程的起点与终点。

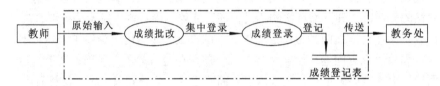

图 11-8　考试成绩批改与发送的 DFD 图

在数据流图中有的"数据处理"还可进一步构建流程，为此往往可对"数据处理"编号，并对编号的"数据处理"进一步构建 DFD，这样就可以形成 DFD 中的嵌套结构。下面的例 11-2 给出了 DFD 中嵌套的一个例子。

【例 11-2】学生学籍管理包括学生学习成绩管理，学生奖惩管理及学生动态管理 3 个部分，它们的 DFD 可以用图 11-9 表示。该 DFD 中的外部端点有 5 个，分别是：招生办、用人单位、高教局、教师与学生工作部。而其数据处理单位共有 3 个，分别是：学习成绩管理、奖惩管理及动态管理。最后，它有一个数据存储，即学生学籍表。在该图中，3 个数据处理单元可分别标以 P_1、P_2 及 P_3，对每个数据处理单元可进一步构建数据流程并画出其 DFD。图 11-10 给出了 P_1 的数据流程的 DFD，在此图中共有 $P_{1.1}$、$P_{1.2}$、$P_{1.3}$、$P_{1.4}$、$P_{1.5}$、$P_{1.6}$、$P_{1.7}$ 共 7 个处理，对它们还可进一步构建数据流程并画出其 DFD，但在这里就不进一步构建了，读者如有兴趣可以自行练习。

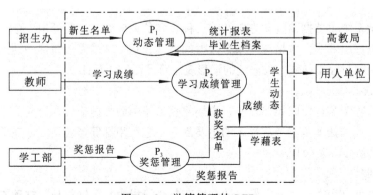

图 11-9　学籍管理的 DFD

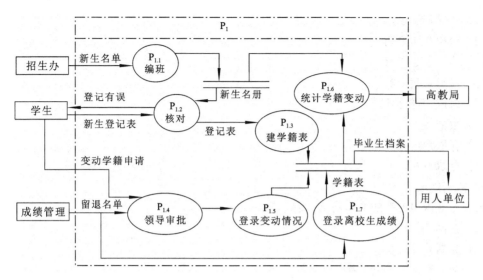

图 11-10　动态管理 P_1 的 DFD

3. 数据字典

在构建 DFD 后可以在其基础上构造数据字典 DD（Data Dictionary）。DFD 与 DD 结合可以更细致地分析业务过程，同时也可为后面的数据设计提供基础。

数据流图是以数据流为中心的，它涉及数据存储及数据处理等多个内容，而数据字典即是对 DFD 的详细的描述，它是对 DFD 的进一步说明。

数据字典包括 4 个部分，分别是数据项、数据结构、数据存储及数据处理。下面分别进行介绍。

1）数据项

数据项是数据基本单位，包括如下内容：

（1）数据项名。

（2）数据项说明。

（3）数据类型。

（4）长度。

（5）取值范围。

（6）语义约束——说明其语义上的限制条件包括完整性、安全性限制条件。

（7）与其他项的关联。

2）数据结构

数据结构由数据项组成，它给出了数据基本结构单位，如数据记录即是一种数据结构。数据结构包括如下内容：

（1）数据结构名。

（2）数据结构说明。

（3）数据结构组成。{数据项/数据结构}。

（4）数据结构约束：从结构角度说明语义上的限制，包括完整性及安全性限制条件。

3）数据存储

数据存储是数据结构保存或停留之处，也是数据来源与去向之一，它包括如下内容：

（1）数据存储名。

（2）数据存储说明。

（3）输入的数据流。

（4）输出的数据流。

（5）组成：{数据结构}。

（6）数据量。

（7）存取频度。

（8）存取方式。

4）数据处理

数据处理给出处理的说明信息，它包括如下内容：

（1）数据处理名。

（2）数据处理说明。

（3）输入数据（数据结构）。

（4）输出数据（数据结构）。

（5）处理（算法说明）。

4．系统分析文档

在系统分析结束后需编写"系统分析说明书"，内容包括数据流程图及数据字典等，通常需要按一定规范编写。它是结构化分析阶段的最终成果，也称该阶段的里程碑。

11.2.3 系统设计

系统设计是在系统分析基础上进行的，如果说系统分析给出了系统"做什么"，那么系统设计所关心与实现的是系统"怎么做？"，即如何在一定的平台与条件下给出系统实现的逻辑模型。系统设计分为过程设计与数据设计两部分，下面分别介绍。

1．系统过程设计

系统过程设计以系统分析说明书为出发点，对它们做系统过程设计，其具体步骤如下：

（1）划分模块并构筑模块结构图。

（2）对每个模块做详细描述并给出模块描述图。

下面详细介绍。

1）模块

模块（module）又称功能模块，它是一个具有完整功能的程序块。模块有接口，可与外界交互，模块内部有明显的特性。模块的内/外部特性表示为：

（1）独立功能。一个模块具有一个完整独立的功能，以功能作为模块组成的依据是模块最重要的特性。

（2）高内聚性。模块的内聚（cohesion）指模块内各功能元素间的结合紧密程度，而高内聚性即表示模块内各功能元素相互联系紧密、组成一体。高内聚性是模块的基本要求。

（3）低耦合性。模块的耦合（coupling）指模块间联接的紧密程度，而模块的低耦合度表示模块间相互依赖少，模块的独立性高。低耦合性也是模块的基本要求之一。

（4）受限的扇入与扇出。模块对外有接口，可供外界调用，称为输入接口。输入接口的数量称为扇入（fan-in）。模块可调用外部的模块，称为输出接口。输出接口的数量称为扇出（fan-out）。

一个模块的扇入与扇出均不宜大，过大者表示模块间耦合性高、内聚性低，这不利于模块的独立性。特别是模块的扇出过大，意味着模块管理过于复杂。一般的模块扇出与扇入的平均数为 3，最多不能超过 7。

模块一般有三种类型，分别是：

（1）控制模块：控制模块主要在系统内起到控制与调度其他模块的作用。一个系统中一般都有一个或几个控制模块，它们分别控制若干个模块，而控制模块中有一个称为总控模块，它是一个总的控制模块，控制其他控制模块。

（2）工作模块：工作模块在系统中负责过程处理，是系统中主要的模块。工作模块中的每个模块负责一个独立的处理功能。

（3）接口模块：模块间有接口，模块与外界有接口，接口模块即完成模块内、外的接口任务。

模块一般用矩形表示，模块名写在矩形内，模块名一般由一个动词及下接名词组成，该名字应能充分表示该模块的功能。图 11-11（a）给出了模块的表示，图 11-11（b）及图 11-11（c）则给出了两个模块名的实例。

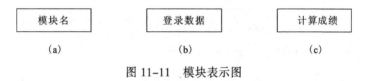

图 11-11　模块表示图

2）模块结构图

以模块为基本单位，以模块间的调用为关联所构成的图称为模块结构图，简称结构图（structured chart）。

结构图是以模块为结点，以调用关系为边所构成一个有向树，下面对这个图进行讨论。

（1）结构图纵向是分层的，一个结构图中的模块可调用下一层的模块，它也可被上一层模块调用，结构图的层数称为深度，它表示了调用的复杂性。

（2）结构图横向是分块的，一个结构图中每一层都横向排列有若干个模块，每层中模块数称该层的宽度，而整个结构图中每层宽度的最大者称为该结构图的宽度。结构图的宽度与深度反映了整个系统的大小与复杂性。

（3）在结构图中的调用关系可用带箭头的边表示（见图 11-12（a）），有时每个边上还可附有数据传递与控制传递两种辅助消息，其中数据传递可用带圆圈的箭头表示（见图 11-12（b）），控制传递可用带圆点的箭头表示（见图 11-12（c））。

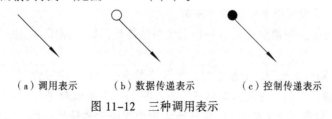

（a）调用表示　　　（b）数据传递表示　　　（c）控制传递表示

图 11-12　三种调用表示

（4）如果将模块图中的模块用结点表示，其调用关系用有向边表示，此时一个模块结构图即可抽象化为一棵树。

图 11-13 和图 11-14 分别给出了一个工资处理系统的模块结构图及结构图的树状表示。

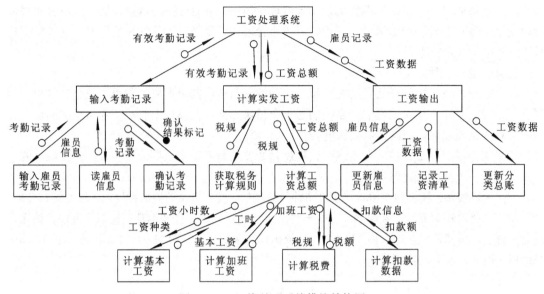

图 11-13　工资处理系统模块结构图

从图 11-14 中可以看出模块结构图一些性质：

（1）该结构图的深度为 4，宽度为 8，其大小与复杂性不高。

（2）该结构图中模块最大扇入/扇出数为 4，它表示模块的独立性高。

从图 11-14 中还可以看出，最上层的模块是总控模块，而第二层的模块也是控制模块，第三层中的"计算工资总额"模块也是控制模块，而其他模块则是工作模块或接口模块。

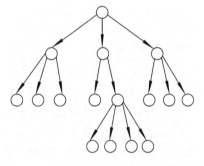

图 11-14　工资系统模块结构图的树表示

3）由数据流图到模块结构图

数据流图是系统分析模型，模块结构图是系统设计模型。如何从系统分析模型转换到设计模型，亦即是说，如何从数据流图转换到模块结构图是本章所要解决的一个重要问题。

本节介绍两种转换方法：变换分析法与事务分析法。在数据流图中有两种典型的结构，分别是变换型（transform）结构与事务型（transaction）结构。对应这两种结构有两种转换到模块结构图的方法，即变换分析法与事务分析法。

（1）变换分析法。变换分析法是一种以变换型结构的数据流图为出发点的转换方法，下面分三步进行介绍。

① 变换型结构数据流图。变换型结构数据流图是一种典型的线性型结构图。在数据流中其顺序划分为逻辑输入、加工与逻辑输出三部分，图 11-15 所示的就是一个例子。

② 变换型结构数据流图的转换。变换型结构数据流图的转换过程是按如下 3 个步骤进行。

• 划分逻辑输入、加工与逻辑输出。对变换型结构数据流图进行探究，将其顺序划分为逻辑输入、加工与逻辑输出三部分，这需要对系统分析说明书详细了解以及具有一定的经验。

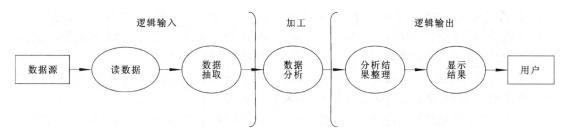

图 11-15　变换型结构数据流图

- 设计顶层及第二层模块。按照"自顶向下,逐步求精"的原则,首先从顶层模块起做设计,顶层模块的功能即是整个系统功能,它主要起控制下层的作用。

第二层模块则按输入、变换及输出 3 个分支处理。首先设计一个逻辑输入模块,其功能是为顶层模块提供输入数据;其次设计变换模块,它的功能是将输入模块的数据做加工变换;最后是设计一个逻辑输出模块,其功能是为顶层模块提供输出信息。在顶层模块与第二层模块间的数据传送应与数据流图相对应。

- 设计中、下层模块。最后是中、下层模块的设计。它按输入、变换及输出 3 个部分逐个分解,按照数据流图并参考模块特性,可分解成若干层与若干个模块。

在图 11-15 的数据流图中可以按照上面三个步骤将其转换成图 11-16 所示的模块结构图。图 11-13 所示的模块结构图是一种变换型结构,它是通过变换分析法所得的图。

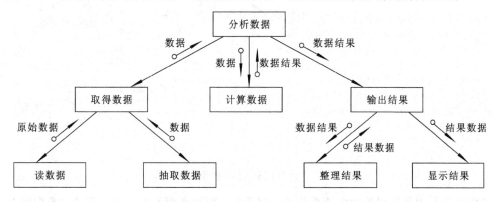

图 11-16　变换分析示例图

(2)事务分析法。事务分析法是一种以事务型结构的数据流图为出发点的转换方法,对此种方法也可分为三步介绍。

① 事务型结构数据流图。事务型结构数据流图也是一种典型的数据流图,它是以事务加工为主的数据流图。它根据输入数据分析,可分解成若干平行数据流,分别执行加工,图 11-17 给出了它的一个例子。

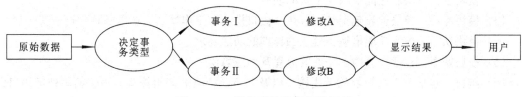

图 11-17　事务型结构数据流图例

② 事务型结构数据流图的转换。事务型结构数据流图的转换过程按下面两个步骤进行：

- 设计顶层及第二层模块。按照"自顶向下，逐步求精"原则，首先从顶层模块设计做起，顶层模块的功能即是整个系统功能，它主要起控制下层的作用。

第二层模块则按"分析模块"与"调度模块"两个分支处理，其中分析模块接收输入并分析事务类型，而调度模块则根据不同类型调用相应的下层模块。

- 中、下层模块设计。在中、下层模块中，其分析模块的下层应包括接收原始输入以及分析事务类型这两类模块，而在调度模块的下层应并行设置若干层模块以完成相应的事务处理。在图 11-17 的数据流图中可以按照上面两个步骤将其转换成图 11-18 所示的模块结构图。

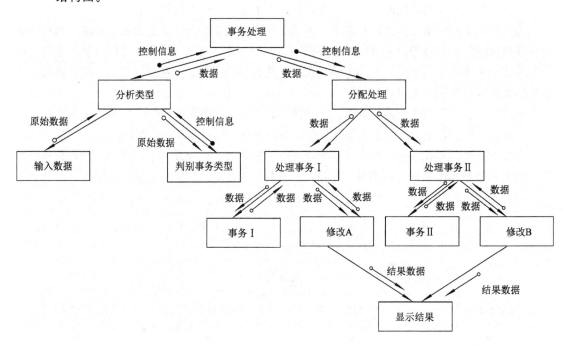

图 11-18 事务分析

在实际应用中所出现的数据流图并非全部是如上两种典型类型，而往往是非典型状态，如有时是混合状态，即一部分是变换类型另一部分是事务类型等，此时可以借鉴前面介绍的类型中所处理的方法灵活、变通地处理。

4）模块描述

在获得模块结构图后，对每个模块进行详细探究并最终给出描述，模块描述包括如下内容：

(1) 模块编号：每个模块必须有一个编号，模块编号按一定规则统一设置。

(2) 模块名：模块名应能反映该模块的功能。

(3) 模块性质：模块性质包括控制模块、接口模块及工作模块，在这 3 种中选取其一。

(4) 模块功能：模块功能描述该模块的详细的功能要求。

(5) 模块处理：包括模块内部处理的流程及相应算法。

(6) 接口：包括与上层模块的调用接口以及与下层模块的调用接口，还包括与外部接口以及调用时传递的数据、控制信息。

（7）附加信息：包括对模块的一些限制与约束性要求以及一些特殊的要求等。

模块描述图如图 11-19 所示。

×××系统模块描述图					
模块编号		模块名		模块性质	
模块功能					
模块处理					
模块接口					
附加信息					

编写人员：＿＿＿＿＿＿＿＿＿　审核人员：＿＿＿＿＿＿＿＿＿

审批人员：＿＿＿＿＿＿＿＿＿　日　期：＿＿＿＿＿＿＿＿＿

图 11-19　模块描述图

根据前面几点介绍可以知道，系统过程设计的具体做法是：

（1）以数据流图为依据画出模块结构图。

（2）以数据字典为依据对模块做描述并给出模块描述图。

（3）模块描述图与模块结构图组成系统过程设计的最终文档。

2．系统数据设计

系统数据设计是系统设计中的又一个重要设计部分。它以系统分析说明书为前提，其最终目标是设计出相关的结果，具体如下：

（1）关系表。

（2）关系视图。

（3）约束条件。

（4）索引。

（5）存储配置。

数据设计就是进行数据库的设计，目前主要是进行关系数据库的设计。

数据库设计的基本方法是：首先由数据流图与数据字典画出 E-R 图；其次是将 E-R 图转换成 RDBMS 中的关系模式，此外还包括关系的规范化以及性能调整及约束条件设置；最后给出索引及相关数据库的物理参数。它们分别称为概念设计、逻辑设计与物理设计。

1）概念设计

概念设计就是构建 E-R 图，一般分为两个步骤。

（1）局部结构设计。以每个数据流图（及相应数据字典）中的"数据存储"为核心可以设计 E-R 图。这样，共可以得到若干个 E-R 图，其中每个 E-R 图反映了一种局部的数据关系，称为局部结构图。

（2）全局结构设计。将若干个局部的 E-R 图合并成一个全局结构的 E-R 图称为全局结构图，在合并过程中需要不断地消除冲突与消除冗余。

- 消除冲突：由于局部 E-R 图在生成过程中存在着不同的差异，因此在合并过程中会产生冲突，包括命名上的冲突、属性上的冲突、联系上的冲突等，此时须进行必要的统一以调整所出现的冲突。

- 消除冗余：局部 E–R 图间的另一种差异是它们有时会产生功能的冗余，此时也须进行必要的统一以调整多余的冗余功能。

2）逻辑设计

逻辑设计就是构建关系表、视图及相应约束条件。它是以全局 E–R 图为基础的。

（1）实体集的处理。原则上来说，一个实体集可用一个关系表示，同时对关系设置主关键字及外关键字。

（2）联系的转换。一般情况下，联系可用关系表示，但是在有些情况下，联系可归并到相关联实体集的关系中。具体来说，即是对 $n:m$ 联系可用单独的关系表示，而对 $1:1$ 及 $1:n$ 联系可将其归并到相关联实体集的关系中。

① 在 $1:1$ 联系中，该联系可以归并到相关联实体集的关系中。如图 11–20 所示，有实体集 E_1、E_2 及 $1:1$ 联系。其中 E_1 有主关键字 k，属性 a；E_2 有主关键字 h，属性 b；而联系 r 有属性 s，此时可以将 r 归并至 E_1 处，用关系表 $R_1(k,a,h,s)$ 表示，同时将 E_2 用关系表 $R_2(h,b)$ 表示。同样，也可用 $R_1(k,a)$ 及 $R_2(h,b,k,s)$ 表示。

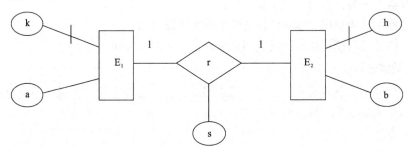

图 11–20　1:1 联系

② 在 $1:n$ 联系中也可将联系归并至相关联为 n 处实体集的关系表中。如图 11–21 所示，有实体集 E_1、E_2 及 $1:n$ 联系 r，其中 E_1 有主关键字 k，属性 a；E_2 有主关键字 h，属性 b；而 r 有属性 s，此时可以将 E_1 用关系 $R_1(k,a)$ 表示，而将 E_2 及联系 r 用 $R_2(h,b,k,s)$ 表示。

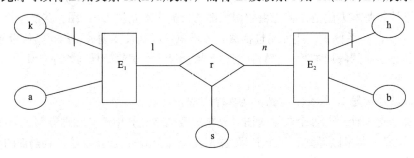

图 11–21　1:n 联系

在将 E–R 图转换成关系表后，再进行规范化和性能调整等工作。

（3）规范化与完整性要求。在逻辑设计中，初步形成关系表后还需对它进行规范化验证，使每个关系表满足一定的形式要求，这种形式称为范式。一般而言，关系表如不满足一定的范式，会出现很多异常现象。因此，每个表必须满足一定的范式要求，而最基本的范式称为第三范式。目前对第三范式有两种验证方法，一种是形式化方法，另一种是非形式化方法。这里仅介绍后一种方法，这种方法由两个原则组成，一个称为原子性原则，它表示表中属性的数据必为基本数据元素；而另一个原则称为"一事一地"（one fact one place）方法，即一件事放一张表，不同事则放不同表的原则，这种方法是判别关系表满足第三范式的有效方法，在实际应用中经常使用，如在第 8 章的学生数据库中，共有 3 个不同的"事"，即学生、课程与修读成绩，它们可存放在不同的"地"，从而组成三张表。唯一要注意的是对所关注的数据体语义要了解清楚。具体来说，即对数据体中的不同"事"要严格区分，这样才能将其放入不同的"表"中。

此外，关系表还需要满足完整性要求，即需要确定关系表的主关键字与外关键字。其中主关键字不能为"空值"，外关键字的值必须在其为主关键字的表中出现。

（4）命名与属性域的处理。关系表中的命名可以用 E-R 图中的原命名，也可另行命名。但是应尽量避免重名，RDBMS 一般只支持有限种数据类型，数据字典及 E-R 中的属性域则不受此限制，如出现有 RDBMS 不支持的数据类型时则要进行类型转换。

（5）非原子属性处理。在关系表中的属性均为原子属性，即为基本数据元素，而在 E-R 图中允许出现非原子属性。非原子属性主要有集合型和元组型两种。如出现此种情况时可以进行转换，将它们转换成原子属性。其转换办法是集合属性纵向展开，而元组属性则横向展开。

【例 11-3】学生实体集有学号、学生姓名及选读课程 3 个属性，其前两个为原子属性，后一个为非原子属性，因为一名学生可选读若干课程。设有学生 S1307，王承志，他修读 Database、OS 及 Network 三门课，此时可将其纵向展开，如表 11-1 所示。

表 11-1　学生实体集

学　　号	学 生 姓 名	选 读 课 程
S1307	王承志	Database
S1307	王承志	OS
S1307	王承志	Network

【例 11-4】设有表示圆的实体，它有 3 个属性：圆标识符、圆心与半径，而圆心是由坐标 X 轴、Y 轴的位置所组成的二元组表示。在此情况下可通过横向展开，将 3 个属性转换成 4 个属性，即圆标识符、圆心 X 轴位置、圆心 Y 轴位置及半径。

（6）性能调整。为提高效率与方便使用，还需要对关系表进行一些调整：

① 调整性能，适当合并一些表以减少表间连接，提高效率。

② 调整关系表大小，使每个关系表的数据量保持在合理水平，从而可以提高存取效率。

（7）约束条件设置。需要对调整后所生成的表设置一定约束条件，包括表内属性及属性间的约束条件以及表间属性的约束条件。这些约束条件可以是完整性约束、安全性约束、也可以包括数据类型约束及数据量的约束等。

（8）关系视图设计。数据库设计的另一个重要内容是关系视图的设计。它是在关系模式基础上设计的直接面向操作用户的视图，它可以根据用户需求随时构建。

关系视图一般由同一模式下的表或视图组成，它由视图名、视图列名以及视图定义和视图说明等几部分组成。

3）物理设计

物理设计是在逻辑设计基础上对数据库内部物理结构做适当调整以提高数据库访问速度及有效利用存储空间。

物理设计包括两部分内容：

（1）存取方法设计。存取方法设计主要是索引的设计，它可以有效地提高数据库的存取效率。

（2）存储结构设计。存储结构设计一般包括两部分内容：

① 磁盘分区设计：数据物理存放位置的设计。

② 系统参数配置：确定数据库物理存储的参数设置，如数据表的规模、缓冲区个数与大小，同时打开表的数目及最大用户数等。

3．系统设计文档

在系统设计结束后需要编写"系统设计说明书"，通常需要按一定规范编写。

系统设计说明书一般包括模块描述图、模块结构图、全局 E-R 图、关系表、关系视图、约束条件、索引及存储配置等内容。它是系统设计阶段的最后成果，也称系统设计里程碑。

在完成系统的设计后，一个系统构造的框架就已经完成，接下来的工作就是实现系统。实现系统包括系统编码、测试与最终的运行与维护。下面进行分别介绍。

11.2.4 系统编码

系统编码即是将系统设计中的模块与数据表（包括视图）结构用计算机语言编写成源代码，并经编译（或解释）后即能成为可运行的目标代码，由此达到系统实现的目的。

一般而言，对源代码的编写是有一定要求的，它们是：

1．语言的选择

对不同的设计结果、不同的模块，可选用不同的语言，目前可以有几种选择：

（1）程序设计语言：该语言适合于书写加工处理型模块，此类语言如 C、C++、Java 及 C＃等。

（2）可视化语言：该语言适合于书写人机界面模块，此类语言如 Delphi、VB 等。

（3）数据库语言：该语言适合于数据模式定义，数据操纵与控制等，此类语言如 SQL 等。

（4）标记语言：此类语言适合于书写 Web，如 HTML 及 XML 等。

（5）脚本语言：此类语言适合于 Web 应用编程，如 VBScript、JavaScript 等。

2．程序设计质量要求

程序设计质量要求有下面几个方面：

（1）正确性要求：程序设计的正确性是编写程序设计的最基本要求，所谓正确性包括语法与语义两个方面，只有在语法上符合规则要求且在语义上满足系统设计要求的代码才是正确的代码。

（2）易读性要求：程序代码不仅为了编译运行还要便于阅读，为后续的测试、维护及修改提供方便。

（3）易修改性要求：程序代码是需要经常修改的，修改包括改错、扩充功能与移植等，因此易修改性也是程序编码中的重要要求之一。

（4）健壮性要求：程序代码能抗外界干扰。它包括程序的运行可靠性、对错误的预防以及程序故障恢复机制等。

为达到以上几个目的，需要从程序设计的结构与程序设计风格两方面着手解决。

3．结构化程序设计

结构化程序设计为是为了使程序成为一个有组织且遵守一定规则的实体，其目的是使程序是易读的、易修改的。结构化程序化设计一般应遵守的规则有：

（1）程序语句应组成容易识别的块（block）。

（2）每个程序应有一个入口和一个出口。

（3）仅使用语言中的 3 个控制语句，即顺序、选择与循环。goto 语句的使用要严格控制。

（4）对复杂结构的程序可用嵌套方式实现。

4．程序设计风格

由于程序是须供人阅读与修改的，因此编写程序就像写文章一样是要讲究文风的，这就是程序设计的风格。这种风格实际上也就是在编写程序时所应遵守的规则。它们大致如下：

（1）源程序文档化。源程序文档化即是将源程序看成一个文档而不仅是一组供编译运行的代码。源程序文档化包括 3 个内容，分别是标识符、程序注释和视觉组织。

① 标识符。在程序中应充分使用标识符，它包括模块名、变量名、常量名、子程序名、函数名、过程名、数据区名及缓冲区名等，这些命名应能反映所代表的实际东西，并对编写程序有实际帮助。

② 程序注释。为便于阅读与交流，在编写程序时必须书写注释。注释分序言性注释与功能性注释两种。序言性注释通常属于程序模块的首部，它一般给出程序的整体说明，包括：

- 程序标题。
- 模块功能与目的说明。
- 模块位置：指出属哪个源文件及哪个软件包。
- 算法说明。
- 接口说明。
- 数据描述。
- 开发简历。

功能性注释嵌在源程序体中，用来描述相应语句段的功能与说明。

程序注释一般用自然语言书写，在正规的程序文本中，注释行的数量要占整个源程序的 $1/3 \sim 1/2$。

③ 视觉组织——空格、空行与移行。在一般文章书写中要分段落，要有空行与空格，这样才能层次清楚，达到视觉上的清晰效果。同样在程序中也需要充分的利用空格、空行与移行以达到视觉上的效果。具体如下：

- 程序段间用空行隔开。
- 程序中运算符可用空格两边隔开。
- 程序中各行不必左对齐，对于选择和循环语句，可把其中的程序段语句向右进行阶梯式移行以达到层次分明、逻辑清楚的目的。

（2）数据说明。在编写程序时为使数据使用更易于理解，必须注意如下几点：

① 数据说明次序应当规范化，使数据属性容易查找，也有利于测试、排错与维护。

② 当多个变量名用于一个语句说明时，应将变量按顺序排列。

③ 对一些复杂的数据结构应使用注释以说明其在程序实现时的固有特点。

（3）语句结构。对程序中的每个语句构造应力求简单、明了，不能为追求效率而使语句复杂化。对语句结构一般有如下要求：

① 一行内只写一条语句。

② 程序编写要遵从正确第一、清晰第二、效率第三的原则。

③ 尽量在程序中使用函数、过程与子程序。

④ 尽量用逻辑表示式代替分支嵌套。

⑤ 尽量避免使用不必要的 goto 语句。

⑥ 尽量避免使用"否定"条件的条件语言。

⑦ 尽量避免过多使用循环嵌套与条件嵌套。

⑧ 对递归定义的数据结构尽量使用递归过程。

（4）输入和输出。输入与输出是直接和用户紧密相关的，因此输入/输出方式和风格应尽可能地方便用户使用，在输入/输出程序编写时应注意：

① 所有输入数据都必须进行完整性检验以保证数据的有效性。

② 输入步骤与操作尽量简单并保持简单的输入格式。

③ 应允许出现有缺省值。

④ 输入数据中需要有结束标志。

⑤ 输出的形式（包括报表、图表等）要考虑用户需求并能使用户乐于接受。

⑥ 输出操作要尽量简单、方便。

5. 系统编码文档

系统编码的最终成果是一个带有注释的源程序清单，它是系统编码的里程碑。

11.2.5 测试

测试是在软件正式投入生产性运行前的最终复审，是软件质量保证的关键步骤。在软件开发过程中，无论开发者如何精明能干，在其产品中难免会隐藏许多错误和缺陷，尤其是对规模大、复杂度高的软件更为如此，因此软件测试是极对必要的。

软件测试是为了发现错误而执行程序的过程，或者说软件测试是设计一些测试用例并利用它们去运行程序以发现程序错误的过程。下面对软件测试的几个关键问题进行讨论。

1. 测试的目的

测试的目的有如下几个方面：

（1）测试目的是为了发现错误。

（2）一个成功地测试是发现了至今未发现的错误。

如果我们成功地进行了测试，就能够发现软件中的错误。但测试并不能证明软件中没有错误。可是有一点是肯定的，即测试能证明软件的功能与性能是否与需求分析相符合。

为实现以上的两个目的，软件测试的原则应该是：

（1）测试用例应由测试输入数据与对应的预期输出结果两部分所组成。

（2）编程人员与测试人员应该分开，编程人员要避免检查自己的程序。

（3）需制定严格的测试计划，排除测试的随意性。

（4）应当对每个测试结果做全面检查以充分暴露错误、发现错误。

（5）应对测试建立文档，该文档包括测试计划、测试用例、出错统计以及最终分析报告。

2. 测试流程

测试流程一般分三步，它们是：

（1）测试输入。测试需要有三类输入：

① 软件配置：软件配置即是测试对象，它一般包括系统源代码、系统分析与系统设计等说明书资料。

② 测试配置：测试配置即是测试所需的资料，包括测试计划、测试用例等。

③ 测试工具：为进行测试，须有测试工具以支持测试的进行并做测试分析服务。

在以上三类输入的支持下即可进行测试并获得测试的结果。

（2）测试分析。测试分析即是对测试结果做分析，即将实际测试结果与预期结果进行比较，如结果不一致即表示软件有错，此时须做出错率统计及可靠性分析，称为测试分析。

分析的一个方面是出错率统计，在此基础上建立软件可靠性模型。如果经常出现需要修改设计的严重错误，那么软件质量和可靠性就值得怀疑，同时也表明需要做进一步测试。

（3）排错。测试分析结果表明软件有错时即要启动排错，所谓排错，又称调试，即是改正错误，它包括两个部分：

① 确定程序中错误的确切性质与位置。

② 对程序进行修改以排除错误，在排除错误后还需要做进一步测试。

测试流程的 3 个步骤可以用图 11-22 表示。

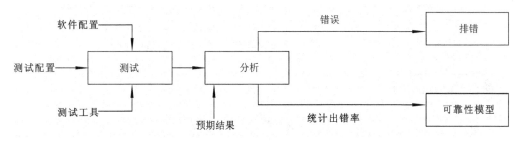

图 11-22　测试步骤示意图

3．测试用例设计

在测试中，设计测试用例非常关键。测试用例一般分为两种方法：黑盒测试与白盒测试。下面分别介绍。

（1）黑盒测试。黑盒测试是将测试对象看做一个黑盒，只知其外部功能特征而不知其内部结构与代码。黑盒测试主要是测试是否满足功能要求，其示意图可见图 11-23。在该图中表示对输入 x_1，x_2，$\cdots$，x_n 经黑盒后必有预期结果：y_1，y_2，$\cdots y_m$。对于一组输入数据，若实际结果与预期结果相符则表示功能成立，若不相符则表示功能不成立。为此经过多次数据输入与输出的比较，最终可得到测试结果。

图 11-23　黑盒测试示意图

（2）白盒测试。白盒测试是将测试对象视为一个打开的盒子，允许测试人员可以对程序内部的结构与代码做测试，其测试方法是所构建的测试用例应能包含所有逻辑路径，并通过设置不同检查点，以确定实际状态与预期状态是否一致。

软件人员使用白盒测试方法主要是对程序模块做检查，对其所有独立路径至少测试一次；对逻辑判定为"T"或"F"都至少能测试一次；对循环的边界和运行数据做测试，此外，还须对系统数据结构有效性作测试等。

黑盒测试与白盒测试是两种不同的测试，它们各有其优点与缺点，两种测试如能同时进行，可得到互相补充的作用。

4．测试策略

软件测试一般采用从小到大、由局部到全局的测试策略。按此策略，其测试过程按 4 个步骤进行，分别是单元测试、组装测试、确认测试与系统测试，其过程图可见图 11-24。

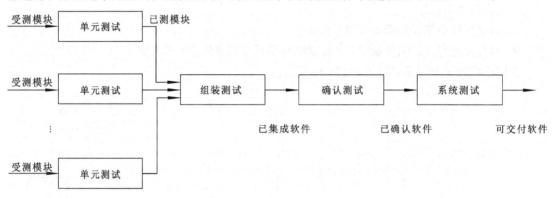

图 11-24　测试过程示意图

在该图中可以看到，整个测试过程分 4 个步骤：

（1）单元测试：首先对每个模块做单元测试。

（2）组装测试：经单元测试后将模块集成并做组装测试，主要是对整个软件体系做测试。经组装测试后的软件称为已集成软件。

（3）确认测试：对已集成软件用需求分析要求做确认测试，经确认测试后的软件称为已确认软件。

（4）系统测试：最后将已确认的软件纳入实际运行环境中，并与其他系统成分组合在一起进行测试，以完成最终测试。

下面对四种测试做大致介绍：

（1）单元测试的内容。单元测试又称模块测试，它的测试对象是模块，其目的是进行正确性测试，发现模块内所存在的错误。其所用方法以白盒方法为主，黑盒方法辅之，其测试内容包括五方面：

① 模块接口测试。模块接口测试即是对模块的输入、输出接口的测试，这是单元测试的首先要测试的部分，因为若接口存在错误，则其他测试无从谈起。

② 局部数据结构测试。其次需要测试的是局部数据结构，此部分是最为常见的错误来源，这种测试包括对数据类型、初始化变量、初始值内容的测试。

③ 路径测试。这是单元测试中的主要内容，要选择适当的测试用例，对模块中的主要执行路径进行测试，其中包括查找错误的计算、不正确的比较以及不正常的控制流程等。

④ 错误处理测试。一般的模块要求能预见出错条件并设置有错误处理，因此需要对其做测试，以防出现有错无处理或出错处理不正确的现象。

⑤ 边界测试。边界测试是对模块中临界状态的测试，此类错误是经常会出现的，必须认真加以测试。

（2）组装测试的内容。组装测试又称集成测试，也称联合测试，它是在单元测试的基础上将所有经测试的模块按设计要求组装成为一个系统，在此项测试中主要是对模块间接口的测试，包括模块间的调用接口、模块间数据接口以及模块局部功能与系统全局功能间的关系。它具体包括如下一些内容：

① 模块间的调用关系是否符合设计要求。

② 在模块间连接时，穿越模块的数据是否会失真。

③ 模块内的局部数据结构与系统的全局数据结构是否协调。

④ 一个模块的功能是否会对另一个模块功能产生不利影响。

⑤ 各模块功能之组合是否能达到预期整个系统的功能。

⑥ 各模块功能之误差积累在系统中是否会放大成为无法接受的错误。

（3）确认测试的内容。确认测试又称有效性测试，其目的是验证被测试软件的功能和性能是否与需求说明书中的要求一致。

确认测试一般分为下面 5 个过程：有效性测试和软件配置复查、α 测试与 β 测试、验收测试以及最终确认测试结果。它可用图 11-25 表示。

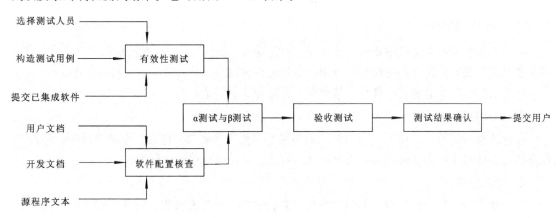

图 11-25 确认测试的 5 个步骤

下面对这五步骤进行介绍：

① 有效性测试。有效性测试是在模拟环境下，运用黑盒方法进行的测试，为此需制定测试计划，给出测试用例，通过实施预定的测试计划以确定被测试的软件能与需求说明中的功能、性能一致。

② 软件配置核查。在进行有效性测试的同时，须对软件配置的所有成分（包括各种文档及相应源程序文本等）核查，且质量均达要求，同时要保证配置文档及文本的完整性、正确性及无矛盾性。

③ α 测试与 β 测试。一个软件在进行了有效性测试与软件配置核查后，下一个步骤是将其交给用户，在开发环境下进行测试。在测试中需与开发者配合进行，其测试目的是对软件产品的功能、性能、可使用性等进行评价，这就是 α 测试。

在 α 测试后即可进入 β 测试，β 测试是将产品交给多个用户，在用户的实际环境中进行测试，并将其使用结果及有关问题提交给开发者，最终给出某功能、性能及使用效果的评价，同时还重点对文档、客户培训等产品支持能力做检查，在此时还要对所有的手册、文本做最后的定稿。

④ 验收测试。验收测试是在 β 测试基础上对所有发现的错误与不足经修改确定后进行的一种测试。它是以用户为主的测试，开发人员参与，由用户参加设计测试用例，并使用实际运行中的数据。

⑤ 测试结果的确认。在全部测试完成后，所有测试结果可分为两类，一类是测试结果与预期相符，此时确认成功；另一类是测试结果与预期不相符，此时需要开列缺陷表并与开发者协调以解决。

（4）系统测试。系统测试是在通过确认测试后的软件作为整个计算机系统中的一个组成部分与计算机硬件、外设、网络以及其他软件、数据和人员集成一起，在实际运行环境下所进行的一系列组装与确认测试。经过系统测试后的软件即成为真正的软件产品。

5. 软件测试文档

在进行了测试策略中的四种测试后即可完成整个软件的测试工作。所有测试过程均需要有规范化的文档，包括测试计划及测试分析报告等。

11.2.6　运行与维护

运行与维护是系统实现的最后一个阶段。在完成软件测试后，一个软件就正式成为产品了。同时也可以正式向外发布并交给用户使用。此时用户将软件进行安装并正式投入运行。

运行后的软件还需要进行维护，维护可分为四种，它们是：

1. 纠错性维护

在软件交付使用后，由于开发与测试的不彻底必然会隐藏部分错误，它被带到运行阶段，在某些特定环境下就会暴露出来，因此对这种错误的维护称为纠错性维护。

2. 适应性维护

由于软件产品的外部平台与环境的变化（包括硬件、软件及数据）可能会引发软件内部的结构与代码的调整，此种维护称为适应性维护。适应性维护是一种经常会产生的一种维护。

3. 完善性维护

在软件使用过程中，用户可能会提出新的和更高的功能、性能及界面要求等，此时需要修改或扩充原有软件，这种维护称为完善性维护。需要注意的是，一般完善性维护仅限于局部、部分的完善，不能涉及整体、全局的完善，否则就需要重新修改需求分析并重启新的软件开发的生存周期，这已不是维护所能解决的问题了。

4. 预防性维护

预防性维护是为进一步改善软件的可维护性与可靠性并为以后的改进奠定基础的一种维护。目前，预防性维护的实施并不多见。

在整个运行维护阶段，在最初的 1~2 年内以纠错性维护为主。随着时间推移，错误发现率也逐渐降低并趋于稳定，从而进入了正常使用期，然而随着环境的改变及用户需求进一步增强，适应性维护与完善性维护的工作量将逐步增长，而对这种维护的工作量增加又会引发新的纠错性维护，因此，对这两种维护一定要慎重，至于预防性维护一般可以尽量少的进行。

从总体看来，这四种维护中纠错性维护是必须的，也是最重要，但是其所占的比例并不高。图 11-26 给出了四种维护各自所占的比例，在此中可以看出，其实比例最高的是完善性维护，占有 50%左右；其次是适应性维护，占有 25%左右；而纠错性维护仅占 20%，当然预防性维护是最低的，仅占有 5%左右。而图 11-27 则给出了维护在整个软件生存周期中所占的比例，大概占有 30%，这说明了维护在软件开发中的重要地位和作用。

最后，在运行与维护过程中需要编写运行记录与维护记录等文档。

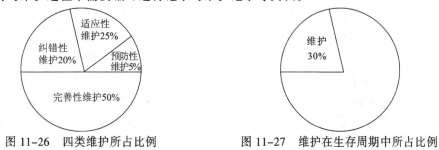

图 11-26　四类维护所占比例　　　　　图 11-27　维护在生存周期中所占比例

11.3　软件工程的标准化

软件工程标准化是软件工程中的重要内容，其主要目的是保证软件质量、有利于相互交流。标准化的规范制定与推广一般由政府机构及权威性民间机构实施。本节主要介绍软件工程标准化中的若干个主要问题。

11.3.1　软件工程标准化意义

软件工程是一种复杂的系统工程，需要有多个阶段及多种人员参加，为保证所有参与者统一协调、统一交流与统一行动，需有一个统一遵守的约束与规定，这就是标准。在软件工程的所有活动中均需按标准进行，这就是软件工程的标准化。

软件工程标准化可给软件工作带来很多好处：

（1）可以提高软件开发质量。

（2）有利于软件工作人员相互交流。

（3）有利于缩短软件开发周期。

（4）有利于软件管理、有利于降低软件开发成本及运行维护成本。

11.3.2　软件工程标准化组织与标准

软件工程标准化组织可以是政府机构或民间团体，也可以是企业或项目组织，它可因不同的适用范围而分为 5 个级别。

1．国际标准

由国际相关机构制定和公布，提供各国参考的标准。目前主要的国际标准化组织是 ISO（International Standards Organization），这个国际机构有着广泛的代表性和权威性，它所公布的标准也有较大的影响。20 世纪 60 年代初，该机构建立了"计算机与信息处理技术委员会"，简称 ISO/TC97，专门负责与计算机有关的标准化工作。该组织所制定的标准通常冠有 ISO 字样。

2. 国家标准

国家标准是由政府或国家级的机构制定或批准，适用于国家范围的标准，如：

(1) GB——中华人民共和国国家技术监督局是中国的最高标准化机构，它所公布实施的标准称为国家标准，简称"国标"，冠以 GB 字样。它目前已批准了若干个软件工程标准（详见下节）。

(2) ANSI (American National Standards Institute) ——美国国家标准化协会。这是美国标准化组织机构，它在国际上具有一定的权威性。它所公布的标准均冠有 ANSI 字样。

(3) FIPS (NBS) (Federal Information Processing Standards Bureau of Standards) ——美国商务部国家标准局联邦信息处理标准。它所公布的标准均冠有 FIPS 字样。

(4) BS (British Standard) ——英国标准。

(5) DIN (Deutsches Institut fur Normung) ——德国标准。

(6) JIS (Japanese Industrial Standard) ——日本工业标准。

3. 行业标准

由行业机构、学术团体或军事机构制定，并适用于某个业务领域的标准，如：

(1) IEEE (Institute of Electrical and Electronics Engineers) ——美国电气与电子工程师学会标准。该学会专门成立了软件标准分技术委员会 (SESS)，积极开展了软件标准化活动，取得了显著效果，受到了软件界的关注与重视。

(2) GJB——中华人民共和国国家军用标准。这是由中国国防技术工业委员会批准，适合于国防部门和军队使用的标准。

(3) DOD–STD (Department Of Defense–STanDards) ——美国国防部标准，适用于美国国防部门。

(4) MIL–S (MILitary–Standard) ——美国军用标准，适用于美军内部。

此外，近年来中国许多经济部门（如原航空航天部、原国家机械工业委员会、对外经济贸易部、石油化学工业总公司等）都开展了软件标准化工作，制定和公布了一些适合于本部门工作需要的规范。这些规范大都参考了国际标准或国家标准，对各自行业所属企业的软件工程工作起了有力的推动作用。

4. 企业规范

一些大型企业或公司由于软件开发工作的需要，制定适用于本部门的软件开发规范。例如，美国 IBM 公司通用产品部 (general products division) 于 1984 年制定《程序设计开发指南》，仅供该公司内部使用。

5. 生产项目规范

由某一科研生产项目组织制定，且为该项任务专用的软件工程规范。例如，我国计算机集成制造系统 (CIMS) 的软件工程规范。

11.3.3 我国的软件工程标准

我国的软件工程标准化工作一直由国家主导，从 1983 年起到目前为止已陆续制定与发布的国家标准主要有四类，分别是：

1. 基础标准

基础标准是软件工程中最基本的标准，共有 6 项：

(1) 软件工程术语标准。(GB/T 11457—2006)

（2）信息处理　数据流程图、程序流程图、系统流程图、程序网络图和系统资源图的文件编制符号及约定。（GB/T 1526—1989）

（3）软件工程标准分类法。（GB/T 15538—1995）

（4）信息处理　程序构造及其表示的约定。（GB/T 13502—1992）

（5）信息处理　单命中判定表规范。（GB/T 15535—1995）

（6）信息处理系统　计算机系统配置图符号及约定。（GB/T 14085—1993）

2．开发标准

开发标准主要用于软件开发，共有 5 项：

（1）软件开发规范。（GB 8566—1988）

（2）计算机软件测试规范。（GB/T 15532—2008）

（3）信息技术　软件生存期过程。（GB/T 8566—2007）

（4）工业控制用软件评定准则。（GB/T 13423—1992）

（5）软件维护指南。（GB/T 14079—1993）

3．文档标准

文档标准主要用于文档书写，共有 4 项：

（1）软件文档管理指南。（GB/T 16680—1996）

（2）计算机软件文档编制规范。（GB/T 8567—2006）

（3）计算机软件需求规格说明。（GB/T 9385—2008）

（4）计算机软件测试文档编制。（GB/T 9386—2008）

4．管理标准

管理标准主要用于软件工程管理，共有 5 项：

（1）计算机软件配置管理计划规范。（GB/T 12505—1991）

（2）软件工程　产品质量。（GB/T 16260—2006）

（3）计算机软件质量保证计划规范。（GB/T 12504—1990）

（4）计算机软件可靠性和可维护性管理。（GB/T 14934—2008）

（5）软件工程 GB/T 19001—2000 应用于计算机软件的指南。（GB/T 19000.3—2008）

11.4　软件工程中的文档

文档（document）又称软件文档，是组成软件的三个部分之一，其重要性不言而喻。目前，人们对文档重要性的了解还有所不足，在本节中将介绍文档的意义、内容及作用，希望能引起人们对文档的重视。

11.4.1　文档的作用

文档是指在某些载体中所记录的一些可永久性保存的符号，这些符号可供人阅读，它可以是自然语言、图形或特定的标识等。

文档的作用主要有四点。

1．文档的交流作用

由于软件是一种抽象的逻辑产品，它一般不为人们所识别，因此有时被称为"天书"，在其开发、使用及管理中必须用文档加以说明才能建立人与软件间的充分交流与沟通。

2．文档的标志性作用

在现在软件工程中，软件的开发、使用与管理都离不开文档，它已成为各项工作的标志。

（1）软件开发的 6 个阶段中的前 3 个阶段（即计划制定、需求分析、软件设计）的最终成果（即里程碑）就是文档，而后面 3 个阶段（即编码、测试、运行与维护）的最终成果文档也是其中之一。因此可以认为，在软件开发的整个过程中文档已成为主要的工作内容与标志之一。

（2）在软件使用中必须用文档来指导用户操作、使用软件。在使用过程中如果发现错误，可以通过文档帮助用户纠正错误。

（3）在软件开发与使用的管理中必须用文档来协助开发、交流等。

3．文档的档案作用

在软件产品的开发、管理与使用中，人员是可以变化的，在计算机中运行的程序和数据是可以丢失的，但只有文档是永久保留的，它如实地记录了开发、管理与使用中的所有信息，为产品保存了一份完整的档案，因此文档是软件开发、管理与使用中唯一的不动点，它也可为进一步开发、维护、修改及使用提供珍贵的资料。

4．文档的能见性作用

在软件开发中用文档记录其全部过程有助于掌握开发进度、保证质量、及时发现错误，也有利于全局考虑、减少返工。

11.4.2　文档的分类

目前的文档大致分为三类，它们是：

1．开发文档

开发文档主要用于软件开发过程，作为软件开发阶段的一种总结性成果体现，它包括如可行性研究报告、项目开发计划、需求分析说明书、概要设计说明书及详细设计说明书等。

2．使用文档

使用文档主要用于用户使用软件，包括安装、操作、维护等的使用。此类文档有用户手册、操作手册、维护手册等。

3．管理文档

管理文档主要用于软件开发中管理人员所使用的文档，如开发进度月报、项目开发总结等。

11.4.3　常用的软件文档

国家标准化局于 1988 年 1 月发布了《计算机软件开发规范》和《软件产品开发文件编制指南》作为软件开发人员工作的准则和规程。它们基于软件生存周期方法，把软件产品从形成概念开始，经过开发、使用和不断增补修订，直到最后被淘汰的整个过程所应提交的文档归结为如下几种。

（1）可行性研究报告：说明该软件项目的实现在技术上、经济上和社会因素上的可行性；评价为合理地达到开发目标可供选择的各种可能实现的方案以及说明并论证选定实施方案的理由。

（2）项目开发计划：为软件项目实施方案制定出的具体计划。它包括各部分工作的负责人员、开发的进度、开发经费的概算、所需的硬件和软件资源等。项目开发计划应提供给管理部门，并作为开发阶段评审的基础。

（3）软件需求说明书：也称软件规格说明书，它对所开发软件的功能、性能、用户界面及运行环境等做出详细说明。它是在用户与开发人员双方对软件需求取得共同理解的基础上达成的协议，也是实施开发工作的基础。

（4）数据要求说明书：该说明书给出数据逻辑描述和数据采集的各项要求，为生成和维护系统的数据文件做好准备。

（5）概要设计说明书：该说明书是概要设计工作阶段的成果。它说明系统的功能分配、模块划分、程序的总体结构、输入/输出及接口设计、运行设计、数据结构设计和出错处理设计等，为详细设计奠定基础。

（6）详细设计说明书：着重描述每一个模块是如何实现的，包括实现算法、逻辑流程等。

（7）数据库设计说明书：该说明书主要是对数据库的详细设计做说明。

（8）模块开发卷宗：该文档是对每个模块的程序设计代码及注释的展示。

（9）用户手册：详细描述软件的功能、性能和用户界面，使用户了解如何使用该软件。

（10）操作手册：为操作人员提供该软件各种运行情况的有关知识，特别是操作方法细节。

（11）测试计划：针对组装测试和确认测试，需要为组织测试制定计划。计划应包括测试的内容、进度、条件、人员、测试用例的选取原则、测试结果允许的偏差范围等。

（12）测试分析报告：测试工作完成以后，应当提交测试计划执行情况的说明。对测试结果加以分析，并提出测试的结论性意见。

（13）开发进度月报：该月报是软件人员按月向管理部门提交的项目进展情况的报告。报告应包括进度计划与实际执行情况的比较、阶段成果、遇到的问题和解决的办法以及下个月的工作计划等。

（14）项目开发总结报告：软件项目开发完成以后，应当与项目实施计划对照，总结实际执行的情况，如进度、成果、资源利用、成本和投入的人力等。此外，还需要对开发工作做出评价，总结经验和教训。

11.4.4　文档编制的质量要求

为使软件文档能起到多种桥梁的作用，使它有助于程序员编制程序，有助于管理人员监督和管理软件的开发，有助于用户了解软件的工作和相应的操作，有助于维护人员进行有效地修改和扩充，文档的编制必须保证一定的质量。

高质量的文档应当体现在以下几个方面：

（1）针对性：文档编制以前应分清读者对象。按不同类型、不同层次的读者决定如何适应他们的需要。例如，管理文档主要是面向管理人员的，用户文档主要是面向用户的，这两类文档不应像开发文档（面向开发人员）那样过多使用软件的专用术语。

（2）精确性：文档的行文应当十分确切，不能出现多义性的描述。同一项目中几个文档的内容应当是协调一致、没有矛盾的。

（3）清晰性：文档编写力求简明，如有可能，配以适当的图表，以增强其清晰性。

（4）完整性：任何一个文档都应当是完整的、独立的，它应自成体系。例如，前言部分应做一般性介绍，正文给出中心内容，必要时还有附录，列出参考资料等。

同一项目的几个文档之间可能有些部分内容相同，这种重复是必要的。不要在文档中出现转引其他文档内容的情况。例如，一些段落没有具体描述，而用"见××文档××节"的文字，这将给读者带来许多不便。

（5）灵活性：各个不同软件项目，其规模和复杂程度有着很大差别，不能一律看待。在文档编制中可以根据不同的项目制定不同的编制文档要求，它们可以是：

① 应根据具体的软件开发项目，决定编制的文档种类。

软件开发的管理部门应该根据本单位承担的软件的专业领域和本单位的管理能力，制定一个对文档编制要求的实施规定。主要是：在不同条件下，应该形成哪些文档？这些文档的详细程度？该开发单位每一个项目负责人都应当认真执行这个实施规定。

对于一个具体的软件项目，项目负责人应根据上述实施规定，确定一个文档编制计划。其中包括：

- 应该编制哪几种文档，详细程度如何。
- 各个文档的编制负责人和进度要求。
- 审查、批准的负责人和时间进度安排。
- 在开发时期内各文档的维护、修改和管理的负责人，以及批准手续。
- 有关的开发人员必须严格执行这个文档编制计划。

② 当所开发的软件系统非常大时，一种文档可以分成若干卷编写。例如：

- 项目开发计划可分为：质量保证计划、配置管理计划、用户培训计划、安装实施计划等。
- 系统设计说明书可分为：系统设计说明书、子系统设计说明书。
- 程序设计说明书可分为：程序设计说明书、接口设计说明书、版本说明。
- 操作手册可分为：操作手册、安装实施过程。
- 测试计划可分为：测试计划、测试设计说明、测试规程、测试用例。
- 测试分析报告可分为：综合测试报告、验收测试报告。
- 项目开发总结报告也可分为：项目开发总结报告、资源环境统计。

③ 应根据任务的规模、复杂性、项目负责人对该软件的开发过程及运行环境所需详细程度的判断，确定文档的详细程度。

④ 对国标"GB/T 8567—2006 计算机软件文档编制规范"所建议的所有条款都可以扩展，进一步细分，以适应需要；反之，如果条款中有些细节并非必需，也可以根据实际情况压缩合并。

⑤ 对于文档的表现形式，没有规定或限制。可以使用自然语言、也可以使用形式化的符号语言。

（6）可追溯性：由于各开发阶段编制的文档与各个阶段完成的工作有密切的关系，前后两个阶段所生成的文档随着开发工作的逐步延伸具有一定的继承关系。在一个项目中，各开发阶段所提供的文档必定存在着可追溯的关系。例如，某一项目的需求分析报告内容必定在设计说明书、测试计划甚至用户手册中有所体现。必要时应能进行跟踪追查。

11.5　软件项目管理

软件项目管理是将管理科学中的成果引入软件开发中，通过科学管理软件项目的开发以节省资金、提高开发效率并最终能保证软件产品质量。

软件项目管理内容很多，本节主要讨论软件成本控制、项目进度安排、组织人员安排及软件配置管理这 4 个部分。

11.5.1　软件项目成本控制

软件项目开发既是一种技术活动，也是一种经济活动。从管理角度看，必须对软件项目进行成本估算，并在技术活动中加入成本因素，使得软件开发是在成本控制下所进行的活动。

软件开发成本是指项目从开始到全部完成期间所需费用的总和。成本控制就是在项目实施的全过程中，为确保项目在批准的成本预算内尽可能好地完成，对所需的各个过程进行管理与控制，其内容包括资源计划编制、成本估算、项目预算及成本控制等。

1．资源计划编制

资源计划编制是对项目开发中影响开发成本的几个关键因素的种类和数量做出计划。由于软件开发不涉及原材料和能源的消耗，与其有关的仅是人员的劳动力成本，因此，资源计划编制所涉及的因素主要是计划制定、需求分析、系统设计、详细设计、编码以及测试等内容，而计划编制的工作内容则是对这些因素所需劳动力的数量、时间做出计划。

2．成本估算

成本估算是对所编制的资源的成本进行估算，目前所使用的方法有自顶向下、自底向上及差别估算法三种。

自顶向下估算法是从项目整体出发进行类推。即首先根据经验对已完成类似项目的成本推算出待开发项目总成本，然后向下推算至每个开发单元的开发成本。

自底向上估算是首先估算出每个开发单元的成本，然后向上累加，最终获得开发的总成本。

差别估算法是上面两种估算法的一种结合。即将待开发项目与过去完成项目进行类比，从其开发的各子单元中区分出类似部分与不同部分，类似部分可参照过去项目进行计算，而不同部分则采用实际工作量进行估算。

3．项目预算

由成本估算（包括总成本及每个单元成本估算）再加上其他多种因素，经过重新分配，将成本逐个落实至每个单项工作中构成项目的预算。

4．成本控制

项目预算是软件项目经济层面上的宏观指标，它不仅对管理上具有绝对权威而且对系统开发等技术层面上也有绝对的权威。在软件开发过程中有时会产生一些技术上的变更，从而影响到工作量的增、减，此时就会涉及成本的变化。而项目预算的权威性告诉人们，不管成本如何变更，其总费用不能突破总预算上限，而单元成本则可以适当增、减。

11.5.2　项目进度安排

项目进度安排即是对软件项目进行科学、合理地安排，使产品能如期完成。常用的项目进度安排方法有甘特图（gantt chart）法、PERT 技术及 CMP 方法等。而目前以甘特图法使用最为常见，在这里主要介绍甘特图法。

甘特图是英国人亨利·甘特（H.Gantt）于 1910 年所创立的一种方法，它可以直观地表明任务计划进行的状况以及实际进展与计划要求的对比。

甘特图是一种图示的方法，该图是一种二维图，其横坐标表示时间，纵坐标表示项目中的不同任务。在图中用水平线段表示完成任务的计划时间，每个线段有起始点与终止点，分别表示任务的开工与终止时间，而线段长度则表示完成任务所需的时间。图 11-28 给出了一个具有4 个任务（分别是 A、B、C、D）的甘特图。

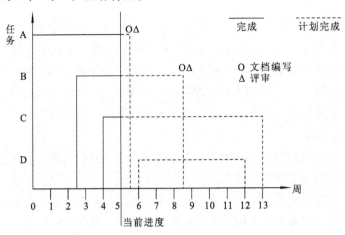

图 11-28　包含 4 个任务的甘特图

为表示得更加清楚，可在横坐标方向加一条可向右移动的纵线，它可随着项目的进展指明已完成的任务（纵线扫过的，可用实线表示）和有待完成的任务（纵线尚未扫过的，可用虚线表示）。我们可以从图上清楚地看出各任务在时间上的对比关系。

在甘特图中，每段任务的完成以交付文档及通过评审为标准，因此在该图中每个任务必须表明文档编写与通过评审的相关标志，它们可以分别用 O 与 Δ 表示。

11.5.3　项目管理内容

合理组织、计划软件项目及合理配备人员是软件项目管理的一个重要方面，本节主要介绍计划制定、组织建立、人员配备及指导与检验等内容。

1. 计划制定

在软件项目开发之前必须制定项目计划，以保证项目顺利进行，项目计划一般有如下几种：

(1) 项目实施计划。

(2) 质量保证计划。

(3) 软件测试计划。

(4) 文档编制计划。

(5) 用户培训计划。

(6) 综合支持计划。

2. 组织建立

为开发软件项目，应尽早建立相应的组织结构以保项目的完成。机构的组织应注意减少接口、落实责任及平衡责权，其组织形式可以有多种，具体如下：

(1) 成立不同课题组，按课题组组织人员。所谓课题，是指将一个项目划分成若干子项目，这是一种横向分组方式。

(2) 根据软件开发的各个阶段按职能分组，如需求分析组、编码组等，这是一种纵向分组方式。

（3）矩阵方式：将横向分组与纵向分组相结合成立专门组织，这些既参与横向课题，又有纵向分工，构成一个矩阵结构方式的组织。

3．人员配备

合理配备人员是成功完成软件项目的切实保证。在人员配备中要注意如下几方面：

（1）按项目开发的不同阶段配备不同数量与不同要求的人员。在软件开发的不同阶段中所需人员数量是不同的，按 Rayleigh-Noredn 工作量分布曲线（见图 11-29），各阶段所需人员数是不同的，因此应按需配备人员，而不是恒定配备人员。

同时，开发的不同阶段其人员要求也不一样。在需求分析与系统设计阶段需要系统分析人员；在编码阶段需要程序员；在测试阶段需要测试人员；在运行、维护阶段则需要操作员与维护人员等。

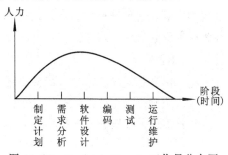

图 11-29　Rayleigh-Noredn 工作量分布图

（2）在人员配备中，要注意质量、重视培训，在注重技术人员同时也要注重管理人员的配备，两者缺一不可。

（3）对项目经理人员的配备要特别重视，既要有管理能力，也要能掌握技术，还要有与用户沟通的能力。

4．指导与检验

指导与检验也属于组织管理内容之一。所谓指导，是指在软件项目开发中鼓励和动员项目组成员努力完成任务，同时积极引导，充分调动每个人的积极性，并且要不断沟通、加强交流，及时解决开发中的问题。所谓检验，是指要随时检查工作计划与工作进度间的差距并及时调整，要随时检查所选用标准的执行情况并及时处理，对随时出现的一些特殊情况认真分析并及时解决。

11.5.4　软件配置管理

在软件开发过程中会不断地产生程序、数据与文档，它们称为软件配置项。对它们的合理组织可构成一个软件配置。但是在开发中，软件变更经常发生，这就会产生多个不同配置项的出现，如何保证产品完整性，使开发中的配置项变更所引起的错误能得到有效地控制，这就是软件配置管理（software configuration management）的主要任务。

软件配置管理的工作主要有四方面，分别是标识配置项、进行配置控制、记录配置状态及执行配置审计。

1．标识配置项

软件配置的基本单位是软件配置项 SCI（Software Configuration Item）。它可以是一个文档、一个程序模块或一组数据，并在开发过程中可以形成里程碑的那些信息。由于管理上的需要，需要对每个配置项加以标识，标识内容包括配置项名、配置项的属性（SCI 类型、变更情况、版本）以及与其他配置项间的联系等。

2．配置控制

配置控制包括版本控制及变更控制等内容。在软件开发中，不同的配置可构成不同的版本，而对版本的有效管理就是版本控制。在软件开发中，某些阶段的变更必会影响其配置的变更，这些变更必须加以严格的控制和管理，保持修改信息，并把它们传递到下一个开发过程中，这就是变更控制。变更控制包括建立控制点及建立报告、审查制度等。

3．记录配置状态

为保证配置的正确，必须及时记录配置的变更，包括变更时间、变更配置项、变更原因、变更内容等，这就是配置状态。通过记录配置状态可以随时了解软件开发中的所有变更状况，并为配置审查提供原始依据。

4．配置审计

配置审计是为了在软件产品新版本正式发布前对软件配置做一个完整、统一的审查，以保证产品的正确性与完整性。

配置审计是配置管理的最后一个环节，也是配置管理最重要的一个环节。

11.6　软件质量保证

产品的质量是产品的生命线，对软件产品而言也是如此。本节将讨论软件产品质量及质量保证中的几个问题。

11.6.1　软件质量的概念

软件产品是一种逻辑产品，它与物理产品不同，其产品质量是各种质量属性的复杂组合，主要反映在如下几方面：

（1）软件需求是度量软件质量个体基础，它反映了软件质量最基本的要求。

（2）软件工程中的多种开发准则是保证软件开发质量的公共基础。

根据这两个基础可以对如下几个质量指标进行度量，保证软件产品的质量。

（1）功能性。功能性是软件质量的第一要素，软件功能一般由需求给出，一般包括系统符合需求的一组功能及特定属性的组合。

（2）可靠性。可靠性反映了软件的性能，它由正确性、健壮性及精确性三部分组成。

正确性是指系统满足需求说明及用户目标的程度；健壮性则表示当系统遇到意外情况时能按预定的方式进行适当处理而不会使系统产生崩溃；精确性是指软件所满足的精确程度。

（3）可用性。可用性表示程序在运行中的灵活性和方便的程度。它反映了软件在使用上的特性。

（4）效率。效率是指为完成预期功能软件所需占用时间及占有存储资源的程度。一般要求占用较少时间与较小存储空间。有时为达到某个单项指标的特殊要求，可以实现以空间换时间或以时间换空间的方法。

（5）可维护性。可维护性表示程序便于修改的程度、可测试的程度以及程序可理解的程度。可维护性反映了软件产品在维护上的方便性。

（6）可移植性。可移植性反映了软件由一个软、硬件环境移植到另一个软、硬件环境所需工作量的多少。软件的可移植性反映了软件的生命力和活力。

11.6.2　软件质量保证手段

在软件开发中，为了使其质量能够达到一定的指标而采用的一些手段，称为软件质量保证。

目前，软件质量保证的手段大致有三种：评审、测试与标准规范。

1．评审

在软件开发中的每个阶段结束后对阶段成果进行评审，只有通过上一阶段评审后下一阶段开发才能进行。此种做法的目的是为及早发现问题，不使早期的错误产生连环效应，影响到后期的开发。评审方法有很多，包括抽查、个人评阅、网上评审及会议评审等。

2．测试

测试也是软件质量保证手段之一，其详细介绍可见 11.2.5 节。

3．标准规范

目前有若干个专门用于规范软件质量的标准，如 CMM、ISO 9000-3 等。

1）CMM

CMM（Capabity Maturity Model）是评估软件能力与成熟度的标准，它是一种国际软件业的质量管理标准。该标准认为，软件质量之所以难以保证，不仅是技术上的原因，更主要的是管理上的原因。基于这种考虑，CMM 试图从管理学角度通过控制软件的开发过程来保证软件质量。CMM 定义了软件过程成熟度的 5 个级别，分别反映了软件开发中管理上的五种不同层次要求，具体如下：

（1）初始级：是最原始的级别，它反映了管理上的无序性。

（2）可重复级：已建立了基本的项目管理规范。

（3）已定义级：在工程和管理两个方面均已文档化、标准化。

（4）已管理级：软件开发过程和产品质量有详细度量标准，并得到了量化的控制。

（5）优化级：是已管理级的进一步改进。

在 CMM 中，通过对软件企业 5 个级别的认证，以标识企业开发软件的管理能力。它反映了企业开发软件的成熟性，也为企业所能开发软件的规模、能力提供依据。

近期，CMM 标准又有了新的发展，即 CMMI。

2）ISO 9000-3

另一个关于软件质量的管理标准就是 ISO 9000-3。该标准是 ISO 9000 标准的子标准，主要用于软件质量管理和质量保证，国标编码为 GB/T 19000.3—2008。

ISO 9000 标准是国际上主要用于制造业的质量保证标准，在 20 世纪 80 年代开始流行于欧洲，后逐步推广至全球。同时，在行业上也由制造业扩充至多种行业，包括电子行业、流程性行业、服务行业及软件行业等，但由于软件的特殊性，因此专门为它制定一个子标准，即 ISO 9000-3。

（1）ISO 9000-3 的特点。ISO 9000-3 除了强调 ISO 9000 公共特点外，还注意了软件所特有的几个特点，具体如下：

① ISO 9000-3 继承了 ISO9000 的特点，即强调了软件产品开发是一种市场行为，对质量的要求同时存在于供方（即生产者）与需方（消费者）的两个方面，但以供方为主。该标准通过认证的方式以规范供、需双方对质量的要求。

② ISO 9000-3 认为软件产品质量保证存在于软件开发的全过程中即生存周期的每个阶段中。

③ 为保证产品质量，标准要求在开发的全过程中软件的质量因素始终处于受控状态。

④ 为保证企业具有持续提供符合质量要求产品的能力，采用产品质量认证是一种有效办法，通过第三方权威机构的认证，对产品质量进行严格的监督与检查，是保证产品质量的有效

手段，也可使企业成为进入市场的一种通行证。

　　⑤ ISO 9000-3 强调质量管理必须持之以恒，即取得质量认证资格后并不一劳永逸，而是有一个有效期，在有效期后尚需接受定期检查。

　　(2) ISO 9000-3 的内容要点。具体如下：

　　① 该标准仅适用于供、需双方根据订单按合同所开发的定制式软件，而不是由企业单独开发销售的软件。

　　② 该标准对供、需双方都规定了明确的责任，并没有将责任均归为供方。

　　③ 所有规定的责任必须文档化，并对文档进行详细审查。

　　④ 该标准是一种指南性的文件，它只规定软件开发过程中所应实施的质量保证活动，但并非是一种操作性的细节。

　　⑤ 标准要求供方应建立内部质量的审核制度，通过制度以保证软件质量，这制度包括建立相应机构、指定负责人、制定质量保证计划与评估制度，以及采用与质量保证有关的其他标准等。

小　　结

软件工程即是用工程化方法开发软件。

1. 软件工程的主要内容

（1）软件开发方法：

- 结构化开发方法。
- 面向对象开发方法——Cood&yourdon 方法。
- UML 开发方法。
- 敏捷开发方法。

（2）软件开发工具——CASE 工具。

- 软件分析、设计工具。
- 软件编码工具。

（3）软件开发过程之一：

- 计划制定。
- 需求分析。
- 软件设计。
- 编码。
- 测试。
- 运行与维护。

（4）软件开发过程之二——生存周期模型：

- 瀑布模型。
- 快速原型模型。
- 螺旋模型。
- RUP。
- 极限编程。

（5）软件工程标准化：

- 标准化机构——ISO 与 GB。
- 标准分类：基础标准、开发标准、文档标准、管理标准。

（6）软件工程中的文档：

- 文档分类：开发文档、使用文档、管理文档。
- 14 种常用文档。

（7）软件项目管理。

（8）软件质量保证：

- 评审。
- 测试。
- 规范：CMM、ISO 9000-3。

2．瀑布型结构化开发方法

（1）结构化分析方法：

- 需求调查。
- 数据流程图。
- 数据字典。
- 系统分析说明书。

（2）结构化设计方法，示意图见图 11-30。

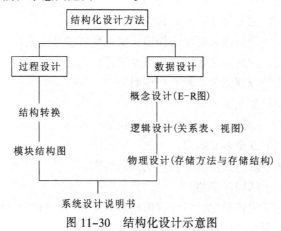

图 11-30　结构化设计示意图

（3）编码。

（4）测试。

- 两种方法：黑盒测试与白盒测试。
- 四种策略：单元测试、组装测试、确认测试、系统测试。

（5）运行与维护：

- 纠错性维护。
- 适应性维护。
- 完善性维护。
- 预防性维护。

3．本章内容重点

(1) 瀑布模型结构化软件开发方法。

(2) 软件工程文档。

习 题 十 一

名词解释

11.1　请解释下列名词：

(1) 软件工程；　(2) 软件开发方法；　(3) 软件生存周期模型。

简答题

11.2　软件开发方法有哪几种？请分别进行介绍。

11.3　请说明软件生存周期的 6 个阶段的内容。

11.4　请给出 5 个软件生存周期的模型，并说明它们各自适应的环境。

11.5　请给出结构化开发方法的特征。

11.6　结构化分析方法包括哪些内容？请说明。

11.7　数据流图有哪些基本成分？它们分别起什么作用？请说明。

11.8　数据字典起什么作用？它包括哪些内容？请说明。

11.9　试说明数据流图与数据字典间的关系。

11.10　什么叫模块？它有什么特性？请说明。

11.11　如何将数据流图转换成模块结构图，请说明其转换方法，并具体介绍两种方法。

11.12　为什么系统设计分为过程设计与数据设计？请给出两种设计的不同目的。

11.13　系统数据设计分哪几个步骤？请说明。

11.14　给出系统编码质量要求。

11.15　什么叫测试？测试的目的是什么？请说明。

11.16　请给出测试的 3 个步骤内容。

11.17　请说明测试中的白盒测试与黑盒测试的内容。

11.18　请给出测试中的四种策略。

11.19　什么是软件工程标准化？目前有哪些著名的标准化组织？请说明。

11.20　我国软件工程标准化有哪几种标准？请说明。

11.21　试说明文档在软件中的作用及其重要性。

11.22　请给出常用的 14 种文档。

11.23　什么叫软件项目管理？它由哪几部分内容组成？请说明。

11.24　什么叫软件质量保证？它由哪几部分内容组成？请说明。

思考题

11.25　请比较传统开发方法与敏捷开发方法间的优劣。

*第12章 应用系统开发

应用系统是前面十一章软件内容的集成，此外还包括硬件的集成。由这两部分所组成的计算机应用系统简称应用系统，而应用系统的开发则是计算机应用最终体现。

本章主要介绍应用系统的开发内容与开发步骤，并给出一个应用系统的开发实例。

12.1 应用系统开发原理

计算机应用系统简称应用系统，它是直接为应用服务的计算机系统，是目前计算机应用的主要体现。

12.1.1 应用系统组成

从系统观点看，应用系统是直接面向用户，为特定领域应用服务的系统。它是一种人机结合的系统，同时也是硬、软件相结合的系统。它是包括人、硬件资源、软件与数据资源等多种资源相结合的综合性系统。一般来说，一个应用系统由如下 5 个部分按层次组成。

1. 基础平台层

应用系统的基础平台是支撑应用运行的基础性设施，包括硬件、系统软件及支撑软件等内容。

（1）硬件：基础平台中的硬件设备包括计算机、外围设备等基本设备以及建立在计算机上的网络设备等。

（2）系统软件：基础平台中的系统软件主要包括操作系统、语言处理系统（如编译系统）数据库管理系统等系统。

（3）支撑软件：基础平台中的支撑软件主要包括中间件、接口软件以及管理、监控等工具软件等。

2. 数据资源层

数据资源层又称资源管理层，它主要存储与管理各类数据资源，包括结构化、半结构化及非结构化数据，这些数据一般都是共享的与持久的。它所管理的数据包括数据库数据、文件数据、目录数据及 Web 数据等。

3. 业务逻辑层

业务逻辑层是由实现应用中的各种业务功能的处理代码构成，它就是应用程序。它们以模块、组件、过程或类的形式存放，并用于完成与实现应用系统的处理功能。

4. 应用表现层

应用表现层是通过人机交互方式将业务逻辑与数据资源紧密结合，最终以可视化形式向用户展示应用结果信息。它是一种用户的界面，同时也以用户所能接受的形式向系统输入数据及命令。

当用户服务是另一个系统时，此层表现为两个系统的接口。

5．用户层

用户层是应用系统的最终层，它是应用系统为之服务的目标层。

这 5 个层组成了自底向上的层次结构，它们构成了应用系统的完整体系。图 12-1 给出了应用系统的层次结构图。

在这 5 个层次中，需要开发的主要是应用表现层、业务逻辑层和资源管理层，它们都属于软件范畴，因此，应用系统的开发主要就是软件的开发。

用 户 层
应 用 表 现 层
业 务 逻 辑 层
资 源 管 理 层
基 础 平 台 层

图 12-1 应用系统层次结构图

12.1.2 应用系统开发步骤

应用系统开发以遵循软件工程开发原则为主，但是考虑到应用系统中不仅包括软件，还包括硬件，因此它是以软件为主的软、硬件集成体。在开发中要考虑到硬件的因素，特别是在开发步骤中要加入与硬件有关环节，因此应用系统的开发步骤中除了软件工程中的 6 个步骤外，还需增加 2 个新步骤，共 8 个步骤，构成了应用系统开发的完整过程。这 8 个步骤是：

(1) 计划制定。

(2) 需求分析。

(3) 软件设计。

#(4) 系统平台设计。

#(5) 软件详细设计。

(6) 编码。

(7) 测试。

(8) 运行与维护。

其中，带有#号的 (4) 与 (5) 是新增的两个步骤。考虑到其余 6 个步骤已在第 11 章中详细介绍，因此这里仅介绍 (4) 与 (5) 两步。

1．系统平台设计

根据需求分析与软件设计可以设计系统平台。

应用系统的平台又称基础平台，包括硬件平台与软件平台。硬件平台是支撑应用系统运行的设备集成，包括计算机、输入/输出设备、接口设备等，此外还包括计算机网络中的相关设备。软件平台则是支撑应用系统运行的系统软件与支撑软件的集成，包括操作系统、数据库管理系统、中间件、语言处理系统等，它还可以包括接口软件、工具软件等内容。

此外，平台还包括分布式系统结构方式，如 C/S 和 B/S 结构方式等。

2．软件详细设计

在软件设计以后增加了系统平台设计，使得原有设计内容增添了新的物理因素，因此需要进行必要的调整，其内容包括：

(1) 增添接口软件：由于平台的引入，为构成整个系统需建立一些接口，包括软件与软件、软件与硬件间的接口。

(2) 增添人机交互界面：为便于操作，可因不同平台而添加不同的人机界面。

(3) 模块与数据的调整：因平台的加入而引起模块与数据结构的局部改变，对其加以调整。

（4）在分布式平台中（如 C/S、B/S 等）还要对应用系统的模块与数据进行合理配置与分布。

12.2　应用系统组成

根据前面介绍，应用系统由基础平台层、数据资源层、业务逻辑层、应用表现层及用户层五部分组成，下面分别进行介绍。

12.2.1　应用系统的基础平台

1．应用系统基础平台介绍

应用系统基础平台包括硬件层及软件层（系统软件与支撑软件）。

1）硬件层

硬件层是包括计算机在内的所有设备的组合，特别是网络设备。它为整个系统提供了基本物理保证。

硬件层一般包括如下基础平台：

（1）以单片机、单扳机为主的微型或小型平台，该平台主要为嵌入式（应用）系统（如自动流水线控制、移动通信管理等应用）提供基本物理保证。

（2）以单机为主的集中式应用平台。该平台主要为非网络的集中式应用系统提供基本物理保证。

（3）以计算机网络为主的分布式应用平台。该平台主要为分布式应用系统提供基本物理保证。在此种平台中，其基本逻辑结构为 C/S 结构方式。

（4）以互联网为主的 Web 应用平台。该平台主要为 Web 应用系统提供基本物理保证。在此种平台中，其基本逻辑结构为 B/S 结构方式。

2）系统软件层

系统软件层包括如下内容：

（1）操作系统：负责管理硬件资源与调度软件，它为整个系统提供资源服务并建立系统总接口。常用的有 Windows、UNIX 及 Linux 等。在网络平台上使用网络操作系统，在微小型平台上则使用嵌入式操作系统。

（2）语言处理系统：为开发业务逻辑及人机界面提供主要的工具和手段。常见的有 C、C++以及 VB、Delphi 等，在网络应用中有 Java，在 Web 开发中有 HTML、VBScript 等。

（3）数据库（管理）系统：是整个系统的数据管理机构。它为资源管理层提供服务。常用的大型应用有 Oracle，中小型应用有 SQL Server，微型应用则有 Access，同时，嵌入式应用则有 SQLite 等，此外在 Web 应用中还可以有 HTML、ASP 等开发工具。

3）支撑软件层

支撑软件层包括如下内容：

（1）中间件：一般用基于 Windows 的 .NET 或基于 UNIX 的 J2EE（Weblogic 或 Websphere）。

（2）接口软件：如 ADO、ADO.NET、ODBC 及 JDBC 等。

（3）其他辅助开发工具：如 ASP、Office 等软件。

2．两种常用平台

目前，软件平台（系统软件及中间件）一般包括两大系列：Windows 系列和 UNIX 系列。

1）Windows 系列

Windows 系列是基于 Windows 上的平台，它包括：

操作系统：Windows 系列。

语言处理系统：VC、VC++、C#及 VB 等。

数据库管理系统：SQL Server 等。

中间件：.NET。

接口软件：ADO、ADO.NET 等。

辅助开发软件：ASP、Office 等。

该系列的硬件大多是微机或微机服务器。

2) UNIX 系列

UNIX 系列是基于 UNIX 上的平台，它包括：

操作系统：UNIX 系列。

语言处理系统：Java。

数据库管理系统：Oracle 等。

中间件：J2EE（Weblogic、Websphere）等。

接口软件：JDBC。

辅助开发软件：JSP。

该系列的硬件大多是小型机为主的服务器。

3．基础平台的结构

基础平台的硬件与软件平台构成两种常用的分布式结构，它们是 C/S 与 B/S 结构。其中 C/S 是一种基于网络的结构，在该结构中，服务器 S 存放共享数据及相应的程序，客户机 C 则存放应用程序界面及相应的工具，并完成用户接口功能。而 B/S 是一种基于互联网中的 Web 结构，其中数据服务器存放共享数据及相应的程序；Web 服务器存放 Web 及相关应用程序以及相应的工具；通过浏览器完成用户接口功能。

12.2.2 应用系统的数据资源层

应用系统的数据资源层主要用于系统中的共享数据管理，这种管理包括文件管理、数据库管理及 Web 管理三部分。

1．文件管理

文件管理主要管理文件中的结构化、非结构化数据以及目录数据等。

1) 文件管理的组成

文件管理主要有 3 个部分，它们是：

（1）文件管理系统。文件管理系统属于操作系统，它对文件数据进行管理。

（2）文件目录管理。文件目录管理属于文件管理系统，它在文件管理中起关键作用，主要管理文件的目录。

（3）文件数据。文件数据是文件管理对象，它一般有两种结构形式：一种是结构化的记录式文件，另一种是无结构的流式文件。

2) 文件的开发

文件管理的开发包括如下内容：

（1）文件结构的建立。首先要确定文件的结构，包括文件的卷、文件、记录等结构形式。

（2）文件的加载。在完成文件结构后即可通过文件管理中的操作语句进行数据加载。

（3）文件目录的建立。文件目录在文件构建中由系统自动生成。

3）文件的使用

文件管理系统提供相关语句以实现文件使用，包括读、写、打开、关闭等语句。

在一般编程中使用的文件都是经过程序设计语言加工、改造后，以语句、函数或类的形式提供给用户的。

2. 数据库管理

1）应用系统中的数据库组成

（1）数据库管理系统。数据库管理系统是数据资源层的主要软件，它是一种用于管理数据资源的工具。有关数据库管理系统的内容可见第 8 章。

（2）数据与存储过程。数据库中的数据是数据资源层的主体，它是一种共享、集成的并按数据模式要求组织的结构化数据。系统中符合访问规则的用户均能访问数据库中的数据。其访问形式与手段可以有多种。

在数据库中除了有数据存储外，还可有"过程"存储，称为存储过程。存储过程是一种共享的数据库应用程序，它在编写后可存储于数据库中，供应用调用。它是数据库应用中的又一重要资源，一般用自含式语言编程。存储过程分为两种，一种是系统的存储过程，另一种是用户存储过程。其中系统存储过程是由系统提供，用于为客户服务的一种共享过程；而用户存储过程则是由用户定义，用于为用户服务的共享过程。

（3）数据字典。由于数据库中的数据是一种结构化数据，因此需要对它进行严格定义，这种严格定义的结构必须保存在数据库中，称为数据字典。此种保存一般由系统自动完成，用户可用数据库管理系统中的相关语句进行查询。有时为获得更多信息，用户还可以自行用人工方式建立比系统自动建立更为丰富的数据字典。

2）数据库的开发

数据库管理系统中的数据开发包括如下内容：

（1）数据模式与数据约束的建立。在数据库中，首先需要对数据模式与约束进行设置，它们可用数据库管理系统中的数据定义语句与数据控制语句实现，包括用数据定义语句构建数据模式、表结构、视图以及索引等；同时也可以用数据控制语句设置完整性约束与安全性约束条件。有关此部分的具体规划由数据库设计完成。

（2）数据加载。在设置数据的结构及约束后即可进行数据加载，可以用数据库管理系统中的数据操纵语句、数据服务等来完成数据加载，还可用增、删、改等操作来不断完善与更新数据。

（3）构建存储过程。构建存储过程是指用数据库管理系统中数据交换的自含式方式功能编写过程并用创建存储过程语句将其以持久形式存入数据库内。如在 SQL Server 中，存储过程可用 T-SQL 编程。

（4）构建数据字典。数据字典的构建是系统自动完成的，但有时用户为获取与保存更多的信息也可以在开发时人工建立，其建立方式与建立一般数据库类似。

3. Web 管理

Web 管理主要管理 Web 网页，包括用 HTML（或 XML）构建静态网页、用 ASP 等构建动态网页以及用浏览器查看网页。

12.2.3　应用系统的业务逻辑层

1. 业务逻辑层

业务逻辑层是应用系统中保存与执行应用程序的场所。在 B/S 结构中一般存放在 Web 服务器或应用服务器内，在 C/S 结构中则存放在客户机内。

应用程序是业务逻辑层的主体。它具有一定的结构，以函数或过程为单位出现，有时还可用组件形式组织。在应用程序中，除有算法部分外，还有与数据库的接口功能。

2. 业务逻辑层的开发

应用系统中业务逻辑层的开发包括如下内容：

（1）应用开发设计。在应用程序开发中首先要进行需要分析，然后是系统设计，最后是系统详细设计。

（2）应用程序编程。在详细程序设计完成后即可用应用开发工具编程，在编程中，除了完成算法部分编程外，还要完成数据库的接口处理。

在编程时要注重编程工具的选择。在数据库的编程中注意数据交换方式的选择。通常分为如下几种情况：

（1）在数据服务器内的编程中采用自含式方式，在此环境中，一般用于存储过程的编制以及后台编程中。

（2）在 C/S 方式的编程中采用调用层接口方式，在此环境中，应用程序在客户机内用 ODBC/JDBC 等以建立应用与数据接口。

（3）在 B/S 方式的编程中采用 Web 接口方式，在此环境中，Web 服务器中的网页与程序通过 ASP 及 ADO 等以建立应用与数据接口。

12.2.4　应用系统的应用表现层

应用表现层有两种，一种是系统与用户直接接口，它要求可视化程度高、使用方便。在 C/S 结构中，该层存放在客户机中；而在 B/S 结构中，该层存放在 Web 服务器中。它一般由界面开发工具和应用界面两部分组成，其中界面开发工具大多为可视化开发工具，常用的有基于 C/S 的 VB、PB、Delphi 等，基于 B/S 的 ASP、PHP、JSP 等以及 XML、HTML 等。

另一种应用表现层是系统与另一系统的接口，它一般是一种数据交换的接口，由一定的接口设备与相应接口软件组成。

12.2.5　应用系统的用户层

用户层是应用系统的最终层，它是整个系统的服务对象。

在用户层中，用户有两种含义：

（1）用户是使用应用软件的人，一般情况下，用户都具有此类含义。

（2）在特定情况下，用户也可以是另一个系统，此时即为两个系统的交互而不是人机交互。

12.2.6　典型的应用系统组成介绍

下面用 Windows 平台下的 SQL Server 2007 为支撑介绍两个典型的应用系统组成。其中一个是 C/S 结构方式，另一个是 B/S 结构方式。

1．典型的 C/S 结构方式应用系统

典型的 C/S 结构方式应用系统由下面几部分组成：

（1）服务器部分。在服务器中使用 SQL Server 2007 数据库管理系统，它们是：

① 提供系统中的数据定义与操纵与控制的 SQL 语句供用户使用。

② 提供 T–SQL 作为自含式语言。

此部分存放数据、存储过程及数据字典。

（2）客户机部分。客户机部分主要存放应用程序及界面，并用下面所列的开发工具完成应用及界面开发。

- Delphi。
- VB、VC、VC++。
- 提供 ADO 作数据交换接口。

图 12–2 给出了其组成的示意图。

2．典型的 B/S 结构方式应用系统

典型的 B/S 结构方式应用系统由下面几部分组成：

（1）数据服务器部分。在服务器中使用 SQL Server 2007 数据库管理系统，分别是：

① 提供系统中的数据定义、操纵与控制的 SQL 语句供用户使用。

② 提供 T–SQL 作为自含式语言。

此部分存放数据、存储过程及数据字典。

（2）Web 服务器部分。Web 服务器部分使用下面所列工具构建应用程序及网页。

- 中间件：.NET。
- 开发工具：HTML、ASP、ASP.NET 及 C#等。
- 提供 ADO.NET 构建数据交换接口。

（3）客户机部分。客户机部分是统一形式的浏览器。

图 12–3 给出了其组成示意图。

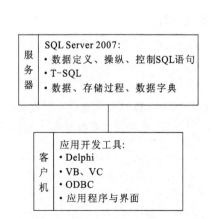

图 12–2　C/S 结构方式应用系统组成示意图　　图 12–3　B/S 结构方式应用系统组成示意图

*12.3　应用系统开发实例——电子点菜系统

本节将以一个人们比较熟悉的酒店电子点菜系统为例进行开发，重点介绍该系统的分析与设计，同时为介绍方便删去了一些细节。这是一个已开发完成的并实际运行的系统。此系统既简单又包含应用系统开发的所有内容，极具典型性。

12.3.1　电子点菜系统简介

近年来，当人们到饭店吃饭时会发现服务员手上拿着一个掌上电脑，当人们点菜时，服务员只要在机器上点击即能随时将所点菜单通过无线方式传递至总台的服务器中，服务器通过设置在厨房的打印机将菜单打印出来，厨师即可按照菜单做菜。此外，服务器还可完成消费结账、就餐统计等工作。这就是我们所要介绍的电子点菜系统，而服务员手中的掌上电脑即称为点菜器。由于掌上电脑是一种嵌入式计算机，因此该电子点菜系统也称嵌入式电子点菜系统。

图 12-4（a）为典型的酒店中常用的电子点菜示意图。该图中有餐厅（包括 4 个包间与有 8 张桌子的大厅）、收银台的服务器、设置在厨房的打印机以及服务员手中拿着的掌上电脑（即点菜器）。同时，服务器与打印机间有线路相连（打印机是服务器的附属设备），而掌上电脑与服务器间采用蓝牙技术用无线方式连接。整个点菜系统是一种 C/S 结构方式，它可用图 12-4（b）表示。

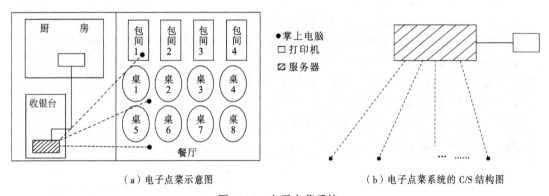

（a）电子点菜示意图　　　　　　　　　　　（b）电子点菜系统的 C/S 结构图

图 12-4　电子点菜系统

12.3.2　需求调查

电子点菜系统的需求来自顾客在酒店的消费。它的需求目标如下：

（1）就传统意义上来说，酒店为顾客就餐服务。

（2）就现代意义上来说，改进酒店管理。

1. 需求的客体

（1）顾客：是消费的主体，是酒店服务的对象。在酒店中，顾客负责点菜、用餐及付费。

（2）服务员：是直接为顾客服务的酒店工作人员。在酒店中，服务员负责接受菜单、传递菜肴。

（3）厨房：按顾客点菜要求进行菜肴的制作。

（4）收银台：负责结账、收款。

（5）菜肴：包括菜谱及菜单，它是酒店服务的主要内容。

2. 客体间的关系

（1）服务员、菜肴与顾客：服务员代表酒店接受顾客的菜单，并按菜单要求将制作的菜肴递送给顾客。

（2）服务员、菜肴与厨房：服务员将菜单传递给厨房，并从厨房接受菜肴。

（3）服务员、菜单与收银台：服务员将菜单传递给收银台。

（4）顾客与收银台：顾客与收银台结账，收银台给出账单，顾客付款。

以上的需求是传统顾客消费的基本需求，在利用现代技术对酒店进行改造，还有一些新的要求。

3．新的需求

（1）改变传统酒店的"跑堂"方式，提高店堂效率、减少顾客等待时间、减轻服务员工作量。

（2）能对酒店经营状况做随时的统计、分析与查询，使领导能心中有数。

（3）能对酒店服务提供相关数据管理（如菜谱管理、用餐座位管理等）。

4．流程

顾客就餐的整个流程如下：

（1）顾客进门，酒店服务员引导就座。

（2）顾客点菜。

（3）服务员传递菜单。

（4）服务员送菜，顾客用餐。

（5）顾客用餐结束，买单付款。

（6）顾客离店，整个流程结束。

以上是整个系统的主流程。

12.3.3　需求分析

根据前面所做的需求调查进行系统需求分析。

1．数据流图

该需求的数据流图如图 12-5 所示。

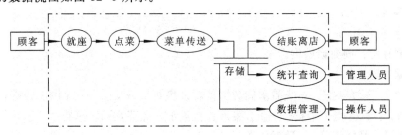

图 12-5　电子点菜系统数据流图

2．数据字典

数据字典给出了 DFD 的细节。

（1）数据结构与数据项：在数据字典中包含 6 个数据结构及相关的数据项。

数据结构 1：顾客

● 顾客编号；

● 顾客人数；

- 到达时间；
- 离开时间。

数据结构 2：菜谱

- 菜编号；
- 菜名；
- 类别（荤菜/素菜/汤类/冷盘）；
- 价格；
- 状态（是否有供应）。

数据结构 3：菜单

- 菜单编号；
- 菜品种数；
- 服务员工号

数据结构 4：房间（包括包间及大厅桌子）

- 房间编号；
- 房间名；
- 类别（包间/大厅桌子）；
- 规格（普通/贵宾）；
- 人数；
- 当前状态（空/满）。

数据结构 5：顾客消费

- 顾客消费流水号；
- 顾客编号；
- 房间号；
- 菜单编号。

数据结构 6：点菜

- 菜单编号；
- 菜编号。

（2）数据存储：同数据结构。

（3）数据处理。

数据处理 1：顾客就座——查看房间数据，修改房间状态及插入一个顾客数据；

数据处理 2：顾客点菜消费——查看菜谱并在菜单、点菜及顾客消费中各插入新的数据；

数据处理 3：菜单传送——数据传送；

数据处理 4：顾客离店——修改顾客及房间数据；

数据处理 5：顾客结账——计算账单；

数据处理 6：数据管理——顾客、房间、菜谱等数据管理；

数据处理 7：统计；

数据处理 8：查询。

12.3.4 系统设计

系统设计分模块设计与数据设计两部分。

1. 模块设计

由系统分析中的数据流图进行转换所采用的是变换分析法，因为对应的数据流图是一种典型的线性结构，可以将它分解成逻辑输入、加工及逻辑输出三部分，从而可以得到图 12-6 所示的模块结构图。

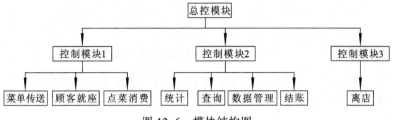

图 12-6　模块结构图

在模块结构图中，前两层的 4 个模块均为控制模块，而第三层的 8 个模块为工作模块，它们对应 8 个数据处理。此模块共有三层 12 个模块，其中控制模块 2 是没有实际控制作用的，是一种虚拟的模块，故可以省略。因此，该模块结构图中实际有效的是 11 个模块。

模块 1—总控模块；

模块 2—顾客就座模块；

模块 3—点菜消费模块；

模块 4—菜单传送模块；

模块 5—离店模块；

模块 6—结账模块；

模块 7—统计模块；

模块 8—查询模块；

模块 9—数据管理模块；

模块 10—控制模块 1；

模块 11—控制模块 3。

下面分别对每个模块构建模块描述图。这里仅以点菜消费模块为例，如图 12-7 所示。

模块编号	03	模块名	点菜消费	模块性质	工作模块
模块功能	顾客按菜谱点菜				
模块处理	查看菜谱并在菜单及顾客消费中各建立一个新的记录				
模块接口	它受模块 10 控制；接受外部数据；用传送模块将数据传送至服务器				
附加信息					
编写人员：张之华　　　　审核人员：徐　飞					
审批人员：王坚强　　　　日期：2013 年 2 月 1 日					

图 12-7　点菜消费模块描述图

2. 数据设计

数据设计分为概念设计与逻辑设计两部分。

（1）概念设计。数据的概念设计即是设计数据的 E-R 图，此系统的 E-R 图如图 12-8 所示。

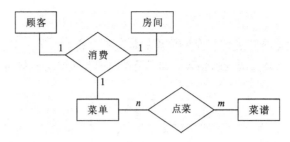

图 12-8 系统 E-R 图

它有 4 个实体集（顾客、房间、菜单与菜谱）和两个联系（点菜与消费）。

此处为了简化忽略了相关属性。

（2）逻辑设计。根据概念设计可以建立 6 张关系表：

- 顾客表：顾客编号、到达时间、结账时间、人数。关键字：顾客编号。
- 房间表：房间编号、房名、类别、规格、容纳人数、当前状态。关键字：房间编号。
- 菜谱表：菜编号、菜名、类别、价格、状态。关键字：菜编号。
- 点菜表：菜单编号、菜编号。关键字：菜单编号、菜编号。
- 菜单：菜单编号、菜品种数、服务员工号。关键字：菜单编号。
- 顾客消费表：流水号、顾客号、房间号、菜单编号。关键字：流水号。

此外，它有 4 个外关键字，分别为顾客编号、房间编号、菜单编号及菜编号。

（3）物理设计。对 6 张表建立相应的索引。

12.3.5 系统平台

根据需求与系统设计可以构建系统平台。

1. 系统结构

系统采用 C/S 结构方式。在该结构的服务器中有部分模块，也有一些存储过程。

2. 传输方式

采用蓝牙无线传输方式。

3. 客户机平台

（1）掌上电脑。

（2）4RM24105 嵌入式开发板。

（3）USB 接口。

（4）蓝牙适配器。

（5）操作系统：嵌入式 Linux。

（6）开发工具：Qt/Designer、Qt/E 及 C。

（7）数据库接口 ODBC。

4. 服务器平台

（1）PC 服务器。

（2）打印机。

（3）操作系统：Windows Server 2003。

（4）数据库管理系统：SQL Server 2007。

（5）开发工具：VC。

图 12-9 给出了系统平台示意图，而它的局域网结构如图 12-10 所示。

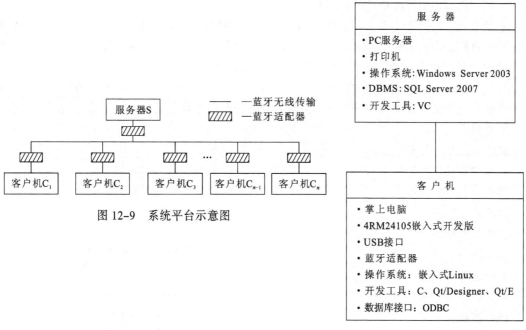

图 12-9　系统平台示意图

图 12-10　系统局域网结构图

12.3.6　系统详细设计

在系统设计及系统平台的基础上可以构建系统详细设计方案。

1. 模块详细设计

在模块详细设计中需要增加两方面内容，一个是将模块分布于客户机端与服务器端，另一个是要适当增减模块或模块内容以满足与系统平台结合后所产生的接口与人机界面等。

（1）模块的分布。在系统的 C/S 结构中，客户机 C 与服务器 S 的模块分布如下：

● 客户机端模块，包括：

控制模块 1：

顾客就座模块；

点菜消费模块；

菜单传送模块；

控制模块 3：

离店模块。

● 服务器端模块，包括：

总控模块；

结账模块；

统计模块；

查询模块；

数据管理模块。

（2）模块调整。为适应平台的环境，需要对模块进行适当调整：

- 客户机端传送模块是可以取消的。
- 可以将控制模块 1 与控制模块 3 合并成一个控制模块，称为控制模块 3。该模块既是客户机端的出入口模块，又是客户机中的出入口界面，包括顾客就座界面、点菜界面、菜单传送界面、离店界面。该模块可称为客户机界面模块。
- 实际上，服务器端的总控模块是一个服务器端的出入口模块，它是服务器中的出入口界面，包括结账界面、统计界面、查询界面、数据管理界面及输出界面等。它可称为服务器界面模块。

最后，调整后的模块是：

- 客户端模块，包括；

客户端界面模块；

客户就座模块；

点菜消费模块；

离店模块。

- 服务器端模块，包括；

服务器界面模块；

统计模块；

结账模块；

数据管理模块；

查询模块。

共 9 个模块。

2．数据详细设计

系统中所有关系表都放置于服务器端，并于关键字处设置索引，以提高数据存/取效率。

12.3.7　系统结构图

图 12-11 所示的结构图就是系统总体构成。

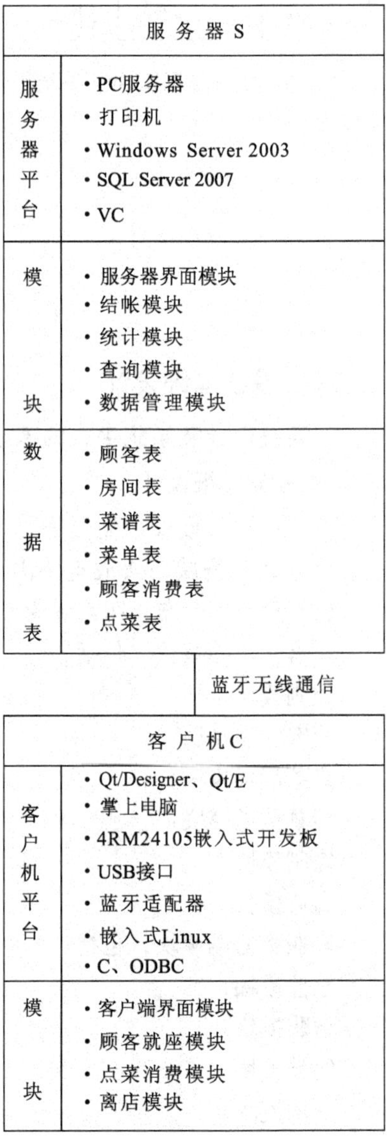

12.3.8　系统实现

根据系统详细设计及系统总结构图，即可以按模块与数据表编程，最终可以得到 9 个程序及 6 张表。

1．程序

• 总控程序（即界面程序）	（服务器端）
• 结账程序	（服务器端）
• 统计程序	（服务器端）
• 查询程序	（服务器端）
• 数据管理程序	（服务器端）
• 客户端控制程序（即界面程序）	（客户机端）
• 顾客就座程序	（客户机端）

服 务 器 S	
服务器平台	• PC服务器 • 打印机 • Windows Server 2003 • SQL Server 2007 • VC
模　块	• 服务器界面模块 • 结帐模块 • 统计模块 • 查询模块 • 数据管理模块
数　据　表	• 顾客表 • 房间表 • 菜谱表 • 菜单表 • 顾客消费表 • 点菜表

蓝牙无线通信

客 户 机 C	
客户机平台	• Qt/Designer、Qt/E • 掌上电脑 • 4RM24105嵌入式开发板 • USB接口 • 蓝牙适配器 • 嵌入式Linux • C、ODBC
模　块	• 客户端界面模块 • 顾客就座模块 • 点菜消费模块 • 离店模块

图 12-11　系统总结构图

- 点菜消费程序　　　　　　　　　　（客户机端）
- 离店程序　　　　　　　　　　　　（客户机端）

2．数据表

- 顾客表　　　　　　　　　　　　　（服务器端）
- 房间表　　　　　　　　　　　　　（服务器端）
- 菜谱表　　　　　　　　　　　　　（服务器端）
- 菜单表　　　　　　　　　　　　　（服务器端）
- 顾客消费表　　　　　　　　　　　（服务器端）
- 点菜表　　　　　　　　　　　　　（服务器端）

接着，可以对软件进行测试，在测试完成后系统即可投入运行。

小　　结

本章介绍应用系统开发，它是前 11 章知识的综合应用。

应用系统是以软件为主的软/硬件集成系统，它是目前计算机应用的主要体现。

1．应用系统五个层次结构

- 基础平台层。
- 资源管理层。
- 业务逻辑层。
- 应用表现层。
- 用户层。

2．应用系统开发的八个步骤

- 规划制定。
- 需求分析。
- 软件设计。
- 系统平台设计。
- 软件详细设计。
- 编码。
- 测试。
- 运行与维护。

其中，系统平台设计与软件详细设计是应用系统开发新增的步骤。

3．典型的两种应用系统结构

- C/S 结构。
- B/S 结构。

4．本章重点内容

- 应用系统五个层次结构与开发的八个步骤。

习　题　十　二

问答题

12.1　请给出应用系统的 5 个层次结构。

12.2　请给出应用系统开发的 8 个步骤，并说明其与软件工程中软件开发步骤的不同。

12.3　基础层平台包括哪些内容？请说明。

12.4　数据资源层平台包括哪些内容？请说明。

12.5　业务逻辑层平台包括哪些内容？请说明。

12.6　应用表现层平台包括哪些内容？请说明。

思考题

12.7　请回答计算机应用系统与计算机应用软件间的异同，并说明它们的开发有何不同。

12.8　请说明计算机应用系统的软件、硬件、程序、数据、网络、设备间的关系，并通过它说明计算机学科中"集成"的重要性。

实验五　应用系统开发

一、实验目的

掌握计算机应用系统（主要是应用软件）的简单开发。

二、实验内容

5-1　以第 12 章电子点菜系统为基础进行开发，开发环境与开发工具可自行选择，最终结果是一个实用的应用系统。

5-2　以第 11 章的学籍管理为基础进行开发，开发环境与开发工具可自行选择，最终结果是一个实用的应用系统。

参 考 文 献

[1] 金志权.计算机实用教程[M].北京：电子工业出版社，2012.
[2] 徐洁磐.计算机系统导论[M].北京：机械工业出版社，2012.
[3] 周鸣争.嵌入式系统及应用[M].北京：中国铁道出版社，2011.
[4] 吴功宜.智慧的物联网[M].北京：机械工业出版社，2010.
[5] 徐洁磐.计算机软件技术基础[M].北京：机械工业出版社，2010.
[6] 徐洁磐.现代信息系统分析与设计教程[M].北京：人民邮电出版社，2010.
[7] 孙钟秀.操作系统教程[M].4 版.北京：高等教育出版社，2009.
[8] 江正战.三级偏软考试教程[M].2 版.南京：东南大学出版社，2009.
[9] 徐洁磐.数据库技术原理与应用教程[M].北京：机械工业出版社，2008.
[10]史九林.数据结构基础[M].北京：机械工业出版社，2008.
[11]张福炎，孙志辉.大学计算机信息技术教程[M].3 版.南京：南京大学出版社，2008.
[12]沈朝晖.计算机软件技术基础[M].北京：机械工业出版社，2007.
[13]吴国伟.Linux 内核分析及高级编程[M].北京：电子工业出版社，2007.
[14]张效祥.计算机科学技术百科全书[M].北京：清华大学出版社，2006.
[15]陈媛.算法与数据结构[M].北京：清华大学出版社，2005.
[16]庞丽萍.计算机软件技术导论[M].北京：高等教育出版社，2004.
[17]徐士良.软件技术基础教程[M].北京：人民邮电出版社，2002.
[18]谭浩强.计算机软件技术基础[M].北京：电子工业出版社，2002.
[19]徐士良.计算机软件技术基础[M].北京：清华大学出版社，2002.
[20]钟珞.软件技术基础[M].武汉：武汉理工大学出版社，2001.